寒冷地区农村居住建筑节能与清洁供暖技术

赵民 著

中国建筑工业出版社

图书在版编目（CIP）数据

寒冷地区农村居住建筑节能与清洁供暖技术 / 赵民
著. -- 北京：中国建筑工业出版社，2025.6. -- ISBN
978-7-112-31300-6

Ⅰ. TU241.4；TU832.1

中国国家版本馆 CIP 数据核字第 2025EF8489 号

责任编辑：张文胜　赵欧凡
责任校对：赵　菲

寒冷地区农村居住建筑节能与清洁供暖技术
赵 民　著

*

中国建筑工业出版社出版、发行（北京海淀三里河路9号）
各地新华书店、建筑书店经销
北京建筑工业印刷有限公司制版
北京圣夫亚美印刷有限公司印刷

*

开本：787 毫米 ×1092 毫米　1/16　印张：17¾　字数：355 千字
2025 年 6 月第一版　2025 年 6 月第一次印刷
定价：68.00 元
ISBN 978-7-112-31300-6
　　　（44603）

序

在推进生态文明建设与乡村振兴战略深度融合的新时代背景下，农村建筑的用能转型与清洁供暖已成为关乎国家能源安全、生态保护与民生福祉的重要课题。本书立足寒冷地区农村居住建筑的特点，采用调研、测试、建模及评估等方法，构建了农村居住建筑节能与清洁供暖技术体系。全书既是对既有理论成果的系统凝练，更是对农村能源转型实践需求的积极回应，其逻辑架构与内容设计体现了科学性与实用性的有机统一，为破解农村居住建筑节能与清洁供暖难题提供了兼具学术深度与实践价值的解决方案，其出版恰逢其时。

农村建筑能源体系的革新，绝非简单的技术移植或政策复制，而是一场复杂的系统工程，涉及技术适配性、经济可行性与文化传承性。长期以来，农村建筑节能研究面临两大核心矛盾：一是传统用能方式与低碳发展目标的矛盾，二是城市技术体系与乡村现实条件的错位。本书的独特价值在于，深入剖析寒冷地区农村居住建筑的物理特性、用能习惯与社会经济特征，揭示了能源问题的本质，即技术逻辑、生活逻辑与生态逻辑的协同重构。这种从现象到本质的剖析，为后续技术路径的制定奠定了坚实的现实基础。本书突破传统"城市技术下乡"的思维定式，提出以需求侧、能源侧、用能侧同步治理的"节流—开源—增效"的低碳技术路径，在保障热舒适性的同时，有效平衡了能源效率与经济可行性；构建了涵盖节能效益、改造成本、环境影响的综合评价模型，为技术选型与政策制定提供了量化决策工具；给出了寒冷地区农村居住建筑节能与清洁能源利用技术清单，通过工程案例为技术推广提供了可复制的实施范式。

当前，农村能源革命正迎来历史性机遇。随着"双碳"目标的深入推进与乡村振兴政策的持续发力，绿色农房建设已成为新型城镇化的关键抓手。中国建筑西北设计研究院赵民总工担任中国勘察设计协会建筑环境与能源应用分会副会长，长期致力于建筑环境与能源应用工程的设计和研究工作，积累了丰富的理论与实践经验，为建筑环境保障理论与技术的持续发展做出了积极贡献！

本书凝聚了作者深耕乡土、求实创新、持续贡献的学术精神，期待这部著作能成为政策制定者、技术实践者与乡村建设者的案头指南，在我国农村迈向绿色低碳发展的征程中，以科技之力绘就美丽乡村的新图景！

中国勘察设计协会建筑环境与能源应用分会名誉会长

全国工程勘察设计大师

前　言

　　全面建设社会主义现代化国家，既要建设繁华的城市，也要建设繁荣的农村。《乡村建设行动实施方案》指出，要坚持农业农村优先发展，把乡村建设摆在国家现代化建设的重要位置，顺应农村群众对美好生活的向往，努力让农村具备更好的生活条件，建设宜居宜业美丽乡村。"绿水青山就是金山银山"，乡村建设必须坚持绿色发展，推行绿色设计，节约资源，保护环境，与自然和谐共生。

　　北方地区正在实施清洁供暖和城乡建设领域碳达峰行动，加速推动寒冷地区农村冬季供暖向清洁环保、绿色低碳、安全高效的方式转变，加快乡村清洁能源建设。当前我国已发布了5批88个清洁供暖试点城市，纳入中央财政支持范围。各试点城市相继发布了清洁供暖工作方案，因地制宜采取了不同的清洁供暖技术路径和资金支持办法，开展了大量农村供暖改造工作。重点区域基本形成了以"煤改电"和"煤改气"为主、其他可再生能源为辅、清洁炉具作为过渡性兜底保障的清洁供暖格局。

　　随着清洁供暖的占比不断提高，北方地区大气环境质量持续改善向好，环境效益显著。但寒冷地区农村冬季散煤供暖的局面并未得到彻底扭转。一方面是试点城市并未全面覆盖北方地区，农村清洁供暖未得到全面实施；另一方面，相关调查研究表明，当下散煤治理重点区域面临的主要挑战是农村地区"改而不用"或"改而少用"的问题，试点城市普遍存在农村建筑节能基础薄弱、清洁供暖改造效果不佳而造成散煤和薪柴复燃的现象。

　　在乡村建设和"双碳"目标的引领下，本书面向寒冷地区农村居住建筑绿色低碳设计和清洁供暖的技术需求，综合采用了调研、测试、分析、建模等方法，研究适宜寒冷地区农村居住建筑的节能技术、节能指标、节能设计方法和节能改造策略，研究寒冷地区农村清洁供暖技术路径、适宜供暖技术、供暖能耗计算方法和供暖系统评估方法，夯实理论基础，开展设计实践，为《寒冷地区农村居住建筑节能设计标准》T/CECA 20039—2023、陕西省工程建设标准《农村居住建筑设计技术标准》DB61/T 5066—2023和《农村超低能耗建筑技术标准》编制提供了支撑，为农村清洁供暖技术政策制定提供参考。

　　本书共9章，第1章介绍了背景、基本概念、研究进展、主要内容和技术路线，第2章梳理了寒冷地区农村居住建筑现状；第3章总结了寒冷地区农村居住建筑规划与设计，确定了用于能耗模拟的农村居住建筑标准模型；第4章介绍了寒冷地区农村被动式建筑节能技术和建筑本体节能设计要点；第5章分析了寒冷地区农村清洁能源利用技术，梳理了寒冷地区农村清洁能源利用系统与设备；第6章提出了寒冷地区农村居住建筑供暖能耗计算方法，测算不同建筑节能水平下的供暖能耗，明确了农村超低能耗居住建筑的节能设计方法；第7章提出了围护结构节能改造评估指标，测算了不同节能改造方式和改造目标下的节能、经济和环境指标；第8章提出了供暖系统评估指标，测算了不同建筑节能水平下不同供暖系统的全生命周期性能；第9章归纳了寒冷地区农村居住建筑节能与清洁能源利用技术清单，介绍了寒冷地区低能耗农房和绿色乡村民宿设计案例。

本书由中国建筑西北设计研究院有限公司（以下简称中建西北院）赵民编著，西安交通大学罗昔联教授提供了农村清洁能源利用技术研究成果，并对全书进行了审定。在编写过程中，李杨做了大量的文字汇总和编辑工作，康维斌、俞超男、冯雪霏等收集和整理了大量的研究素材。本书服务于从事农村居住建筑节能与清洁供暖的工程技术人员，也可供从事相关技术研究和政策研究的大专院校师生、科研院所学者等参考借鉴。

本书是中建西北院承担的住房城乡建设部课题"汾渭平原低能耗农房建设技术路径与标准研究"、陕西省住房和城乡建设厅课题"农村超低能耗建筑技术指南编制"、三秦英才特殊支持计划"中国建筑西北设计研究院建筑可持续技术创新团队"项目、陕西省重点研发计划"陕西村镇低碳供暖技术模式及关键设备研发与示范"，以及中国建筑集团有限公司和中建西北院相关科技研发课题的重要成果，课题研究得到了住房城乡建设部、陕西省住房和城乡建设厅、中国建筑集团有限公司和中建西北院的大力支持，对有关单位及领导、专家的悉心指导，表示诚挚的感谢。

由于本书编写时间仓促以及编者水平有限，疏漏与不足之处在所难免，恳请广大读者批评指正。

目　　录

第1章 绪 论

1.1 背景

随着我国农村经济发展水平和农村居民生活水平的不断提高，农村建筑用能和碳排放持续增长，为实现城乡建设领域"双碳"目标，提升乡村建设水平，推动农村建筑节能与清洁供暖，改善农村人居环境品质和冬季大气质量，我国不断完善有关政策和标准规范，开展建筑节能示范和北方地区清洁供暖试点城市建设，推广绿色低碳建筑节能技术，加快散煤替代，努力建设宜居宜业和美乡村。

1.1.1 提升乡村建设水平

乡村建设是实施乡村振兴战略的重要任务，也是现代化建设的重要内容。2024年，《中共中央 国务院关于学习运用"千村示范、万村整治"工程经验有力有效推进乡村全面振兴的意见》提出要学习运用"千万工程"经验，提升乡村建设水平，并从增强乡村规划引领效能、深入实施农村人居环境整治提升行动、推进农村基础设施补短板、完善农村公共服务体系、加强农村生态文明建设、促进县域城乡融合发展六个方面进行了系统部署。提升乡村建设水平，必须瞄准农村基本具备现代生活条件的目标要求，聚焦重点任务，完善推进机制。

2019年2月，《住房和城乡建设部办公厅关于开展农村住房建设试点工作的通知》要求组织调研农村建设现状，了解村民安居需求，研究提炼传统建筑文化元素和空间结构，提出农村建设基本标准和技术导则；建设一批村民喜闻乐见且功能现代、风貌乡土、成本经济、结构安全、绿色环保的宜居型示范农房。

2021年10月，中共中央办公厅、国务院办公厅印发《关于推动城乡建设绿色发展的意见》，要求打造绿色生态宜居的美丽乡村，持续改善农村人居环境，提高农村建筑设计和建造水平，建设满足乡村生产生活实际需要的新型农村建筑，完善水、电、气、厕配套附属设施，加强既有农村建筑节能改造。到2035年，城乡建设全面实现绿色发展，碳减排水平快速提升，城市和乡村品质全面提升。

2022年5月，中共中央办公厅、国务院办公厅印发《乡村建设行动实施方案》，要求坚持农村优先发展，把乡村建设摆在社会主义现代化建设的重要位置，树立绿色低碳理念，推行绿色规划、绿色设计、绿色建设，实现乡村建设与自然生态环境有机融合，努力让农村具备更好生活条件。

2022年6月，住房城乡建设部、国家发展改革委印发《城乡建设领域碳达峰实施方案》，提出在2030年前城乡建设领域碳排放达到峰值；要求提升农村建筑绿色低碳设计建造水平，提高运行能效水平，鼓励建设星级绿色农房和零碳农房，按照结构安全、功能完善、节能降碳等要求，制定和完善农房建设相关标准。

改革开放以来，我国社会经济发展取得重大成就，但城乡二元经济结构没有根本改变，城乡发展不平衡、乡村发展滞后等问题依然突出。推进农村现代化建设和绿色低碳转型，改善农村人居环境，建设宜居宜业和美乡村，是实施乡村振兴战略的一项重要任务，也是顺势时、应民心的重要举措。

1.1.2 推进农村清洁供暖

冬季供暖期是我国大气污染防治的关键期，为提高北方地区供暖清洁化水平和清洁供暖比例，降低散煤的大量使用，减少大气污染物排放，持续改善空气质量，2017年12月，国家发展改革委等十部门联合印发《北方地区冬季清洁取暖规划（2017—2021年）》，指出农村是北方地区清洁取暖的最大短板，是散烧煤消费的主力地区，必须加大力度提升农村地区清洁取暖水平，要求农村建筑选择适宜清洁取暖措施。此后我国北方多个省份陆续发布和实施了清洁取暖工作方案。

2018年9月，中共中央、国务院印发《乡村振兴战略规划（2018—2022年）》，将农村清洁能源利用纳入乡村振兴战略的重要任务之一，强调要解决好广大农村的清洁能源使用问题，结合当地经济、地理和社会环境，因地制宜，做好规划和风险识别，将应对措施精细化，优先利用清洁能源供暖。

2021年10月，国务院印发《2030年前碳达峰行动方案》，要求推进农村建设和用能低碳转型，推进绿色农房建设，加快农房节能改造，持续推进和巩固农村地区清洁取暖，加快生物质能、太阳能等可再生能源在农村生活中的应用，加强农村电网建设，提升农村用能电气化水平。

2024年8月，《中共中央 国务院关于加快经济社会发展全面绿色转型的意见》要求推动农村绿色发展，深入推进农村人居环境整治提升，因地制宜开发利用可再生能源，有序推进农村地区清洁取暖。到2035年，绿色低碳循环发展经济体系基本建立，绿色生活方式广泛形成。

当前，我国北方地区已广泛实施了清洁供暖政策，大气环境质量改善明显，农村清洁供暖比例持续增高，但由于清洁供暖试点城市并未覆盖全部北方地区，部分城市仍未全面实施农村清洁供暖，同时还存在着清洁供暖效果不佳而造成冬季散煤复燃的现象，寒冷地区农村冬季散煤供暖的局面并未彻底扭转。

1.1.3 开展节能降碳行动

尽管我国正在向低碳能源转型，转向可持续的增长模式，但仍然是全球最大的能源消费国。在能源储存上，我国拥有较为丰富的化石能源和可再生能源，但随着经济的快速发展和城镇化建设的稳步推进，能源需求量依然逐年增大，能源缺口问题日益突出。此外，我国能源供给以化石燃料为主，环境污染问题长期存在，不仅造成了巨大经济损失，还显著影响了人们的日常生活和健康状况。建筑运行阶段是建筑消耗能源和产生碳排放的重要环节，在全社会总能耗和碳排放中占比较大，建筑节能也是我国当前和未来长期的重要任务，是实现"双碳"目标的重要保障。

根据《中国建筑节能年度发展研究报告 2023（城市能源系统专题）》，2021年我国农村建筑商品用能总量为 2.32 亿 tce，达到建筑总能耗的 21%，碳排放总量为 4.90 亿 tCO_2，占建筑碳排放总量 22%。因此，农村建筑能耗水平高、碳排放量大、对空气质量影响严重的问题依然突出，在建筑能耗和碳排放总量中占有较大比例。同时，由于农村建筑围护结构热工性能差，供暖负荷高，供暖设备对室内温度提升有限，农村建筑仍面临着冬季室内热舒适性差的问题。建筑领域的碳排放治理和碳达峰目标的实现，虽然城镇建筑是重点，还应看到农村建筑节能降碳的潜力尚未得到完全释放。

2024 年 5 月，国务院印发《2024—2025 年节能降碳行动方案》，要求开展建筑节能降碳行动，强化绿色设计和施工管理，研发推广新型建材及先进技术。同年 3 月，国务院办公厅转发国家发展改革委、住房城乡建设部《加快推动建筑领域节能降碳工作方案》，将提升农村建筑绿色低碳水平列入重点任务，要求推进绿色低碳农村建设，提升寒冷地区新建农村建筑围护结构保温性能，有序开展既有农村建筑节能改造，对房屋墙体、门窗、屋面、地面等进行菜单式微改造，推动农村用能低碳转型，引导村民减少煤炭燃烧使用，鼓励因地制宜使用电力、天然气和可再生能源。

建筑领域是我国能源消耗和碳排放的主要领域之一，随着人民群众对建筑居住环境要求的日益提高，建筑能耗和碳排放还将持续增长，推动建筑节能降碳意义重大。农村建筑是民用建筑的重要组成，因此，无论从国家能源安全、生态文明建设的角度，还是从改善民生的角度，实施绿色低碳高质量发展都是实现农村地区可持续发展的必由之路。紧密结合农村实际，探索农村建筑节能和能源清洁高效利用的技术路径，在改善室内热环境的同时，大幅降低供暖能耗，综合考虑节能性和经济性，研究如何有效提升农村地区建筑节能水平和推广清洁供暖是当下亟需解决的重要问题，同时也是建筑领域碳达峰行动的重要工作之一。

因此，在宜居宜业和美乡村建设、北方地区农村清洁供暖、建筑领域碳达峰行动与乡村现代化建设等多方面的政策要求下，在农村人居环境品质提升的现实需求下，农村建筑节能和冬季供暖，都应由传统的粗放式发展转向政策引导下的规范化发展。这种转变的关键就是要采取因地制宜、切实有效、经济可行的技术措施，形成可复制、可推广、可持续的农村清洁供暖技术替代方案，推动农村清洁供暖的规范化进程和建筑用能的绿色低碳转型。基于上述背景，本书以寒冷地区农村居住建筑为调研、测试、分析、研究、工程设计和示范的对象，梳理和总结该地区农村居住建筑节能与清洁供暖的适宜技术，支撑农村绿色设计。

1.2 基本概念

1.2.1 建筑节能

根据《民用建筑节能管理规定》，建筑节能是指在规划、设计、建造和使用过程中，通过采用新型墙体材料，执行建筑节能标准，加强建筑物用能设备的运行管理，合理设计建筑围护结构的热工性能，提高供暖、制冷、照明、通风和给水排水系统的运行效率以及利用可再生能源，在保证建筑物使用功能和室内热环境质量的前提下，降低建筑能源消耗，合理、有效地利用能源的活动。

当前，我国建筑节能已全面完成了三步发展目标，新建城镇居住建筑节能率均达到了 65% 以上，寒冷地区居住建筑节能率已达到 75%。《近零能耗建筑技术标准》GB/T 51350—2019 在国内首次界定了超低能耗居住建筑的定义和节能设计指标，寒冷地区超低能耗居住建筑节能率达到了 83% 以上。在此基础上，北京、河北、河南、湖南、陕西等多个地区又相继发布了超低能耗居住建筑节能设计的地方标准，进一步结合气候和地域特征细化了超低能耗居住建筑技术要求，推动居住建筑节能提升，但上述标准均是基于城市居住建筑特征而制定的。

我国农村居住建筑节能标准化起步较晚，基础较为薄弱，2013 年国家标准《农村居住建筑节能设计标准》GB/T 50824—2013 发布，提出了不同气候区的农村建筑节能设计指标，但其对农村居住建筑外围护结构热工要求较低，且对内围护结构热工性能无要求，农村建筑节能潜力依然有待挖掘。随着"双碳"目标的提出和乡村振兴战略的不断推进，以及农村居民对现代化高品质生活需求的不断增长，要求农村居住建筑应达到更高的热舒适度和节能水平。

根据《农村居住建筑节能设计标准》GB/T 50824—2013 的编制解读，相较于当时农村居住建筑的调研结果，寒冷地区农村居住建筑节能率在 50% 左右，即现行的农村居住建筑节能标准落后于城市两代。此外，城镇居住建筑均严格执行强制性建筑节能标准，并受到主管部门的管理和监督，而《农村居住建筑节能设计标准》GB/T 50824—2013 为推荐性标准，且寒冷地区农村居住建筑多为自建房，缺乏管理和规划，因此普遍未执行节能标准。在此现状下，本书将寒冷地区农村居住建筑节能作为主要研究对象，探索分析寒冷地区农村居住建筑适宜节能技术、节能设计指标、超低能耗建筑节能设计方法与指标、既有建筑节能改造适宜策略等，开展寒冷地区农村居住建筑节能设计实践。

1.2.2 清洁供暖

"十三五"以来，我国以京津冀及周边地区、长三角地区、汾渭平原地区为重点区域，开展大气污染防治行动。为推动能源生产和消费革命，加快改善环境空气质量，打赢蓝天保卫战，我国先后印发了《北方地区冬季清洁取暖规划（2017—2021 年）》（以下简称《规划》）和《打赢蓝天保卫战三年行动计划》，加快提高清洁供暖比例，构建绿色、节约、高效、协调、适用的北方地区农村清洁供暖体系，为建设美丽中国作出贡献。

根据《规划》的定义，清洁供暖是指利用天然气、电、地热、生物质、太阳能、工业余热、清洁化燃煤（超低排放）、核能等清洁能源，通过高效用能系统实现低排放、低能耗的取暖方式，包含以降低污染物排放和能源消耗为目标的取暖全过程，涉及清洁热源、高效输配管网（热网）、节能建筑（热用户）等环节。

根据《规划》的分类，主要清洁供暖方式有：天然气供暖（壁挂炉等分散式供暖设施）、电供暖（各类电驱动热泵供暖，使用蓄热电锅炉供暖设施或发热电缆、电热膜、蓄热电暖器等分散式电供暖设施）、清洁燃煤集中供暖（对燃煤热电联产、燃煤锅炉房实施超低排放改造后供暖，不适宜农村）、可再生能源等其他清洁能源供暖（地热供暖、生物质能供暖、太阳能供暖）。

《规划》以京津冀大气污染传输通道的"2 + 26"个重点城市为首批试点，在城市城区、县城和城乡接合部、农村地区全面推进清洁供暖，要求到 2021 年，城市城区全部实现清洁供暖，县城和城乡结合部清洁供暖率达到 80% 以上，农村地区清洁供暖率 60% 以上。截至 2023 年底，我国已发布了 5 批清洁供暖试点城市名单，先后将 88 个城市纳入中央财政支持清洁供暖范围，各试点城市因地制宜采取了不同的清洁供暖技术路径和资金支持办法。但结合调研来看，农村清洁供暖依然是需要久久为功的长期事业。在此背景下，本书将农村清洁供暖作为主要研究对象之一，探索分析寒冷地区农村清洁供暖技术路径、适宜清洁供暖设计方案、供暖能耗计算方法、供暖技术评估等，开展清洁供暖设计实践。

1.3 农村建筑节能设计及清洁供暖研究进展

与城镇居住建筑相比,农村居住建筑的地域性和气候性特点更为显著,大量学者针对寒冷地区农村居住建筑开展了建筑规划及设计、供暖现状及清洁供暖、建筑用能及能耗特征、围护结构节能、室内热环境和绿色节能技术应用的相关研究,有效支撑了农村居住建筑绿色低碳设计和清洁供暖的理论基础和技术进步。

1.3.1 农村建筑规划及节能设计

农村建筑具有着更丰富的内涵,品质和性能提升不仅追求建筑的稳固安全、环境的舒适性,也包含对地域文化的传承。不同地区的农村建筑自然条件、经济水平、文化背景差异较大,故建筑改造与品质提升的设计与技术途径也存在着较大差异,越来越多的学者开始思考农村建筑的设计专业性。

在建筑设计理论方面,刘加平院士[1]认为应在传承传统民居所承载的地域建筑文化的同时,利用现代建筑设计理论和建筑技术成果,研究创作出新的地域性农村建筑模式。张瑶瑶[2]认为新农村建筑应强化景观规划理念,设计既要扎根于地域风土,又要传承地域历史和文化,加强传统文化景观的保护修复。毛颖异[3]认为农村建筑应更多强调因地制宜、就地取材,新农村设计应满足不同层次农村生活和生产需求,与周围环境和谐统一,并具有超前意识。凌薇等人[4]提出北方地区农村建筑人居环境改善应遵循"体现乡土特色,提倡宜居适度,面向绿色发展"的原则,考虑季节更替对房间温度的影响,设计灵活可变空间。曾飞[5]总结出城市设计方法对于村庄整治规划与建设管理的可借鉴思路,形成全新的村庄规划方法体系。

在建筑设计方法方面,于昊等人[6]认为农村居住建筑在类型上应多采用两户或多户并联的布置形式,减少建筑体形系数,建筑朝向应优先考虑自然采光和通风,注意冬季防风和夏季自然通风,合理划分居住建筑和生产用房。李文盛[7]认为农村建筑应制定合理规划,设计要以低建筑面积和高使用面积为重点,并做好建筑防风以及抗震和节能设计。张海宁[8]认为应注意对建筑体形的控制,将供暖的主要功能区集中居中设计,将辅助空间围绕主要功能区设置,形成空气保温层而减少热负荷。孔俊婷等人[9]认为在满足舒适度和采光要求的基础上,可将独立民居改为双拼式或联排式,降低外围护结构面积,通过设计前庭后院引导穿堂风,调节微气候。

综上所述,在乡村振兴战略和宜居宜业和美乡村建设的大背景下,农村居住建筑规划设计及空间布局必须因地制宜,根据各地的气候条件、地理风貌、文化传统等,考虑总体设计的节能要求,大胆探索、精心谋划,营造美观得体、综合功能强、能耗水平低的现代农村居住建筑。

1.3.2 农村供暖现状及清洁供暖

传统散煤和薪柴直接燃烧的供暖方式是冬季空气污染的主要成因之一，推进我国北方地区冬季清洁供暖工作是国家的一项重要部署。开展农村供暖现状调研并总结适宜清洁供暖措施的实践经验，可为寒冷地区农村清洁供暖的科学、有序、健康发展提供技术支撑。

在供暖现状调研方面，李效禹等人[10]调研了承德地区4.74万户生物质供暖的供暖效果及减排效果，认为在基础设施薄弱且生物质原料丰富的北方农村地区，生物质供暖可作为清洁供暖推广方式之一。刘钟淇等人[11]认为我国每年能源化利用的生物质总量可超过20亿tce，同时光伏发电可以作为我国农村能源系统的电量主体，未来我国农村能源系统将呈现"百分之百清洁能源+生物质规模化利用+高电气化率"的特征。侯文等人[12]认为陕北地区适合使用太阳能辅助恒温沼气池系统与天然气联合供暖，关中地区适宜使用地源热泵供暖，陕南地区适宜使用空气源热泵和地下水源热泵供暖。焦铭泽等人[13]对我国农村地区生物质清洁供暖技术路径、预期减排目标和经济性进行了分析，认为需要因地制宜选择生物质供暖模式。

在清洁供暖技术应用分析方面，唐君言等人[14]研究了围护结构参数、换气次数、室内供暖设计温度及部分空间供暖等因素对农房供暖能耗的影响，发现建筑围护结构形式及部分空间供暖特征对供暖能耗影响最大。袁鹏丽等人[15]对农房供暖能耗进行现场测试，通过数据分析，发现与农村居民供暖需求密切相关且影响最显著的3个因素为供暖面积、室内外累积温差和供暖房间数量。于克成等人[16]选取榆树市3栋不同特点的农房，通过测试和计算对比分析，认为提升围护结构的保温性能可以有效改善室内热环境、降低能耗。王刚等人[17]以青岛市某农房为例，设计了外墙保温、外窗优化、屋顶保温、增加气密性等节能改造方案，整体改造后的模拟结果表明节能率达到70%以上，节能潜力较大，认为外墙和外窗应作为节能改造的重点。

综上所述，农村清洁供暖虽然发展较慢，但农村拥有丰富的清洁能源资源，例如生物质能和地热能等，同时，围护结构性能提升依然是清洁供暖的首要任务，现有研究为推广农村清洁供暖提供了良好的技术支撑。但在农村建筑热负荷特征及清洁供暖方式选择等方面依然需要进一步深化研究。

1.3.3 农村建筑用能及能耗特征

随着和美乡村建设的开展，农村建筑面积逐年增加，农村居民对室内热舒适性的要求随着生活水平的提高也在逐渐提高，而粗放的用能方式、低效的供暖系统、缺乏保温的围护结构形式以及对冬季供暖和夏季降温不利的建筑布局形式都加大了农村建筑能耗。因此，分析当前农村建筑能源利用模式和能耗特征，提升农村建筑的能效水平，是推动农村建筑节能事业的重点工作。

在建筑用能特征分析方面，吴友焕等人[18]分析了我国农村建筑发展趋势、建筑用能以及建筑能效主要影响因素，认为北方农村生活用能以供暖用能为主，政策因素较技术因素对建筑能效的影响更为显著。何海[19]对农村建筑的供暖／空调能耗、炊事用能、生活热水用能、家电与照明用能进行了定性与定量分析，发现冬季供暖能耗占总能耗的 70% 以上，且随着居民生活水平的提高，供暖能耗还在增长。虞志淳等人[20]认为应推广坡屋顶，坡屋顶屋架下方可以形成保温隔热过渡区域，具有更好的保温与隔热性能，通过测试比较，认为传统民居的生土墙体具有良好隔热性能。

在建筑能耗特征分析方面，马超等人[21]提出农村建筑节能和供暖可使用外围护结构保温、被动式太阳能、主动太阳能和辅助热源供暖相结合的策略，并给出了各项措施承担的建筑能耗份额。张威[22]探讨了建筑的平面形式、围护结构、室内温度、供暖方式等对供暖能耗的影响，提出寒冷地区农村建筑室内热环境设计计算标准，提出农村供暖能耗现场检测技术方法和核算方法。高宗祺等人[23]在西安建设了一间农村节能住房，通过提高围护结构热阻，发现建筑物耗热量指标由传统建筑的 $65.68W/m^2$ 减少到 $25.09W/m^2$，节能率达到 62%。刘少亮等人[24]计算出典型既有农村建筑热负荷指标为 $130.50W/m^2$，而新型农村建筑仅为 $27.30W/m^2$，其中，外墙和屋面热负荷占总热负荷的 71%。

综上所述，传统农村建筑用能正在由非商品能源转向以电、煤、天然气为主的商品能源。同时，既有农村建筑普遍缺少节能技术措施，外墙和门窗的热工性能均较差，冬季供暖对于提高室内热舒适度的效果不明显且耗能较多。因此，提升围护结构热工性能、降低供暖用能需求是实现农村建筑低能耗供暖的必由之路。

1.3.4 农村建筑围护结构

寒冷地区农村建筑的热工性能普遍较差，缺乏节能设计指导，建筑耗热量远高于城镇建筑。随着农村供暖及空调技术的逐渐普及，提高围护结构保温性能是农村建筑节能的发展趋势。而农村技术经济水平有限，围护结构保温技术体系难以照搬城市。因此有必要对农村建筑围护结构保温技术进行深入研究。

在围护结构保温材料分析方面，田国华等人[25]采用全寿命期费用模型计算不同保温系统的全寿命期费用，认为寒冷地区农村建筑外墙保温系统选用 PU 保温系统较好，其经济性优于 EPS、XPS 保温系统。李金平等人[26]对西北地区不同外墙保温层厚度的农村建筑供暖能耗进行了模拟分析，认为采用 XPS 板为保温材料时的最佳外墙经济保温层厚度为 55mm。薛康[27] 计算得出不同材料墙体的逐时热流密度值，分析不同材料对围护结构传热影响，结果表明草砖和夹芯草板等新型材料具有良好自保温性能。陈祺雅[28] 针对关中地区农村建筑提出了外墙、屋顶、外窗等围护结构的建议保温方式，并进一步给出了围护结构体系经济效益最佳保温方案的制定策略。

在围护结构保温设计方面，杨玉忠等人[29] 设计了 2 种典型村镇住宅以及 3 种围护结构状态，认为应针对外墙、屋面和外窗的影响而选择适当的节能改造深度，以实现更高的经济性。徐晓燕等人[30] 提出三项节能措施：屋面和外墙保温隔热、节能门窗、活动遮阳，并分析了上述节能措施在降低空调供暖能耗方面的作用。李军等人[31] 认为农村建筑保温改造要善于利用房屋闷顶、两相邻外墙、两道门或窗之间的空气间层，减小围护结构散热量。张涛[32] 从外墙及屋面的热工性能、屋面挑檐深度、屋面坡度等方面，挖掘了传统民居外围护结构气候适应性的内在机理。刘启泓[33] 认为寒冷地区农村建筑可以采用架空层来保温，屋顶保温采用吊顶保温的形式，使屋顶和吊顶之间有空气间层，能起到隔热作用，提高屋顶热阻。

综上所述，传统农村建筑的建造时间较早，缺乏相关技术标准，加上建造技术水平低，导致建筑围护结构热工性能差，而新建农村建筑由于缺乏适宜技术和适用材料等原因，节能技术的应用常常被忽略，也导致围护结构难以满足低能耗要求。因此，在提升农村建筑节能、推广清洁供暖方面，要因地制宜发挥本土建筑材料的优势。

1.3.5 农村建筑室内热环境

推广农村清洁供暖的目的不只是清洁，还要在保证舒适环境的同时降低建筑能耗与碳排放，而目前我国居住建筑节能措施的研究主要集中在城市，发布的节能标准和强制性规范也主要针对城市，不适应农村的具体情况。因此建立一套适用于农村的清洁供暖技术路径是解决农村高能耗、低舒适度供暖问题的关键，而热环境指标能够为能耗模拟与能效评价等提供依据。

在室内热环境指标方面，金虹等人[34] 认为村镇建筑冬季室内舒适温度区间为15～18℃。张思思等人[35] 认为农村居民在家中所穿的衣物比城市居民多，可按照较低的室内设计温度考虑，认为农村冬季室内供暖设计温度宜为 14～16℃。朱轶韵等人[36] 结合西北地区农村建筑特点和农村居民的生活习惯，提出适宜于西北地区农村建筑的冬季室内舒适温度不低于 15℃。高元鹏[37] 计算推导出了适用于寒冷地区农村建筑室内热环境设计指标：冬季室内温度为 16℃，室内换气次数为 0.5h^{-1}，夏季室内温度为 28～31℃。张兵兵等人[38] 建议寒冷地区农村冬季供暖室内设计温度为 14～17℃。范小娜[39] 认为冬季昼间主要房间室内平均温度不应低于 15℃，夜间不应低于13℃，次要房间室内日平均温度不应低于12℃。

在室内热环境调查方面，武海琴等人[40]测试得到北京农村冬季室内平均温度不足16℃，认为农村居民对室内舒适度要求与城市居民不同，主要原因在于心理适应能力、衣着情况和活动情况不同。王世栋等人[41]调研发现西北地区农村卧室和客厅的室内平均温度分别为12.8℃和10.7℃，卧室在昼间的期望温度范围为14.4～16.1℃。张辽等人[42]认为在供暖和非供暖两种情况下，农村建筑卧室冬季期望温度分别为15～19℃和12～14℃，客厅期望温度分别为16～19℃和11～13℃。

综上所述，目前针对农村居住建筑室内热舒适研究已经取得了一定成果，但《农村居住建筑节能设计标准》GB/T 50824—2013发布较早，其规定的冬季室内设计温度（14℃）也逐渐不能满足当下的农村需求，应以人为本，并参考现行国家及地方标准，探索适宜农村建筑的室内热环境指标。

1.3.6　农村建筑节能技术

能源与环境的协调发展是实现我国农村现代化的重要支撑，随着农村建设工作的不断深入，农村建筑节能技术也得到了广泛研究，被动式节能技术及能源利用技术逐步得到深化。以科技进步推动农村建筑低能耗供暖技术的产业化和规模化发展，才能实现真正意义上的农村建筑节能。

在供暖节能技术应用方面，秦旖[43]发现地道风供暖系统可以有效去除冬季室内热负荷，使得房间温度在供暖季最冷日保持在17.4～18.0℃，满足农村建筑室内供暖热舒适性的要求。李延俊[44]改进优化了西北地区农村直接受益式太阳房，提出了附加阳光间式太阳房的关键设计参数推荐值。张晓丹[45]发现陕北延安地区和杨凌地区农村目前普遍采用传统的供暖炉和灶火进行供暖，新型节能供暖方式使用较少，可通过减小建筑体形系数、采用复合墙体、改进立面和平面布局等途径实现农村建筑节能。王树芳[46]结合河北的具体工程案例分析了地热资源在农村建筑中的应用，认为该项目采用的"开采—换热—供暖—回灌"循环模式，能够有效替代化石能源，保护大气和土壤环境。

在其他节能技术应用方面，李经纬[47]提出要分别从建筑外墙、门窗、屋顶以及新能源应用等方面提高农村建筑节能水平。管大伟等人[48]提出外墙保温系统要充分利用当地丰富的秸秆、锯末、谷壳等材料，且增强门窗气密性。李妍[49]从围护结构节能、自然通风技术、清洁能源利用等方面阐述了适宜农村建筑的节能技术应用。闫海仙[50]对农村分布式光伏电站工程的实际数据进行了分析，认为农村分布式光伏电站具有很好的节能环保性和经济性。赵欣[51]通过对太阳能技术、建筑构造以及材料等方面的合理设计与应用，探讨了农村建筑与太阳能结合起来进行一体化设计的方法。

综上所述，目前针对农村建筑节能技术应用的研究已经取得很多成果，但节能技术的推广应用仍需进一步挖掘潜力，根据当地的气候条件、建筑特点、经济基础等，对农村建筑节能技术深入研究优化。

现有研究表明，寒冷地区农村建筑体量大、能耗高，强化建筑节能与清洁供暖技术应用，改善薄弱环节，降低能耗，是缓解资源环境压力和提升农村人居环境的重要途径。目前针对寒冷地区农村建筑节能及供暖技术的研究工作已经取得了一定成效，但从实际效果来看，依然存在短板。在农村建筑本体节能设计、清洁能源与可再生能源利用、既有农村建筑节能改造评估、清洁供暖评估、农村超低能耗建筑设计等方面，仍需不断深化研究和开展工程实践。

1.4　主要内容

本书通过对寒冷地区农村进行调研，梳理该地区农村居住建筑的共性特征与清洁供暖的薄弱环节，结合地区特点开展建筑布局与设计特点分析，确定农村居住建筑标准模型，结合分室间歇供暖能耗计算方法，研究测算不同节能率下的农村居住建筑节能设计指标，提出适用于该地区的被动式节能和清洁能源利用技术，并通过设计示例，展示可复制、可推广的农村居住建筑节能与清洁供暖技术方案。

1. 农村居住建筑现状

针对寒冷地区农村居住建筑开展了统计数据调研、文献调研、问卷调研、实地走访、室内外环境与围护结构热工测试的研究工作，总结了农村居住建筑空间布局、围护结构、供暖方式、供暖习惯、室内热环境、人体热舒适等现状和共性特点，为该地区农村居住建筑节能与清洁供暖技术研究提供基础支撑。

2. 农村居住建筑规划及设计

总结分析了寒冷地区典型农村规划特征与建筑特点，挖掘设计元素，提出了农村居住建筑的主要设计原则。结合调研成果，确定了1层、2层和3层典型农村居住建筑标准模型，其为具有一定代表性的典型农村居住建筑户型及空间结构模型，用于农村居住建筑能耗模拟分析与相关指标测算。

3. 农村被动式建筑节能技术

明确了被动式建筑节能技术是实现寒冷地区农村居住建筑低能耗运行的主要技术途径之一。梳理了农村建筑形体及空间布局优化、高性能围护结构、被动式太阳房、建筑遮阳、自然通风与天然采光等多种节能技术措施的应用特点。提出了寒冷地区农村居住建筑窗墙面积比限值、被动式太阳房设计原则。

4. 农村清洁能源利用技术

调研了主要地区农村清洁供暖政策及实施效果，总结了以"节流—开源—增效"为技术理念的需求侧、能源侧、用能侧同步治理的清洁供暖技术路径，提出了适应寒冷地区农村居住建筑分室间歇供暖特征的清洁供暖系统设计要点，分析了适宜的清洁能源利用技术措施、给水排水与电气节能技术措施。

5. 农村居住建筑节能设计指标

明确了寒冷地区农村居住建筑室内计算参数，提出了适应该地区农村居住建筑分室间歇供暖特征的供暖能耗计算方法和内围护结构保温策略，提出了农村居住建筑运行碳排放计算方法，测算了多工况下农村居住建筑能耗与碳排放，研究了寒冷地区农村居住建筑节能设计指标、农村超低能耗居住建筑节能设计指标。

6. 围护结构节能改造技术评估

构建了在"煤改气"和"煤改电"两种典型清洁供暖方式下的围护结构节能改造评估指标体系，测算了寒冷地区农村居住建筑在不同改造模式、不同改造目标下的节能、经济和环境效益指标。基于正交试验分析，探索了寒冷地区农村居住建筑不同围护结构部位的改造优先级，提出了适宜的围护结构节能改造方案。

7. 清洁供暖系统改造技术评估

构建了供暖系统的节能、经济和环境效益全生命周期性能评估指标，针对不同节能水平的农村居住建筑，按照仅常住人房间供暖、整体供暖两种模式，测算了不同供暖系统的全生命周期性能指标，明确了农村居住建筑在不同约束目标下的清洁供暖方式优先级，以指导农村清洁供暖方案的选择。

8. 农村居住建筑节能与清洁供暖设计案例

给出了寒冷地区农村居住建筑节能与清洁能源利用技术清单，介绍了咸阳市白村低能耗农房和日照市褚家坡村绿色民宿的设计案例，集成设计示范围护结构保温、被动式太阳房、自然通风采光优化和夏季遮阳等被动式节能技术，以及光伏发电、太阳能热水、地源热泵供暖、空气源热泵供暖等清洁能源利用技术。

1.5 技术路线

本书依次开展了寒冷地区农村现状调研、建筑特征分析、被动式建筑节能技术与清洁能源利用技术分析、节能设计指标测算、围护结构节能改造与供暖系统改造技术评估，最后通过设计案例展示了寒冷地区农村居住建筑节能与清洁供暖技术的集成应用，技术路线如图1-1所示。

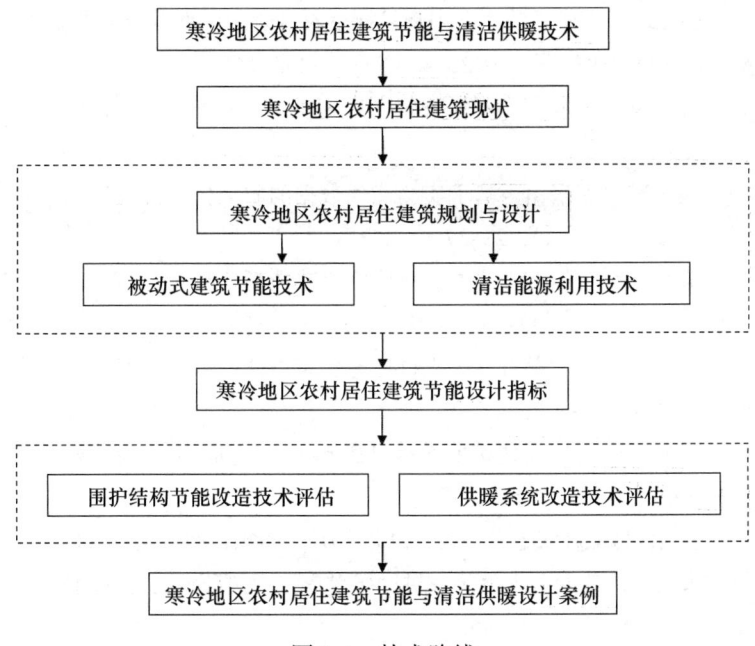

图 1-1　技术路线

本章参考文献

［1］刘加平，陈景衡. 城镇化进程中建筑学研究的新挑战［J］. 新建筑，2017（3）：9-13.

［2］张瑶瑶. 新农村建筑空间景观规划设计探析［J］. 艺术科技，2016，29（9）：34.

［3］毛颖异. 新农村建设中的建筑设计要点［J］. 中外建筑，2017（10）：158-159.

［4］凌薇，金虹. 基于调研与实测的北方农村住宅人居环境改善研究［J］. 建筑科学，2018，34（8）：147-156.

［5］曾飞. 基于城市设计手法的村庄整治规划初探［D］. 武汉：武汉理工大学，2013.

［6］于昊，詹佳欣. 北方农村建筑节能改造方法［J］. 农民致富之友，2015（3）：1.

［7］李文盛. 浅谈新农村建筑设计［J］. 山西建筑，2011，37（21）：2-3.

［8］张海宁. 被动式技术在山西省农村建筑中应用的定量分析［J］. 山西建筑，2017，43（11）：189-191.

［9］孔俊婷，孙腾辉，尹孟泽，等. 山西润城镇传统民居生态节能改造策略［J］. 建筑节能，2018，46（9）：95-98.

［10］李效禹，徐伟，马骊，等. 承德地区生物质燃料应用于冬季清洁供暖的实践与分析［J］. 建筑科学，2023，39（6）：273-280.

［11］刘钟淇，肖晋宇，吴佳玮，等. 农村零碳能源系统构建框架研究［J］. 可再生能源，2023，41（4）：538-545.

［12］侯文，赵娅舒，赵儒林，等. 陕西农居清洁供暖方案调研与探索［J］. 能源与节能，2022（12）：19-24.

［13］焦铭泽，闫铭，薛春瑜，等. 碳中和目标下农村地区生物质清洁供暖碳减排及经济性分析［J］. 可再生能源，2022，40（11）：1436-1441.

［14］唐君言，孙学良，王鹏苏. 不同气候区农宅供暖能耗分析［J］. 暖通空调，2022，52（S1）：37-41.

［15］袁鹏丽，端木琳，王宗山. 基于实测能耗数据的农宅供暖能耗影响因素分析［J］. 建筑科学，2020，36（2）：28-37.

［16］于克成，谭羽非，李佳楠. 北方农村住宅供热能耗实测与分析［J］. 煤气与热力，2020，40（6）：19-22，42-43.

［17］王刚，吴云鹤，吴丹. 青岛市某农村住宅建筑本体的供暖工况节能潜力分析［J］. 区域供热，2019（4）：21-24，36.

［18］吴友焕，殷帅. 农村居住建筑能效提升影响因素分析［J］. 建设科技，2014，16：70-72.

［19］何海. 关中地区低能耗农宅设计模式研究［D］. 西安：西安建筑科技大学，2015.

［20］虞志淳，孟艳红. 陕西关中地区农村民居夏季室内热环境与能耗测试分析［J］. 建筑节能，2018，46（1）：39-46.

［21］马超，刘艳峰，王登甲，等. 西北农村住宅建筑热工性能及节能策略分析［J］. 西安建筑科技大学学报（自然科学版），2015，47（3）：427-432.

［22］张威. 寒冷地区农村住宅采暖能耗研究［D］. 天津：天津大学，2012.

［23］高宗祺，李荣，任普亮. 西安市农村节能住房示范工程［J］. 建设科技，2011（3）：69-70.

［24］刘少亮，陈彩苓，邵佳岱. 寒冷地区农村建筑节能及太阳能供热分析［J］. 华北地震科学，2016，34（B07）：59-62.

［25］田国华，吕恒林，黄建恩，等. 农村住宅外墙保温系统及经济厚度研究［J］. 建筑经济，2015，36（4）：87-90.

［26］李金平，李修真，王娜，等. 西北新农村居住建筑外墙经济保温层厚度分析［J］. 建筑节能，2016（3）：33-36.

［27］薛康. 墙体材料对农村民居围护结构传热影响分析［J］. 低温建筑技术，2017，39（6）：144-147.

［28］陈祺雅. 陕西关中地区农村住宅围护结构保温经济优化研究［D］. 西安：西安建筑科技大学，2017.

［29］杨玉忠，李丽梅，何晓燕，等. 不同地区村镇住宅节能性能分析［J］. 建筑节能，2012（4）：75-77.

［30］徐晓燕，王颖. 农村住宅围护结构节能技术分析［J］. 住宅科技，2017，37（4）：5.

［31］李军，唐艳芬，张道山. 农村住宅节能改造中空气间层的利用［J］. 节能与环保，2015（5）：69-71.

［32］张涛. 国内典型传统民居外围护结构的气候适应性研究［D］. 西安：西安建筑科技大学，2013.

［33］刘启泓. 夏热冬冷地区农村住宅建筑节能改造优化设计的探讨——以陕西关中地区

为例［J］. 绿色科技, 2017（12）: 216-218.

［34］金虹, 赵华, 王秀萍. 严寒地区村镇住宅冬季室内热舒适环境研究［J］. 哈尔滨工业大学学报, 2006, 38（12）: 2108-2111.

［35］张思思, 董重成, 王陆廷. 我国村镇住宅采暖热负荷指标计算分析［J］. 低温建筑技术, 2009, 31（11）: 97-99.

［36］朱轶韵, 刘加平. 西北农村建筑冬季室内热环境研究［J］. 土木工程学报, 2010, 43（S2）: 400-403.

［37］高元鹏. 寒冷地区农村住宅室内舒适度指标与节能评价技术研究［D］. 天津: 天津大学, 2012.

［38］张兵兵, 刁乃仁. 北方寒冷地区农村住宅建筑热负荷影响因素分析［J］. 区域供热, 2018（3）: 120-128.

［39］范小娜. 西北乡村太阳能建筑室内热环境分析及构造设计［D］. 西安: 西安理工大学, 2018.

［40］武海琴, 吴媛媛. 北京市农村冬季室内温度测试及舒适度研究［J］. 中国住宅设施, 2009（1）: 47-49.

［41］王世栋, 刘艳峰, 马超. 西北乡村居民冬季行为轨迹与室内热环境的关系［J］. 建筑技术, 2014, 45（11）: 1030-1032.

［42］张辽, 刘艳峰, 王莹莹, 等. 西北村镇建筑冬季室内期望温度研究［J］. 中国科技论文, 2015（13）: 1522-1525.

［43］秦旖. 地道风采暖系统在北方农宅中的应用［J］. 山西建筑, 2018, 44（36）: 112-115.

［44］李延俊. 西北地区乡村住宅采暖模式研究［D］. 西安: 西安建筑科技大学, 2014.

［45］张晓丹. 陕西农村住宅墙体保温效果与节能技术研究［D］. 咸阳: 西北农林科技大学, 2011.

［46］王树芳. 地热能源在新农村建设中的应用——以河北省雄县为例［J］. 安徽农业科学, 2012, 40（30）: 148-152.

［47］李经纬. 新农村建设中建筑节能技术的应用研究［J］. 安徽农业科学, 2015, 43（36）: 345-347.

［48］管大伟, 陈雪松, 刘纪艳, 等. 既有农村房屋节能改造适宜技术研究［J］. 山东农业大学学报（自然科学版）, 2017, 48（5）: 763-765.

［49］李妍. 西北地区农村居住建筑节能技术与示范工程研究［D］. 西安: 西安建筑科技大学, 2015.

［50］闫海仙. 农村住宅光伏发电节能的经济分析——以山西某农村为例［J］. 晋中学院学报, 2018, 35（3）: 70-73.

［51］赵欣. 太阳能利用形式与关中民居建筑的一体化技术研究［D］. 西安: 西安建筑科技大学, 2014.

第2章 寒冷地区农村居住建筑现状

　　农村建设水平、村民生活习惯、能源利用方式和经济水平等现状，决定了农村居住建筑绿色低碳发展路径不同于城市，同时也要考虑一定的地域属性。开展农村居住建筑节能技术和与清洁供暖研究，不仅要形成相关的设计指标和技术要求，更要形成可复制、可推广和可持续的设计范式，强化设计指导作用。因此，必须立足农村实际，广泛开展调查研究，总结现状和发展规律，挖掘阻碍农村居住建筑绿色低碳发展的共性问题和重点薄弱环节，提升设计与技术应用的共通性。

　　本书的研究范围是寒冷地区，从气候区划分上又可再分为寒冷 A 区和寒冷 B 区，从地理位置上主要包括北京、天津、河北、河南、山东、山西、陕西等地的局部或全部地区。地理跨度较大，因此综合采用各类调研方式，为寒冷地区农村居住建筑规划与设计、被动式建筑节能技术与清洁能源利用技术、新建农村居住建筑节能设计指标与既有农村居住建筑节能改造方法等内容的研究工作提供基础支撑。

2.1　调研方式与内容

　　研究团队组织开展了多种形式的寒冷地区农村调研，调研方式主要分为三种：一是统计数据调研，梳理与农村相关的国家及地方统计年鉴的数据；二是文献数据调研，梳理农村建筑节能与热环境调研类相关文献；三是问卷及实地调研，主要采取线上线下问卷调查、实地走访、室内外环境及围护结构热工测试等方式。

　　统计数据调研以统计年鉴及农村普查信息调研为主，搜集与寒冷地区典型省份村民生活和住房相关的《中国统计年鉴》《中国城乡建设年鉴》《中国能源统计年鉴》《中国农村统计年鉴》、地方统计年鉴、《全国农业普查办公室关于第一次全国农业普查快速汇总结果的公报（第 1 号）》《第二次全国农业普查主要数据公报（第 1 号）》和《第三次全国农业普查主要数据公报（第 1 号）》等材料，对统计数据进行分类汇总。

　　将统计数据总体归纳为村庄建设及农村人口、农村经济及建设投入、农村居住建筑建设现状、农村居住建筑能源消费等类型。村庄建设及农村人口包括村庄建设用地面积、村庄规模、行政村及自然村数量、农村户籍及常住人口；农村经

济及建设投入包括房屋建设投入、燃气建设投入、燃气覆盖农村人口、人均可支
配收入、人均消费支出、人均居住支出；农村居住建筑建设现状包括实有建筑面
积、每年新增建筑面积、人均建筑面积、结构形式；农村居住建筑能源消费类型
包括商品煤、液化石油气、天然气及电力消耗、各类燃料占比、太阳能热水器数
量、太阳房数量等。

文献数据调研以期刊及学位论文为主，检索寒冷地区农村居住建筑结构及空
间设计、建筑节能设计、节能技术应用、建筑能耗、供暖模式、可再生能源利用、
室内外热环境、热舒适性等内容，对文献内容进行分类汇总。

将文献内容总体归纳为农村居住建筑基本信息、结构及空间布局、围护结构
材料及保温性能、能源利用措施及用能水平、村民生活习惯及建筑用能习惯、室
内环境及热舒适等类型。农村居住建筑基本信息包括调研地区、时间、样本、建
筑面积、建造年代和家庭常住人口；建筑结构及空间布局包括建筑面积、层高、
层数、结构形式、屋顶形式和平面布局；围护结构材料及保温性能包括外墙与屋
面材料、围护结构保温、外门窗与气密性措施；能源利用措施及用能水平包括降
温与供暖措施、供暖与炊事热水能源、用能水平；生活习惯及建筑用能习惯包括
供暖模式、生活模式和开门开窗习惯等；室内环境及热舒适包括室内环境及热舒
适、冬夏热感觉。

问卷及实地调研采取实地走访、现场纸质问卷调查、网络电子问卷调查和现
场测试相结合的方式。通过实地走访和问卷调查可获取建筑规划设计、建筑用能、
生活习惯以及人体热舒适性等相关信息；通过现场测试可获得室外气象参数、室
内热湿环境以及墙体热工性能参数等相关信息。现场测试采用了太阳能辐照强度
计、风速计、温湿度计和黑球温度计等专业测量仪器。

实地调研以农村人口密度较高的汾渭平原地区为主，以该地区的典型传统和
新建农村居住建筑为调研对象，调查当地农村常住人口构成、经济水平和生活习
惯，以及当地农村居住建筑的规划布局、房间功能、建筑热工状况、供暖供冷措
施、设备使用时间及使用习惯、能耗和运行费用等建筑综合状况，并监测典型建
筑的室内外环境参数，了解当地农村居民的冷热感觉，梳理他们对建筑功能的
需求。

2.2 统计数据调研

以陕西省为统计数据调研地区，梳理村庄建设及农村人口、农村居住建筑建
设现状、农村经济及建设投入、农村居住建筑能源消费等现状数据，调研成果对
寒冷地区其他省份同样具有参考价值。

2.2.1 统计年鉴数据调研

1. 村庄建设及农村人口

表 2-1 为陕西省村庄建设基本情况统计结果。2011～2020 年，陕西省村庄建设用地规模总体呈现缩减趋势，近年来维持在 33.81 亿～38.52 亿 m²；陕西省行政村和自然村数量总体也呈现缩减趋势，行政村和自然村数量由 2011 年的 24907 个和 74788 个，缩减到 2020 年的 16221 个和 68685 个，行政村数量缩减了约 34.87%，同时，1000 人以下的村庄数量在快速减少，但 1000 人以上的村庄数量在不断增加，自 2013 年以来增加了约 46.50%，说明大量的小规模村庄在逐渐合并形成大规模村庄。

陕西省村庄建设基本情况　　　　　　　　　　表 2-1

年份	村庄建设用地面积（亿 m²）	行政村				自然村（个）
		合计（个）	500 人以下（个）	500～1000 人（个）	1000 人以上（个）	
2011 年	38.40	24907	—	—	—	74788
2012 年	38.49	24801	—	—	—	74235
2013 年	38.52	24323	8266	8633	7424	74282
2014 年	37.85	24581	8302	8703	7576	73692
2015 年	37.40	19839	4126	7081	8632	71271
2016 年	37.39	17582	1786	6251	9545	69813
2017 年	34.17	17962	1575	6278	10109	69561
2018 年	33.90	16480	1273	4852	10355	69007
2019 年	33.81	16236	1177	4472	10587	68376
2020 年	36.37	16221	1157	4188	10876	68685

数据来源：《中国城乡建设年鉴》。

表 2-2 为陕西省常住人口及农村人口数量统计结果。2011～2020 年，陕西省常住人口由 3765 万人增长至 3955 万人，增长了约 5.05%，而全省农村常住人口由 1982 万人缩减至 1477 万人，缩减了约 25.48%，农村常住人口占全省常住人口的比例由 52.64% 降低至 37.35%，农村平均每户常住人口由 4.00 人降低至 2.90 人，但农村户籍人口总体维持在 2150 万人左右。由于农村居住建筑规模往往与农村户籍人口关系密切，这说明农村居住建筑规模依然保持着较大体量，但农村常住人口缩减较快，导致户均常住人口也在迅速下降，农村居住建筑中非常住人卧室占比逐年增高，平时必然存在着大量闲置房间。

陕西省常住人口及农村人口数量   表 2-2

年份	全省常住人口（万人）	农村常住人口（万人）	农村常住人口占比（%）	平均每户常住人口（人）	农村户籍人口（万人）	平均每户户籍人口（人）
2011 年	3765	1982	52.64	4.00	2181	4.40
2012 年	3787	1904	50.28	4.00	2171	4.60
2013 年	3804	1842	48.42	3.50	2190	4.20
2014 年	3827	1798	46.98	3.40	2150	4.10
2015 年	3846	1741	45.27	3.40	2156	4.20
2016 年	3874	1689	43.60	3.30	2149	4.20
2017 年	3904	1637	41.93	3.30	2133	4.30
2018 年	3931	1586	40.35	3.10	2133	4.20
2019 年	3944	1527	38.72	3.00	2149	4.20
2020 年	3955	1477	37.35	2.90	2150	4.20

数据来源：《中国城乡建设年鉴》《陕西省统计年鉴》。

2. 农村居住建筑建设现状

表 2-3 为陕西省农村居住建筑面积和人均建筑面积统计结果。2011～2020 年，全省农村居住建筑总建筑面积波动较小，总体维持在 64943 万～67609 万 m^2，每年新建农村居住建筑面积占总建筑面积的比例总体在 1%～2% 之间，农村户籍人口人均居住建筑面积同样波动较小，维持在 31 m^2 左右，而农村常住人口人均居住建筑面积由 2011 年的 33.05 m^2 增长至 2020 年的 45.77 m^2，增长约 38.49%。同前文分析，农村居住建筑的闲置空间显著增多。

陕西省农村居住建筑面积和人均建筑面积   表 2-3

年份	年末农村居住建筑总面积（万 m^2）	新建农村居住建筑面积（万 m^2）	农村户籍人口人均居住建筑面积（m^2）	农村常住人口人均居住建筑面积（m^2）
2011 年	65497	1170	30.03	33.05
2012 年	67351	1446	31.02	35.37
2013 年	66954	1446	30.57	36.35
2014 年	67255	1341	31.28	37.41
2015 年	64943	1315	30.13	37.30
2016 年	65325	1152	30.40	38.68
2017 年	65773	1327	30.84	40.18
2018 年	66129	1195	31.00	41.70

续表

年份	年末农村居住建筑总面积（万 m²）	新建农村居住建筑面积（万 m²）	农村户籍人口人均居住建筑面积（m²）	农村常住人口人均居住建筑面积（m²）
2019 年	66756	1000	31.06	43.72
2020 年	67609	853	31.45	45.77

数据来源：《中国城乡建设年鉴》。

3. 农村经济及建设投入

表 2-4 为陕西省农村人均收入及支出统计结果。2011～2020 年，陕西省农村人均可支配收入由 5028 元增长至 13316 元，增长率约 165%；农村人均消费支出由 4496 元增长至 11376 元，增长率约 153%；农村人均居住支出由 1109 元增长至 2715 元，增长率略低于人均可支配收入和人均消费支出，约 145%。农村收入及支出均实现了明显增长，但人均居住支出占消费支出的比例变化较小，总体在 23% 左右。

陕西省农村人均收入及支出   表 2-4

年份	农村人均可支配收入（元）	农村人均消费支出（元）	农村人均居住支出（元）	人均居住支出占消费支出的比例（%）
2011 年	5028	4496	1109	24.67
2012 年	5763	5115	1258	24.59
2013 年	6503	6488	1432	22.07
2014 年	7932	7252	1627	22.44
2015 年	8689	7901	1786	22.60
2016 年	9396	8568	2026	23.65
2017 年	10265	9306	2145	23.05
2018 年	11213	10071	2431	24.14
2019 年	12326	10935	2529	23.12
2020 年	13316	11376	2715	23.87

数据来源：《中国统计年鉴》《陕西省统计年鉴》。

表 2-5 为陕西省农村居住建筑建设及燃气建设投入统计结果。2011～2020 年，陕西省第一产业（农业）生产总值由 1187.39 亿元增至 2267.54 亿元，年均增长率约 9.10%；农村居住建筑建设投入总体维持在 90.40 亿～140.31 亿元，随着农村经济水平的显著提升，并没有表现出对应的增长趋势，村民的房屋建设投入意愿总体在降低；另外，随着农村能源系统建设的不断完善和北方地区清洁供暖规划的

不断推进，农村燃气建设投入由 0.02 亿元增长至 6.43 亿元，农村燃气普及率（覆盖农村常住人口）由 0.08% 增长至 20.60%，覆盖范围显著扩大。

陕西省农村居住建筑建设及燃气建设投入   表 2-5

年份	第一产业（农业）生产总值（亿元）	农村居住建筑建设投入（亿元）	农村燃气建设投入（亿元）	农村燃气普及率（%）
2011 年	1187.39	107.69	0.02	0.08
2012 年	1314.84	130.62	0.01	0.09
2013 年	1463.49	140.31	0.29	9.99
2014 年	1566.85	138.24	0.44	9.77
2015 年	1599.74	125.43	0.76	10.46
2016 年	1696.10	112.99	1.72	11.21
2017 年	1741.07	121.67	5.83	13.01
2018 年	1830.19	110.93	7.17	13.71
2019 年	1991.11	96.36	5.45	17.56
2020 年	2267.54	90.40	6.43	20.60

数据来源：《陕西省统计年鉴》。

4. 农村居住建筑能源消费

表 2-6 为陕西省农村典型能源消耗量统计结果。2011~2020 年，陕西省农村商品煤年消耗量由 277.80 万 t 降低至 238.22 万 t，2020 年比 2011 年降低约 14.25%；液化石油气年消耗量由 5.00 万 t 最高增长至 10.48 万 t，近几年需求相对稳定。2017~2020 年，天然气年消耗量由 0.59 亿 m³ 增长至 0.74 亿 m³，增长率约 25.42%；电力年消耗量由 88.95 亿 kWh 增长至 106.57 亿 kWh，增长率约 19.81%。而由前述统计数据可知，2011~2020 年，农村燃气建设投入由 0.02 亿元增长至 6.43 亿元，农村燃气普及率由 0.08% 增长至 20.60%，翻了几十倍，但随着农村燃气普及率显著增高，农村燃气年消耗量并没有显著增长。可以看到，自 2017 年我国开始推行北方地区冬季清洁供暖规划以来，以天然气、电力为能源的清洁供暖应用意愿和应用强度并没有得到大幅度提升。

陕西省农村典型能源年消耗量   表 2-6

年份	商品煤（万 t）	液化石油气（万 t）	天然气（亿 m³）	电力（亿 kWh）
2011 年	277.80	5.00	0.65	51.76
2012 年	276.83	5.90	0.57	60.24
2013 年	255.04	5.61	0.49	67.72

续表

年份	商品煤（万 t）	液化石油气（万 t）	天然气（亿 m³）	电力（亿 kWh）
2014 年	259.39	5.98	0.50	70.42
2015 年	232.25	6.27	0.44	72.75
2016 年	245.54	9.24	0.55	79.97
2017 年	211.66	9.85	0.59	88.95
2018 年	212.57	10.66	0.63	95.12
2019 年	233.54	10.93	0.69	100.97
2020 年	238.22	10.48	0.74	106.57

数据来源：《中国能源统计年鉴》。

表 2-7 为陕西省农村清洁能源利用情况统计结果。2011～2020 年，陕西省农村太阳能热水器安装面积在 2017 年达到峰值（221.40 万 m²），近几年波动较小，总体维持在 220 万 m² 左右；太阳灶使用台数在 2014 年达到峰值（25.06 万台），此后总体呈现缩减趋势，2020 年仍保持着 15.19 万台的使用规模；沼气池产气量、生活污水净化沼气池数量总体也呈现缩减趋势，沼气池产气量由 2012 年的峰值 33380.33 万 m³ 缩减至 2018 年的 9485.10 万 m³，生活污水净化沼气池数量由 2011 年、2012 年的峰值 123 个缩减至 2018 年的 102 个。可以看出，农村对于沼气的使用意愿在逐年降低，近年来太阳能设施的使用规模也未明显增长。

陕西省农村清洁能源利用情况　　　　　　　　表 2-7

年份	太阳能热水器安装面积（万 m²）	太阳灶使用台数（万台）	沼气池产气量（万 m³）	农村生活污水净化沼气池数量（个）
2011 年	133.80	18.05	32318.40	123
2012 年	147.50	22.38	33380.33	123
2013 年	155.60	24.09	31044.80	105
2014 年	190.50	25.06	26670.10	105
2015 年	208.10	24.74	27418.00	103
2016 年	219.30	24.66	26090.50	104
2017 年	221.40	24.33	24697.10	102
2018 年	219.00	23.74	9485.10	102
2019 年	215.60	12.64	—	—
2020 年	219.40	15.19	—	—

数据来源：《中国农村统计年鉴》。

表 2-8 为陕西省农村家用电器数量统计结果。2011～2020 年，陕西省农村电冰箱／柜、空调、太阳能热水器等家用电器数量呈现不断增长的趋势，农村每百户电冰箱／柜、空调、热水器数量分别由 2011 年的 48.50 台、9.80 台、25.80 台增长至 2020 年的 87.20 台、49.20 台、56.80 台，增长率分别约 80%、402%、120%，太阳能热水器最高达到了 41.20 台／百户。其中，空调数量增长最快，年均增长率达到了 40.20%。但由前述统计数据可知，电力消耗年均增长率仅为 10.60%，这说明随着生活水平提高，陕西省农村居民对建筑热舒适性越来越关注，但空调使用频率和使用周期较低，建筑用电量没有显著增长。

陕西省农村家用电器数量 表 2-8

年份	电冰箱／柜 （台／百户）	空调 （台／百户）	热水器 （台／百户）	太阳能热水器 （台／百户）
2011 年	48.50	9.80	25.80	—
2012 年	54.40	11.90	31.30	—
2013 年	56.20	16.70	33.10	26.20
2014 年	62.50	21.80	38.30	30.40
2015 年	68.80	23.10	41.50	33.60
2016 年	78.50	29.80	49.10	40.00
2017 年	80.20	33.70	50.20	41.20
2018 年	81.70	41.00	51.00	36.90
2019 年	84.50	41.50	49.50	—
2020 年	87.20	49.20	56.80	—

数据来源：《陕西省统计年鉴》。

表 2-9 为 2020 年西北地区太阳能热水、太阳房及太阳灶应用规模统计结果。2020 年，在西北地区，陕西省农村常住人口最多，太阳能热水器应用面积也最多，但太阳房的应用面积却最小，太阳灶的应用数量相比于常住人口规模也较小。每万人应用规模方面，陕西省太阳能热水器的应用仅次于宁夏，达到了 1485m² ／万人；太阳灶的应用仅高于新疆，为 102.87 台／万人，约为青海省的 1/10，而太阳房的应用远远低于甘肃、青海和宁夏，其中，青海太阳房的应用达到了 21406.78m² ／万人，而陕西仅为 0.68m² ／万人，应用规模显著滞后，开发潜力巨大。

西北地区太阳能热水、太阳房及太阳灶应用规模　　　　　表 2-9

省份	农村常住人口（万人）	太阳能热水器		太阳房		太阳灶	
		总量（万 m²）	万人平均（m²/万人）	总量（万 m²）	万人平均（m²/万人）	总量（台）	万人平均（台/万人）
陕西	1477	219.40	1485.44	0.10	0.68	151942	102.87
甘肃	1195	171.50	1435.15	387.30	3241.00	870456	728.42
青海	236	14.90	631.36	505.20	21406.78	258259	1094.32
宁夏	252	144.50	5734.13	5.10	202.38	143225	568.35
新疆	1124	2.60	23.13	—	—	766	0.68

数据来源：《中国农村统计年鉴》。

2.2.2 农业普查信息调研

农业普查信息调研内容包括农户数量、户均住房面积、住房数量、住房类型、结构类型和燃料类型，数据来源于《陕西省第二次全国农业普查主要数据公报》和《陕西省第三次全国农业普查主要数据公报》，两次普查分别对全省669.10万户和692.34万户的农村居民的生活条件进行了调查。

表 2-10 为 2006 年陕西省农村住房构成统计结果。可以看到，截至 2006 年末，99.50% 的农户拥有自己的住房。其中，拥有 1 处住房的农户占比 94.70%，拥有 2 处住房的农户占比 4.60%，拥有 3 处及以上住房的农户占比 0.20%。全省农村户均住房面积 132.00m²，其中，位于寒冷地区的陕北地区和关中地区户均住房面积分别为 112.90m² 和 140.80m²，关中地区农户拥有更大的住房面积。

农村居住建筑类型主要为平房，其占比为 72.60%，2 层以上楼房占比为 19.10%，其他类型占比为 8.30%。农村居住建筑主要为砖混结构，其占比为 44.10%，在关中地区应用最为广泛，在陕南和陕北地区应用规模一般。此外，砖木结构占比为 32.80%，全省范围内仅次于砖混结构，在陕北地区应用广泛，在关中和陕南地区应用规模一般；钢筋混凝土结构占比为 4.20%；竹草土坯结构占比为 17.00%，在陕南地区应用广泛，在陕北地区和关中地区应用较少；其他结构占比为 1.90%。可以看到，寒冷地区农村居住建筑结构主要为砖混结构，其次为砖木结构。

2006 年陕西省农村住房构成　　　　　表 2-10

指标	全省	陕北地区	关中地区	陕南地区
农户数量（万户）	659.10	90.30	378.30	190.50
户均住房面积（m²）	132.00	112.90	140.80	123.40

指标		全省	陕北地区	关中地区	陕南地区
拥有住房数量占比（%）	1 处住房	94.70	93.30	94.80	95.30
	2 处住房	4.60	5.10	4.70	4.20
	3 处以上住房	0.20	0.30	0.20	0.10
	无住房	0.50	1.30	0.30	0.40
住房类型占比（%）	2 层以上楼房	19.10	2.10	21.80	21.70
	平房	72.60	92.60	68.30	71.60
	其他	8.30	5.30	9.90	6.70
住房结构占比（%）	钢筋混凝土	4.20	1.50	4.80	4.20
	砖混	44.10	22.60	58.70	25.20
	砖木	32.80	67.90	29.00	23.80
	竹草土坯	17.00	6.70	6.20	43.40
	其他	1.90	1.30	1.30	3.40

表 2-11 为 2006 年陕西省农村炊事能源构成统计结果。可以看到，截至 2006 年末，陕西省农村炊事使用的能源主要为柴草，其占比为 63.30%。使用煤、燃气、沼气和电的农户分别占比 31.60%、4.50%、0.30%、0.10%，使用其他能源的农户占比 0.20%，即农村炊事使用柴草和煤等非清洁能源的农户比例达到了 94.90%，当年的农村清洁用能水平明显较低。

2006 年陕西省农村炊事能源构成 表 2-11

指标		全省	陕北地区	关中地区	陕南地区
农户数量（万户）		659.10	90.30	378.30	190.50
燃料类型占比（%）	柴草	63.30	43.50	56.00	87.10
	煤	31.60	54.20	36.90	10.30
	燃气	4.50	1.90	6.60	1.50
	沼气	0.30	0.30	0.30	0.30
	电	0.10	—	0.10	0.10
	其他	0.20	0.10	0.10	0.70

表 2-12 为 2016 年陕西省农村住房构成统计结果。截至 2016 年末，99.40% 的农户拥有自己的住房。其中，拥有 1 处住房的农户占比 89.00%，较 2006 年下降

5.70 个百分点；拥有 2 处住房的农户占比 9.80%，较 2006 年上升 5.20 个百分点；拥有 3 处及以上住房的农户占比 0.60%；拥有商品房的农户占比 8.40%。总体而言，农村住房构成没有发生明显变化，大多数农户依然仅拥有 1 处住房，对现有的农村住房和宅基地具有较高的依赖度。

2016 年末，砖混结构占比 66.20%，较 2006 年增加 22.10 个百分点，在关中地区和陕南地区应用最为广泛，在陕北地区应用规模也较大；砖木结构占比 18.70%，较 2006 年降低 14.10 个百分点，在陕北地区应用最为广泛，在关中和陕南地区应用较少；钢筋混凝土结构占比 7.10%，较 2006 年提高 2.90 个百分点；竹草土坯结构占比 5.90%，较 2006 年降低 11.10 个百分点；其他结构占比 2.10%。可以看到，农村建筑结构主要为砖混结构，其次是砖木结构，砖混结构的增长最快，其余结构占比在显著降低。

2016 年陕西省农村住房构成　　　　　　　　表 2-12

指标		全省	陕北地区	关中地区	陕南地区
农户数量（万户）		692.34	116.78	372.31	203.25
住房数量占比（%）	1 处住房	89.00	90.20	87.80	90.60
	2 处住房	9.80	7.70	11.10	8.40
	3 处以上住房	0.60	1.10	0.70	0.20
	无住房	0.60	1.00	0.40	0.80
拥有商品房农户占比（%）		8.40	7.30	9.50	7.00
住房结构占比（%）	钢筋混凝土	7.10	5.90	6.10	9.50
	砖混	66.20	39.30	82.60	51.60
	砖木	18.70	49.90	9.40	17.80
	竹草土坯	5.90	1.50	1.30	17.00
	其他	2.10	3.40	0.60	4.10

表 2-13 为 2016 年陕西省农村炊事及供暖能源构成统计结果（表格中的指标每户可选两项，因此分项之和大于 100%）。可以看到，截至 2016 年末，农村炊事及供暖使用的能源中，主要使用的能源类型达到两种以上，其中，主要使用柴草的农户占比为 64.10%，占比最高；主要使用电、煤、燃气、沼气的农户占比分别为 49.60%、32.60%、18.80%、0.40%，使用太阳能和其他能源的农户占比分别为 0.30% 和 0.40%。可以看到，柴草和煤等非清洁能源在农村炊事和供暖能源中仍占有较大比例，特别是陕北地区，由于冬季寒冷而漫长，柴草和煤的使用均较多。但相对于 2006 年，农村炊事使用燃气、电等清洁能源的比例上升显著，尤其

是关中地区和陕北地区，清洁能源应用比例上升最快。

2016 年陕西省农村炊事及供暖能源构成 表 2-13

指标		全省	陕北地区	关中地区	陕南地区
农户数量（万户）		692.34	116.78	372.31	203.25
燃料类型占比（%）	柴草	64.10	55.10	57.30	81.70
	煤	32.60	65.00	34.30	11.00
	燃气	18.80	15.00	21.90	15.20
	沼气	0.40	0.10	0.50	0.50
	电	49.60	21.50	61.10	44.80
	太阳能	0.30	0.10	0.40	0.30
	其他	0.40	0.50	0.40	0.50

2.3 文献数据调研

梳理与寒冷地区农村居住建筑节能、供暖、室内热环境、热舒适性相关文献 30 篇，见表 2-14，文献调研样本共计 6074 户，按照农村居住建筑现状及预期、建筑围护结构、建筑用能及热舒适对上述文献分类总结统计数据。

寒冷地区农村居住建筑节能与清洁供暖相关文献 表 2-14

序号	文献名称	地点	时间	样本量（户）
1	宝鸡地区乡村住宅节能设计与技术研究 [1]	宝鸡	2016 年	50
2	关中地区低能耗农宅设计模式研究 [2]	陕西	2014 年	202
3	关中地区既有民居建筑功能优化与性能提升技术研究 [3]	渭南	2018 年	135
4	关中地区既有农宅节能改造设计研究 [4]	咸阳	2015 年	73
5	关中地区农宅节能适应性研究 [5]	陕西	2019 年	400
6	关中地区乡村住宅热环境与人体热舒适研究 [6]	陕西	2014 年	216
7	关中民居自保温技术与低能耗空间设计研究 [7]	陕西	2019 年	825
8	关中乡村近零能耗居住建筑设计研究 [8]	陕西	2016 年	86
9	关中乡村住宅太阳能利用适宜模式应用研究 [9]	陕西	2009 年	146
10	寒冷地区农村住宅冬季室内热环境研究 [10]	宝鸡	2012 年	70
11	西安地区既有农宅节能优化研究 [11]	西安	2020 年	30
12	西安地区农村居住建筑节能设计优化研究 [12]	西安	2013 年	138

续表

序号	文献名称	地点	时间	样本量（户）
13	西安地区新农村建设住宅节能技术分析与研究[13]	西安	2015 年	30
14	陕北地区新型农居冬季室内热环境评价与分析[14]	榆林	2020 年	216
15	榆林地区砖混结构农村住宅节能优化设计研究[15]	榆林	2020 年	112
16	农村建筑节能改造及清洁能源供暖应用研究[16]	河北	2019 年	376
17	天津市农村建筑供热能耗与室内环境研究[17]	天津	2017 年	432
18	滨海寒冷地区农村住宅冬季热环境及供暖经济性研究[18]	青岛	2021 年	142
19	冀东地区乡村住宅被动式节能技术应用研究[19]	唐山/秦皇岛	2018 年	40
20	北京地区超低能耗农村住宅外围护结构优化设计[20]	北京	2018 年	178
21	邯郸平原地区农宅冬季室内热环境研究[21]	邯郸	2021 年	80
22	河南寒冷地区农房围护结构热工性能提升研究[22]	河南	2020 年	658
23	寒冷地区（B区）低能耗农房围护结构节能技术研究[23]	济南	2018 年	42
24	基于绿色理念的山东地区村镇住宅设计策略研究[24]	山东	2016 年	81
25	山西省农村建筑用能情况调研[25]	山西	2016 年	107
26	山西省农村建筑热舒适性调研[26]	山西	2016 年	107
27	寒冷地区低能耗农房清洁供暖适用技术研究[27]	山东	2018 年	50
28	寒冷地区乡村低能耗住宅实践研究[28]	晋中/北京/石家庄	2020 年	98
29	基于成本效益的寒冷地区村镇住宅围护结构节能技术评价[29]	邯郸/临汾/石家庄/滨州	2020 年	58
30	山东省农村家庭生活能源消费结构的优化——以 896 个农户调查为例[30]	山东	2020 年	896

2.4 问卷与实地调研

2.4.1 问卷调研

1. 网络问卷调研

2022 年采用网络问卷形式，调研了北方地区农村居住建筑节能与冬季清洁供暖现状，收集到有效网络问卷 62 份，调研地区涉及山东、山西、河北、河南、甘肃和陕西等省份的多个地市。

2. 走访问卷调研

2018～2020年，通过实地走访、入户调研，以现场问卷形式调研了陕西、河南等地，收集到有效现场问卷48份。结合实地调研，同期对西安、咸阳等不同村镇的典型农村居住建筑户型进行了测量，对室内外环境参数进行了连续监测。针对网络问卷和走访问卷调研数据，按照农村家庭和建筑现状及预期、建筑围护结构、建筑用能及热舒适性对网络和实地调研问卷信息进行分类汇总。

2.4.2　典型农村居住建筑户型

根据实地调研结果，典型农村居住建筑可分为3种：前院后房型、前房后院型和新型社区农村居住建筑。选取调研对象中的6个典型农村居住建筑户型进行说明，如图2-1～图2-3所示。

1. 前房后院型农村居住建筑布局

图2-1为前房后院型农村居住建筑布局。建筑整体布置在宅基地的中前区域，宅基地的后方区域主要为院落和联排的开放式储藏间；2层建筑结构，一层的功能性房间包括卧室、厨房，二层的功能性房间包括卧室、储藏间和客厅。

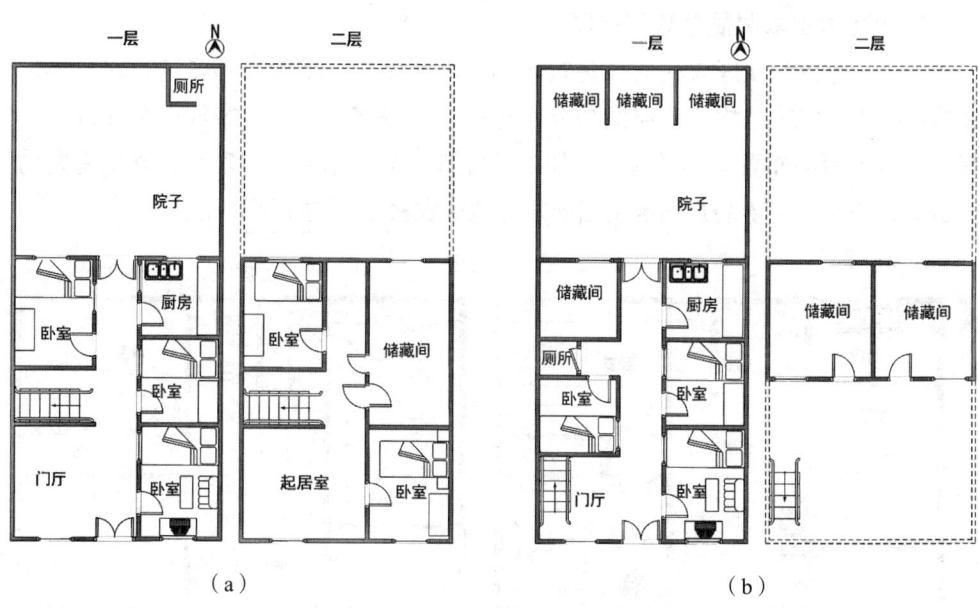

图2-1　前房后院型农村居住建筑布局

（a）1号农村居住建筑；（b）2号农村居住建筑

2. 前院后房型农村居住建筑布局

图2-2为前院后房型农村居住建筑布局。建筑整体布置在宅基地的中后区域，住宅的前方区域主要为院落；2层建筑结构，一层的功能性房间包括卧室、厨房以及储藏间，二层的功能性房间包括卧室和储藏间。

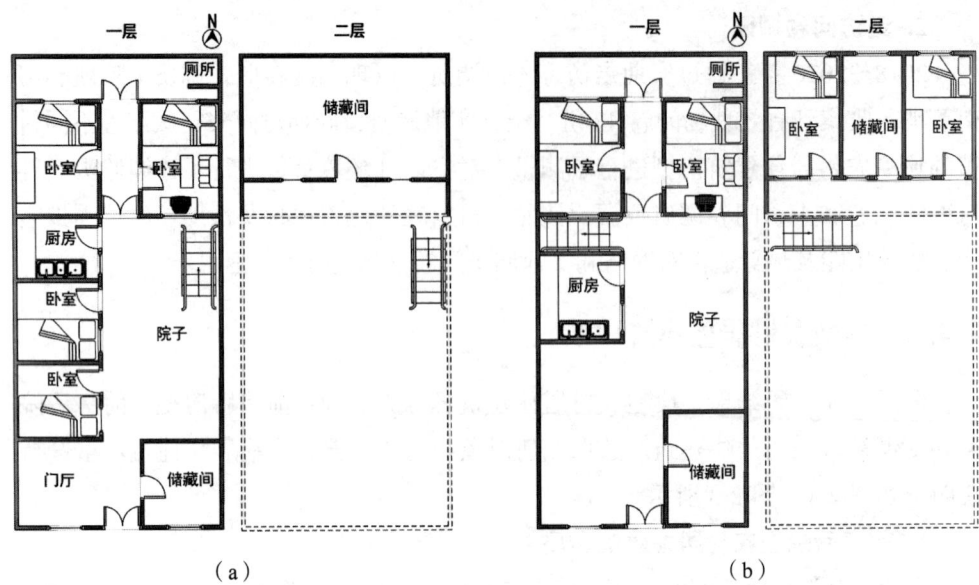

图 2-2 前院后房型农村居住建筑布局

（a）3号农村居住建筑；（b）4号农村居住建筑

3. 新型社区农村居住建筑布局

图 2-3 为新型社区农村居住建筑布局。南北朝向，空间布局紧凑，建筑体形系数小，2 层建筑结构，一层的功能性房间包括卧室、厨房、客厅、餐厅以及车库，前院或后院布置有小花园，二层的功能性房间包括卧室和客厅，并带有南向露台。该类布局紧凑的户型也是当前寒冷地区农村推广的主要户型。

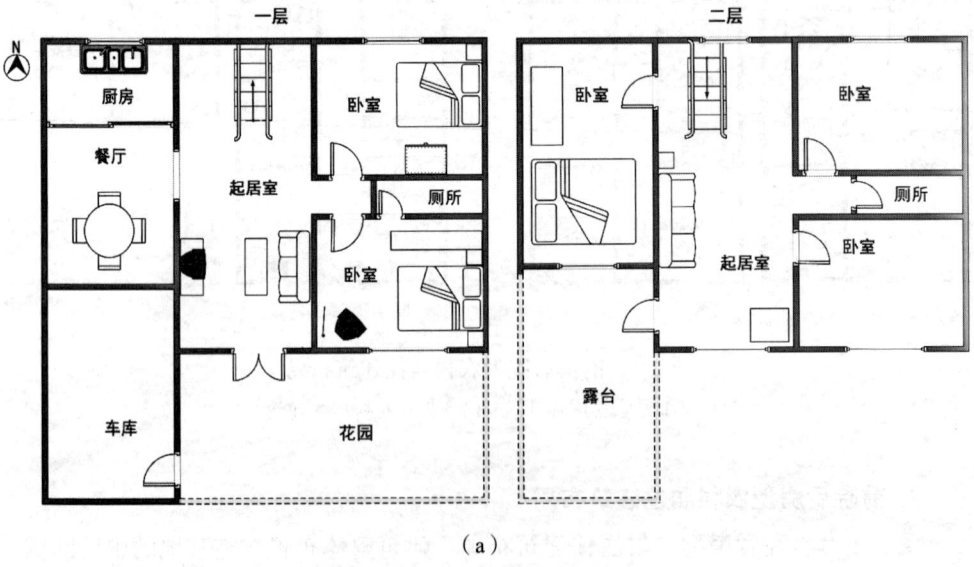

图 2-3 新型社区农村居住建筑布局

（a）1号新型社区农村居住建筑

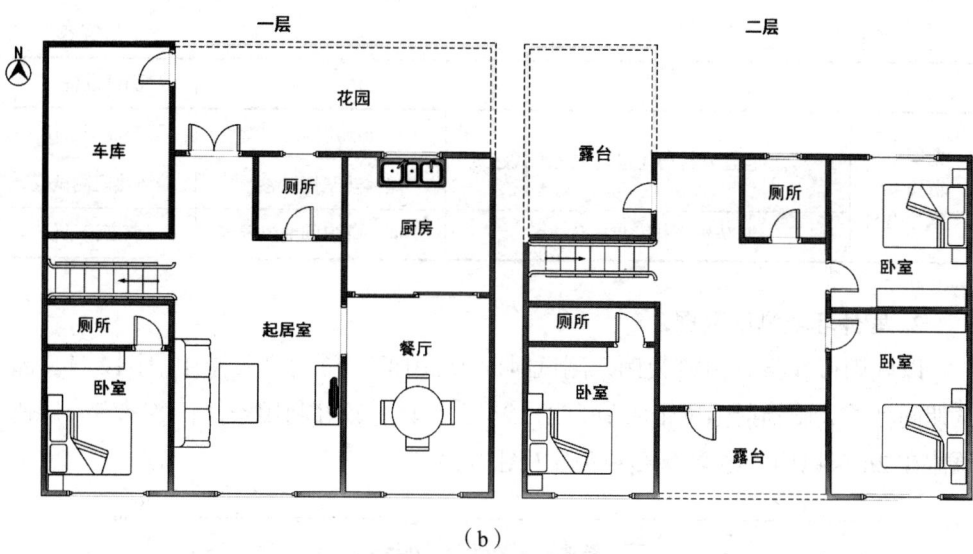

图 2-3 新型社区农村居住建筑布局（续）

（b）2 号新型社区农村居住建筑

2.4.3 典型农村居住建筑环境测试

1. 室内外环境及围护结构热工测试

选取咸阳市礼泉县白村、西安市蓝田县郑家疙瘩村的典型农村居住建筑开展连续监测工作，主要监测内容为室外气象参数、室内热湿环境参数以及围护结构的热工性能等，具体的监测内容如表 2-15 所示。

监测内容统计表　　　　　　　　　　　　　　表 2-15

地点		测试内容	测试设备
咸阳市礼泉县白村	室外	室外温湿度	温湿度记录仪
		太阳辐射强度	太阳辐射测试仪
		室外风速	风速记录仪
	1 号传统自建农村居住建筑	不同功能房间的温湿度	温湿度记录仪
		墙体热工性能参数	墙体热阻测试仪
	2 号传统自建农村居住建筑	不同功能房间的温湿度	温湿度记录仪
	1 号新型社区农村居住建筑	不同功能房间的温湿度	温湿度记录仪
		墙体热工性能参数	墙体热阻测试仪
	2 号新型社区农村居住建筑	不同功能房间的温湿度	温湿度记录仪
西安市蓝田县郑家疙瘩村	室外	室外温湿度	温湿度记录仪
		太阳辐射强度	太阳辐射测试仪

续表

地点		测试内容	测试设备
西安市蓝田县郑家疙瘩村	3号新型自建农村居住建筑（装配式建筑）	不同功能房间的温湿度	温湿度记录仪
		墙体热工性能参数	墙体热阻测试仪
	3号传统自建农村居住建筑	不同功能房间的温湿度	温湿度记录仪

2. 室外环境测试数据

以咸阳市礼泉县白村为例，测试时间为2018年12月8日至12月12日。测试期间冬季太阳辐射强度最大值为412W/m²，具有较好利用条件；冬季室外风速总体在2m/s以内，冬季冷风感不强（图2-4）。

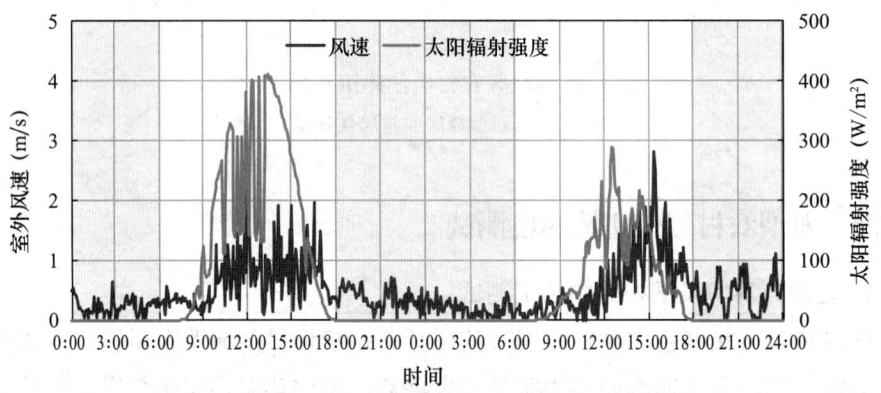

图2-4　室外风速及太阳辐射强度监测

3. 1号传统自建农村居住建筑测试数据

1号传统自建农村居住建筑为2层建筑，砖混结构，外窗采用单层玻璃，屋顶为瓦片坡屋顶。一层常住人卧室采用火炕供暖，但主要在晚上使用，且炕上有棉被，仅用于局部供暖。选择一层常住人卧室、非常住人卧室、走廊以及二层非常住人卧室作为测点布置区域，分别布置温湿度测点T1、T2、T3、T4（图2-5）。此外，在一层常住人卧室布置墙体热工性能测点。

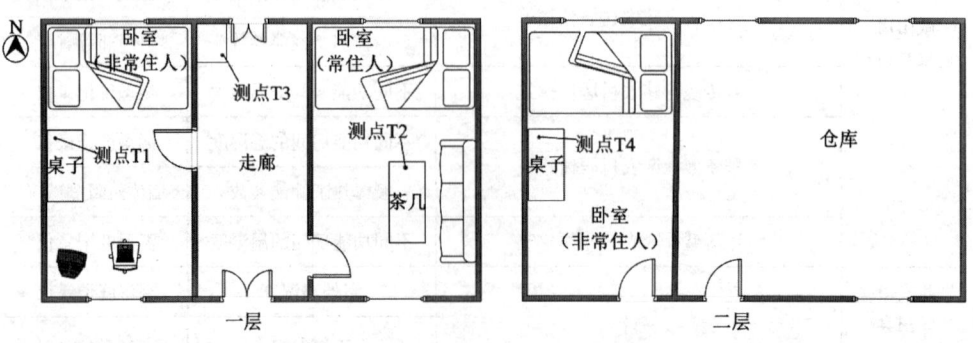

图2-5　1号传统自建农村居住建筑测点布置

图2-6为1号传统自建农村居住建筑不同房间的温度变化情况，温度统计结果如表2-16所示。一层常住人卧室的窗户关闭但门保持半开，室内温度波动较小，分布在3.20~5.00℃之间，平均温度为4.20℃。一层非常住人卧室的窗户关闭，但屋门保持全开，室内温度波动也较小，平均温度为2.30℃，相比于隔壁常住人卧室，室内平均温度低1.90℃。一层走廊门半开，冷风渗透十分严重，最低温度为−0.10℃，二层非常住人卧室门窗关闭，但长期无人居住，室内最高温度不到1℃。围护结构保温差、冷风渗透严重、邻室传热、供暖措施不足，是室内热环境恶劣的主要原因。

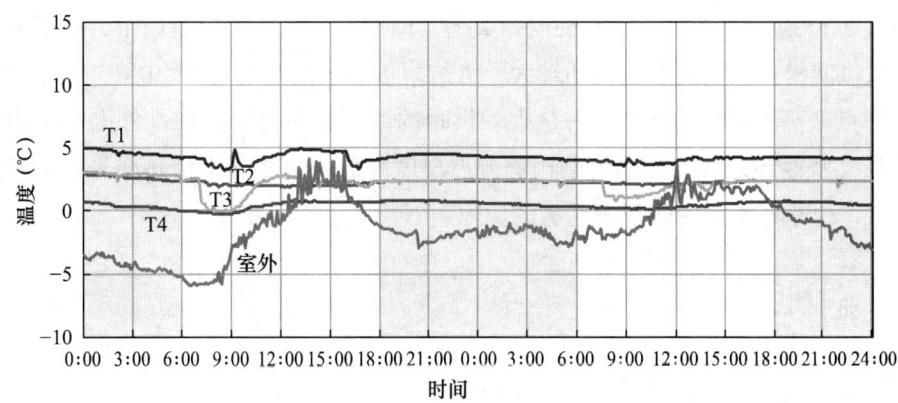

图2-6　1号传统自建农村居住建筑室内外温度变化情况

1号传统自建农村居住建筑测试数据统计表　　　　表2-16

区域	测点	参数	最大值	最小值	平均值
室外	室外	温度（℃）	4.46	−5.98	−1.40
一层卧室（常住人）	T1	温度（℃）	5.00	3.20	4.20
一层卧室（非常住人）	T2	温度（℃）	2.90	1.90	2.30
一层走廊	T3	温度（℃）	3.10	−0.10	2.20
二层卧室（非常住人）	T4	温度（℃）	0.80	−0.20	0.50

4. 2号传统自建农村居住建筑测试数据

2号传统自建农村居住建筑为1层建筑，砖混结构，墙体无保温层，混凝土浇筑的平屋顶。在调研及测试期间，2号传统自建农村居住建筑在一层常住人卧室中使用火炉取暖，火炉燃料采用焦煤，排烟管道通向室外，卧室中有土炕和休闲娱乐用的桌凳，白天时有多位村民聚集在火炉旁进行休闲娱乐活动。分别在一层常住人卧室的门框处和桌子上设置温湿度测点T5和T6（图2-7）。

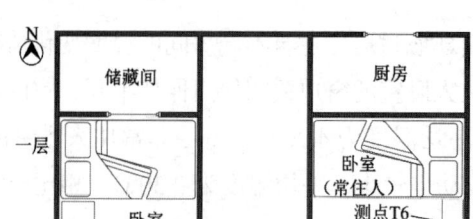

图 2-7 2 号传统自建农村居住建筑测点布置

图 2-8 为 2 号传统自建农村居住建筑不同房间的温度变化情况，温度统计结果如表 2-17 所示。常住人卧室的窗户关闭、门全开，设置了保温门帘，由于采用了间歇供暖模式，室内温度波动较大，火炕附近的最高温度达 18.50℃，而远离火炕的测点最高温度仅有 5℃。一是火炉供暖的范围相对有限，二是外围护结构保温性和气密性差，靠近外围护结构的测点温度降低明显，邻室传热损失、供暖能力不足，也是冬季室内热环境恶劣的原因。

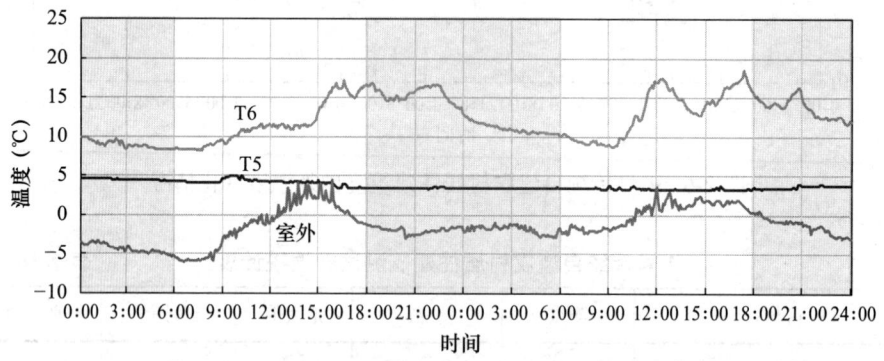

图 2-8 2 号传统自建农村居住建筑室内外温度变化情况

区域	测点	参数	最大值	最小值	平均值
室外	室外	温度（℃）	4.50	−6.00	−1.40
一层卧室（常住人）	T5	温度（℃）	5.00	3.20	3.80
	T6	温度（℃）	18.50	8.10	12.30

2 号传统自建农村居住建筑测试数据统计表　　表 2-17

5. 1 号新型社区农村居住建筑测试数据

1 号新型社区农村居住建筑为当地社区建造的新型社区农村居住建筑样板间，墙体为砖混结构，墙体无保温层，屋顶为混凝土浇筑的坡屋顶，屋面含保温层，外窗为双层中空玻璃，密闭性好。一层为两室一厅布局，二层为三室布局，分别在一层南向和北向非常住人卧室、客厅以及二层南向和北向非常住人卧室、休闲室等布置温度测点 T7、T8、T9、T10、T11 和 T12（图 2-9）。

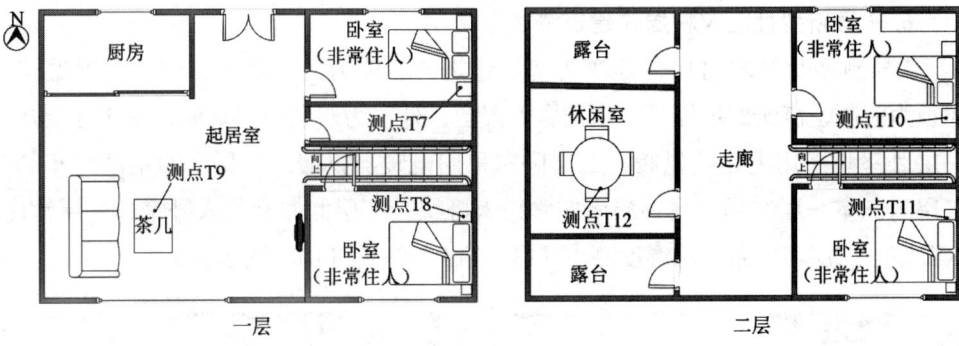

图2-9　1号新型社区农村居住建筑测点布置

　　图2-10为1号新型社区农村居住建筑不同房间的温度变化情况，温度统计结果如表2-18所示。由于该建筑作为样板间展示用，没有人员持续活动，也无供暖措施，但保持着较好的气密性，围护结构热工性能比传统自建农村居住建筑有一定提升，室内温度也有所提升，室内最高温度达到8.10℃。可以看出，提升围护结构保温性能、加强建筑气密性，即使无供暖措施，也能产生较好的热环境。

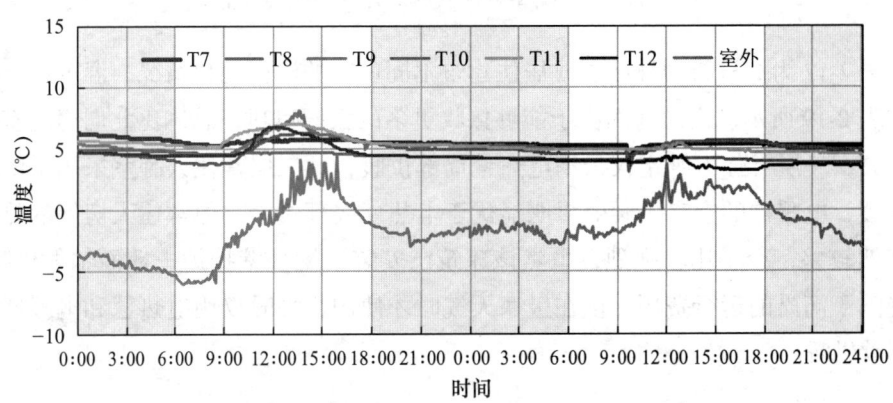

图2-10　1号新型社区农村居住建筑室内外温度变化情况

1号新型社区农村居住建筑测试数据统计表					表 2-18
区域	测点	参数	最大值	最小值	平均值
室外	室外	温度（℃）	4.50	-6.00	-1.40
一层北向卧室（非常住人）	T7	温度（℃）	6.30	3.50	5.50
一层南向卧室（非常住人）	T8	温度（℃）	6.30	3.70	5.00
一层客厅	T9	温度（℃）	8.10	3.10	5.30
二层北向卧室（非常住人）	T10	温度（℃）	5.00	3.60	4.40
二层南向卧室（非常住人）	T11	温度（℃）	7.00	4.50	5.30
二层休闲室	T12	温度（℃）	6.80	3.20	4.40

6. 2号新型社区农村居住建筑测试数据

2号新型社区农村居住建筑为2层建筑，墙体为砖混结构，墙体无保温层，屋顶为混凝土浇筑的坡屋顶，屋面含保温层，外窗为双层中空玻璃，密闭性较好。一层卧室均采用电热毯供暖，二层卧室采用电暖器供暖。一层为两室两厅布局，二层为三室一厅布局，在一层南向常住人卧室、一层北向常住人卧室、二层常住人卧室、二层客厅布置温湿度测点 T13、T14、T15、T16（图2-11）。

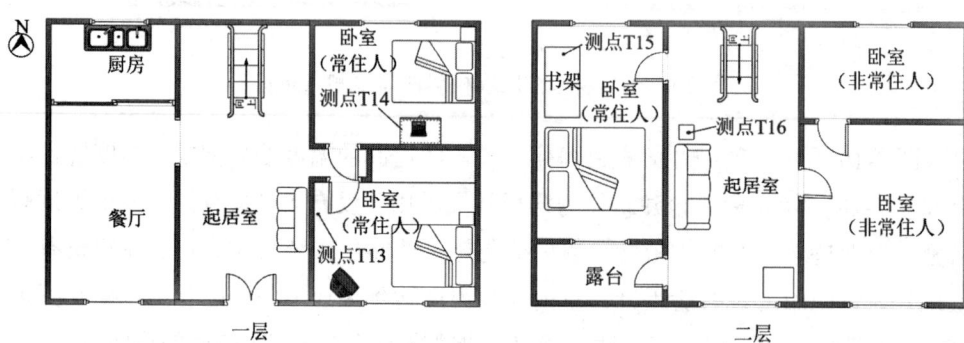

图2-11　2号新型社区农村居住建筑测点布置

图2-12为2号新型社区农村居住建筑不同房间的温度变化情况，温度统计结果如表2-19所示。南向房间由于能够接收更多的太阳得热，总体比北向房间室内温度高，一层常住人卧室仅采用电热毯局部供暖，而二层常住人卧室采用了电暖器供暖，电暖器的全室供暖效果明显优于电热毯局部供暖。但常住人房间的热环境依然较差，冷感比较强烈，虽然该建筑已安装了燃气壁挂炉＋地面辐射供暖，但受限于高昂的运行费用，仅在极寒天气时才使用，平时仅用电热毯和电暖器进行间歇供暖。

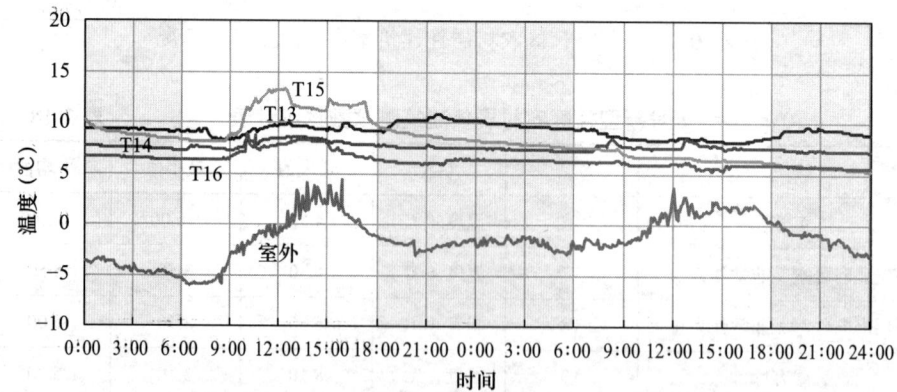

图2-12　2号新型社区农村居住建筑室内外温度变化情况

2 号新型社区农村居住建筑测试数据统计表 表 2-19

区域	测点	参数	最大值	最小值	平均值
室外	室外	温度（℃）	4.50	-6.00	-1.40
一层南向卧室（常住人）	T13	温度（℃）	10.80	8.10	9.30
一层北向卧室（非常住人）	T14	温度（℃）	8.60	7.10	7.70
二层南向卧室（常住人）	T15	温度（℃）	13.40	5.40	8.30
二层客厅	T16	温度（℃）	8.90	5.30	6.40

7. 3 号新型自建农村居住建筑（装配式建筑）

3 号新型自建农村居住建筑为装配式建筑，2 层建筑结构，建筑一层和二层均为一室一厅布局。外墙采用夹心保温结构，外窗采用双层中空玻璃，测试期间无人居住和活动。选择一层非常住人卧室、客厅、厨房和二层非常住人卧室及太阳房作为测点布置区域，分别布置温湿度测点 T1、T2、T3、T4 和 T5（图 2-13）。此外，在一层厨房西北向墙体布置墙体热工性能测点。

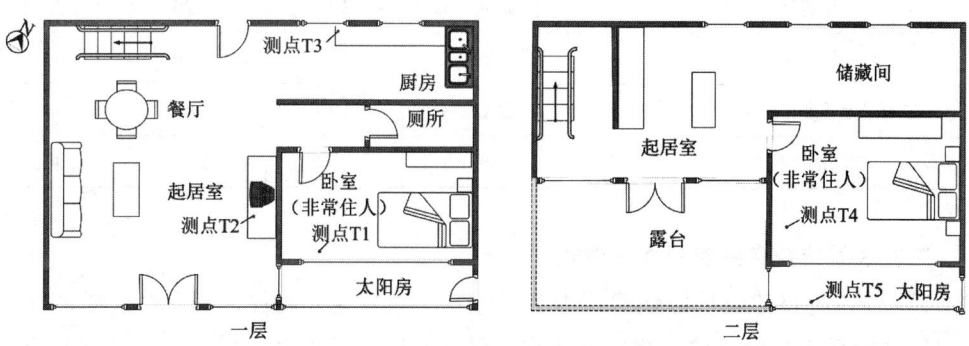

图 2-13　3 号传统自建农村居住建筑测点布置

图 2-14 为 3 号新型社区农村居住建筑不同房间的温度变化情况，温度统计结果如表 2-20 所示。该居住建筑虽然围护结构保温性能更好，但长期无人居住，缺乏室内热源，室内温度总体较低，但二层太阳房日间温升十分明显，受太阳辐射影响，白天太阳房的室内最高温度达到了 12.00℃，相比于邻室的二层非常住人卧室的最高温度提高了 8.20℃，由此可见，即使直接受益式太阳房，其被动供暖效果也十分明显，在农村地区推广应用太阳房很有必要。

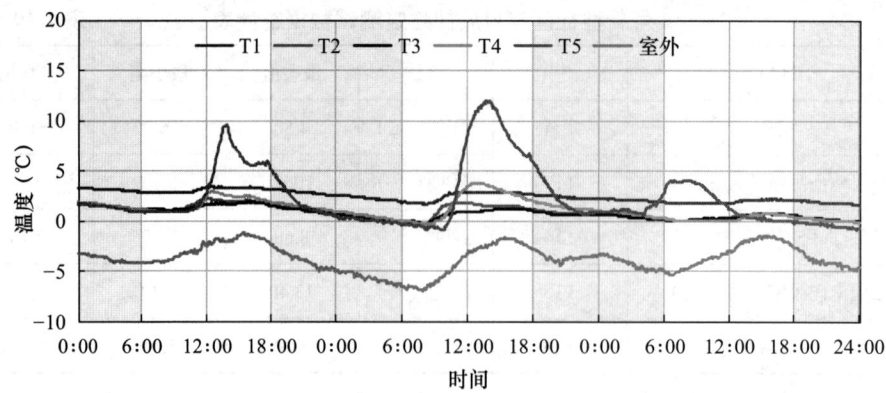

图 2-14　3 号新型自建农村居住建筑室内外温度变化情况

3 号新型自建农村居住建筑测试数据统计表　　　　表 2-20

区域	测点	参数	最大值	最小值	平均值
室外	室外	温度（℃）	−1.20	−7.00	−3.80
一层卧室（非常住人）	T1	温度（℃）	3.40	1.70	2.70
一层客厅	T2	温度（℃）	2.30	−0.30	1.20
一层厨房	T3	温度（℃）	2.00	−0.20	1.00
二层卧室（非常住人）	T4	温度（℃）	3.80	−0.30	1.50
二层阳光房	T5	温度（℃）	12.00	−0.90	2.90

8. 3 号传统自建农村居住建筑

　　3 号传统自建农村居住建筑为 2 层建筑，因有老人居住，故人员仅居住在一层。外窗采用单层玻璃，测试期间有人居住和活动。选择一层常住人卧室和厨房作为测点布置区域，分别布置温度测点 T6、T7 和 T8（图 2-15）。

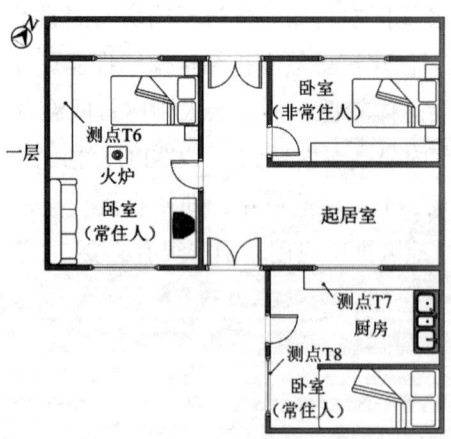

图 2-15　3 号传统自建农村居住建筑测点布置

图 2-16 为 3 号传统自建农村居住建筑不同房间的温度变化情况，温度的统计结果如表 2-21 所示。一层西南向常住人卧室在测试前期无供暖措施，测试后期由于室外温度较低，采用火炉取暖。室内温度总体处于 5~10℃ 之间，白天室内温度逐渐上升，总体较高，夜间室内温度逐渐下降，总体较低。

测试期间一层西南向常住人卧室的最高温度为 9.60℃，平均温度为 5.50℃。一层厨房每天都有炊事活动，并在厨房旁边设置了火炕，室内温度出现明显波动，与炊事活动的周期基本一致。炊事区域最高温度为 14.40℃，最低温度为 2.20℃，火炕区域最高温度为 8.30℃，最低温度为 3.90℃，总体的室内热环境依然较差。

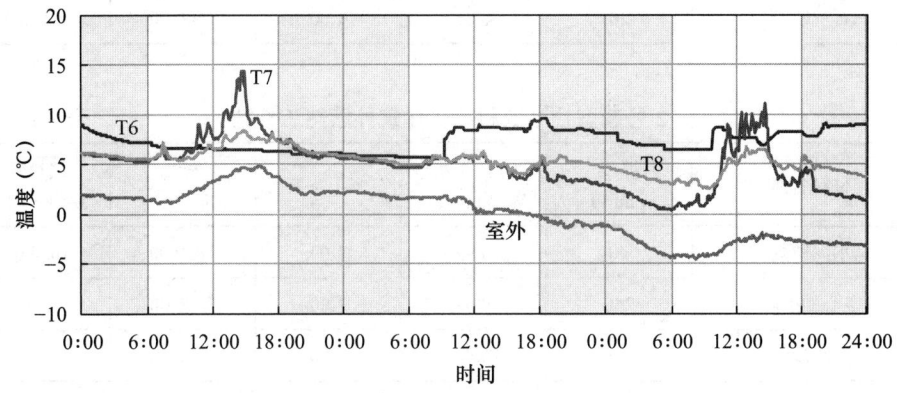

图 2-16　3 号传统自建农村居住建筑室内外温度变化情况

3 号传统自建农村居住建筑测试数据统计表　表 2-21

区域	测点	参数	最大值	最小值	平均值
室外	室外	温度（℃）	−1.20	−7.00	−3.80
一层西南向常住人卧室	T6	温度（℃）	9.60	5.50	7.10
一层卧室、厨房（设有火炕）	T7	温度（℃）	14.40	2.20	5.70
一层卧室、厨房（设有火炕）	T8	温度（℃）	8.30	3.90	5.80

2.4.4　典型农村居住建筑墙体热工测试

为了详细了解农村居住建筑的围护结构热工性能，分别针对咸阳市礼泉县白村的传统自建农村居住建筑和新型社区农村居住建筑、西安市蓝田县郑家疙瘩村新型自建农村居住建筑（装配式建筑）的墙体热工性能进行理论计算和实地测试。

其中，1 号传统自建农村居住建筑的围护结构主体采用 240mm 厚的实心黏土砖砌结构，材料及热工参数表如表 2-22 所示；2 号新型社区农村居住建筑的围护结构主体采用 240mm 厚的空心黏土砖砌结构，材料及热工参数表如表 2-23 所示；

3号新型自建农村居住建筑（装配式建筑）的围护结构主体采用100mm泡沫混凝土＋50mm聚苯乙烯泡沫塑料＋100mm泡沫混凝土结构，材料及热工参数表如表2-24所示。

1号传统自建农村居住建筑外墙热工参数 表2-22

材料名称	厚度（mm）	导热系数[W/(m·K)]	修正系数	密度（kg/m³）	比热容[J/(kg·K)]
水泥砂浆	20	0.93	1.00	1800.00	1050.00
实心黏土砖	240	0.81	1.00	1800.00	1050.00
石灰砂浆	20	0.81	1.00	1600.00	1050.00

2号新型社区农村居住建筑外墙热工参数 表2-23

材料名称	厚度（mm）	导热系数[W/(m·K)]	修正系数	密度（kg/m³）	比热容[J/(kg·K)]
水泥砂浆	20	0.93	1.00	1800.00	1050.00
空心黏土砖	240	0.52	1.00	1300.00	880.00
石灰砂浆	20	0.81	1.00	1600.00	1050.00

3号新型自建农村居住建筑（装配式建筑）外墙热工参数 表2-24

材料名称	厚度（mm）	导热系数[W/(m·K)]	修正系数	密度（kg/m³）	比热容[J/(kg·K)]
水泥砂浆	20	0.93	1.00	1800.00	1050.00
泡沫混凝土	100	0.22	1.00	700.00	1158.00
聚苯乙烯泡沫塑料	50	0.04	1.20	30.00	1380.00
泡沫混凝土	100	0.22	1.00	700.00	1158.00
石灰砂浆	20	0.81	1.00	1600.00	1050.00

1. 理论计算

围护结构主体部位热阻采用下式计算：

$$R = \frac{\delta_1}{\lambda_1} + \frac{\delta_2}{\lambda_2} \cdots + \frac{\delta_n}{\lambda_n} \qquad (2-1)$$

式中　R——围护结构热阻，$(m^2 \cdot K)/W$；

　　　δ_n——围护结构各层厚度，m；

　　　λ_n——围护结构各层材料的导热系数，$W/(m \cdot K)$。

围护结构主体部位传热系数采用下式计算：

$$U = \frac{1}{R_I + R + R_F} \qquad (2\text{-}2)$$

式中　U——围护结构主体部位传热系数，W/（m²·K）；

　　　R_I——内表面热阻，根据国家标准《民用建筑热工设计规范》GB 50176—
　　　　　2016 附录二，取值 0.11（m²·K）/W；

　　　R_F——外表面热阻，根据《民用建筑热工设计规范》GB 50176—2016 附录
　　　　　二，取值 0.04（m²·K）/W。

依据式（2-1）和式（2-2），经理论计算可得，1 号传统自建农村居住建筑墙体热阻为 0.33（m²·K）/W，计算传热系数为 2.08W/（m²·K）；2 号传统自建农村居住建筑墙体热阻为 0.495（m²·K）/W，计算传热系数为 1.55W/（m²·K）；3 号新型自建农村居住建筑（装配式建筑）墙体热阻为 2.35（m²·K）/W，计算传热系数为 0.41W/（m²·K）。

2. 现场测试

采用热流计法检测墙体的热阻，热流计法是利用温差和热流量之间的对应关系进行传热系数测定，通常的做法是采用热流计、热电偶在现场检测出被测围护结构的热流以及内外表面温度，通过数据处理计算得出建筑物围护结构的传热系数。热流计法的核心是检测通过被测对象的热流，并假定传热为一维。否则热流有分量，计算出的被测物的热阻偏小，传热系数偏大。

双面热流计法是改进的热流计法，一般的热流计法是在墙体内表面（环境相对较稳定）测定热流值，而双面热流计法是同时测定墙体内外表面的热流。由于墙体的传热属于非稳定传热，由于温度波的时间延迟，在同一时刻所测得的温度值和热流值在时间上不吻合；另外，由于墙体的蓄热作用，由外表面进入墙体内部的热流值，与同一时刻从墙体内部流过内表面的热流不一致。采用双面热流计法检测墙体的热阻就可以消除上述两个影响。

采用的检测仪器为 SWEMA 墙体热阻监测仪，按双面热流计法在墙体两侧布置温度和热流采集点，可自动检测并记录数据，记录参数为墙体的内外表面温度及热流密度，记录时间间隔为 2min，通过对采样数据进行算术平均计算可获得墙体热阻。经测试和计算，1 号传统自建农村居住建筑、2 号新型社区农村居住建筑和 3 号新型自建农村居住建筑的测试传热系数分别为 1.96W/（m²·K）、1.61W/（m²·K）和 0.61W/（m²·K）。各传热系数测试值与理论计算值接近。

2.5 调研数据分析

针对文献调研数据、问卷与实地调研数据，进行合并处理及统计分析，按照农村居住建筑现状及预期、围护结构、建筑用能及热舒适性对调研问卷进行分类

汇总。其中，农村居住建筑现状及预期的统计结果见表2-25，农村居住建筑围护结构的统计结果见表2-26，农村居住建筑用能及热舒适性的统计结果见表2-27。

农村居住建筑现状及预期的统计结果　　　　　　　　　　表 2-25

序号	内容	调研样本数	总结	占比情况
1	建造年代	1139 户	90.6% 的农村居住建筑建造于1990 年后，其中，60.5% 的农村居住建筑建造于 2000 年后，总体而言，大多数建筑房龄在30 年以内	1990年前, 9.4%；1990~2000年, 30.1%；2000年后, 60.5%
2	家庭常住人口	924 户	农村家庭常住人口数量为1~2人的占比最大，达到52.3%，3~4人的占比为36.5%，常住人口在4人以内（两代人为主）的占比达到88.8%	5人及以上, 11.2%；3~4人, 36.5%；1~2人, 52.3%
3	家庭常住人口年龄	160 户	75.6% 的农村家庭常住人口年龄在 40 岁以上，其中，接近50% 的农村家庭常住人口年龄在 40~60 岁，老年人是农村家庭的主要常住成员	10岁以下, 5.6%；60岁以上, 26.2%；10~40岁, 18.8%；40~60岁, 49.4%
4	建筑面积	1618 户	农村居住建筑面积为100~200m² 的占比最大，达到83.1%，面积在 100m² 以下的占比为5.9%，200m² 以上的大户型占比为 11.0%	250m²以上, 4.1%；100m²以下, 5.9%；200~250m², 6.9%；100~200m², 83.1%
5	建筑层数	1552 户	农村居住建筑层数为 2 层的占比最大，达到63.2%，其次是1 层（35.1%），3 层以上的占比仅为1.7%	3层及以上, 1.7%；2层, 63.2%；1层, 35.1%

序号	内容	调研样本数	总结	占比情况
6	建筑结构类型	2198 户	农村居住建筑以砖混结构为主，占比为70.3%，尤其是1990年后的建筑多数采用砖混结构。其次是砖木结构，占比为23.2%	土坯，2.3% 其他，1.9% 钢筋混凝土，2.3% 砖木，23.2% 砖混，70.3%
7	屋顶类型	1836 户	农村居住建筑坡屋顶占比较大，达到56.0%，其次是平屋顶，比例为44.0%。坡屋顶具有浓厚的地方特色和优良的排水功能，受到农村居民喜爱	平屋顶，44.0% 坡屋顶，56.0%
8	常住人卧室数量	106 户	农村居住建筑常住人卧室为1间的占比最大，达到43.7%，1～2间的占比为79.1%，3间及以上的占比仅20.9%	4间及以上，4.2% 3间，16.7% 2间，35.4% 1间，43.7%
9	农村家庭期望的卧室数量	106 户	农村家庭期望的卧室数量为4间及以上的占比最大，达到65.9%，1～2间的占比仅为14.6%。期望有较多的卧室在节假日时满足多个成员居住的需求	1间，2.4% 2间，12.2% 3间，19.5% 4间及以上，65.9%
10	农村家庭期望的建筑面积	106 户	农村家庭期望的建筑面积为100～200m² 的占比最大，为41.7%，但也有29.2%的家庭期望建筑面积在250m² 以上	100m²以下，10.4% 250m²以上，29.2% 100～200m²，41.7% 200～250m²，18.7%

续表

序号	内容	调研样本数	总结	占比情况
11	农村家庭期望的建筑层数	106 户	农村家庭期望的建筑层数为2层的比例最高，达到79.1%，二层能够对常住人的一层起到一定的遮阳和隔热作用	3层及以上, 4.2% 1层, 16.7% 2层, 79.1%

农村居住建筑围护结构的统计结果　　　　表 2-26

序号	内容	调研样本	总结	占比情况
1	外墙主体材料类型	4190 户	农村居住建筑外墙主体材料以黏土砖为主，占比为97.4%，其中大多数均是实心黏土砖，2000年后有部分建筑采用了剪力墙，采用土坯的越来越少	钢筋混凝土, 1.1% 土坯, 1.5% 黏土砖, 97.4%
2	外墙、屋面及地面保温类型	5096 户	农村居住建筑外墙、屋面及地面均无保温的占比高达90.9%，仅有9.1%的建筑在屋面或地面采取了保温措施，外墙基本都没有保温	有保温, 9.1% 无保温, 90.9%
3	外窗窗框类型	2218 户	农村居住建筑外窗窗框以木框和普通铝合金框为主，其中木框最多，占比为56.0%，其次是普通铝合金和塑钢，仅有0.2%的建筑采用了断桥铝合金窗框	断桥铝合金, 0.2% 塑钢, 9.4% 普通铝合金, 34.4%　木框, 56.0%
4	外窗玻璃类型	1670 户	农村居住建筑外窗玻璃以单层玻璃为主，占比达88.6%，仅有11.4%的建筑采用了双层玻璃	双层玻璃, 11.4% 单层玻璃, 88.6%

续表

序号	内容	调研样本	总结	占比情况
5	外门类型	1690 户	农村居住建筑外门以木门为主，占比达到了 77.3%，其次是铝合金门，占比为 14.3%，还有部分建筑采用了金属门和塑钢门	金属门, 6.5%　塑钢门, 1.9%　铝合金门, 14.3%　木门, 77.3%
6	门窗冬季有无明显渗透风	106 户	66.7% 的农村居住建筑门窗冬季都存在明显的冷风渗透现象，增加了热负荷，降低了热舒适性	无明显渗透, 33.3%　有明显渗透, 66.7%
7	夏季遮阳措施	163 户	55.4% 的农村居住建筑都没有采用夏季遮阳措施，而采用的遮阳措施中，采用绿植遮阳的占比最大，达到了 35.6%，其次是遮阳网和遮阳棚	无遮阳, 54.0%　绿植, 35.6%　遮阳网, 5.5%　遮阳棚, 4.9%

农村居住建筑用能及热舒适性的统计结果　　　　表 2-27

序号	内容	调研样本	总结	占比情况
1	热水能源类型	351 户	农村家庭热水能源以煤和太阳能为主，煤占 42.7%，太阳能占 40.5%，实现了较高程度的可再生能源利用	薪柴, 3.7%　沼气, 0.6%　太阳能, 40.5%　煤, 42.7%　电, 12.5%
2	炊事能源类型	683 户	农村家庭炊事能源以散煤和薪柴为主，非清洁能源应用占比达到了 65.9%，清洁能源占比为 34.1%	其他, 0.7%　电, 17.3%　薪柴, 30.0%　燃气, 16.1%　煤, 35.9%

续表

序号	内容	调研样本	总结	占比情况
3	冬季供暖措施	1996 户	农村家庭冬季供暖措施主要为火炉和火炕，非清洁能源占比为72.2%，清洁能源占比为27.8%。清洁供暖规划实施以来，清洁能源占比不断提高	空调, 10.2%　电热毯, 6.1%　电暖器, 11.5%　火炕, 32.2%　火炉, 40.0%
4	夏季降温措施	569 户	农村家庭夏季降温措施主要为电风扇，其次是空调，仅有17.6%家庭不使用任何设备，依靠自然通风降温	自然通风, 17.6%　空调, 28.1%　电风扇, 54.3%
5	冬季主要供暖房间	48 户	农村居住建筑冬季主要供暖房间为1间的占比达到了70.8%，2间和3间及以上的比例均为14.6%。总体而言，大多数农村家庭仅在1间房间供暖	3间及以上, 14.6%　2间, 14.6%　1间, 70.8%
6	冬季室内穿着	89 人	农村居民冬季室内穿着普遍较厚，91.0%的人穿着为羽绒服或厚外套＋毛衣，总体而言，室内穿着基本与室外穿着一致	薄外套＋毛衣, 9.0%　厚外套＋毛衣, 44.9%　羽绒服, 46.1%
7	冬季卧室温度	672 户	67.2%的农村居住建筑冬季卧室温度都在10℃以内，其中29.2%的卧室温度在5℃以下，热环境恶劣，卧室温度在15℃以上的仅为10.9%	15℃以上, 10.9%　10～15℃, 21.9%　5℃以下, 29.2%　5～10℃, 38.0%

续表

序号	内容	调研样本	总结	占比情况
8	冬季热舒适性	1338 户	农村居住建筑冬季热舒适性总体较差，有冷感的比例达到 59.7%，但依然有 40.3% 的居民认为热舒适性满足要求或有热感。进出频繁、穿着较厚降低了农村居民温度需求	热, 2.0% 稍热, 9.6%　冷, 28.0% 舒适, 28.7% 稍冷, 31.7%
9	夏季热舒适性	997 人	农村居住建筑夏季热舒适性总体较好，舒适比例达到 51.0%，但也有 44.9% 的人有热感。农村居住建筑夏季热舒适性优于冬季	冷, 0.2% 稍冷, 3.9%　热, 18.2% 舒适, 51.0%　稍热, 26.7%
10	可接受的节能改造费用	372 户	农村家庭可接受的节能改造费用在 0.5 万元以内的占比最大，为 56.9%，其次是 0.5 万~1 万元和 1 万~2 万元，占比分别为 18.3% 和 15.1%。农村居民改造投资意愿较低	2 万元以上, 9.7% 1 万~2 万元, 15.1% 0.5 万元以内, 56.9% 0.5 万~1 万元, 18.3%
11	可接受的每月供暖费用	106 户	农村家庭可接受的每月供暖费用在 100 元以内的占比达到 62.5%，其中，33.3% 的家庭可接受的费用为 50~100 元。仍有 10.4% 的家庭接受 200 元以上的月供暖费用	200 元以上, 10.4% 150~200 元, 8.3%　50 元以内, 29.2% 100~150 元, 18.8% 50~100 元, 33.3%

2.6 总结

针对寒冷地区农村居住建筑开展了线上线下问卷调查、实地走访、室内外环境及围护结构热工测试等调研活动，获得了当地农村居住建筑设计与空间结构、建筑围护结构、建筑用能及热舒适性等现状资料。总结出建筑共性特征、村民供暖习惯、农户分室间歇供暖特征，为当地农村居住建筑节能与清洁供暖技术应用提供了基础信息和数据支撑，主要的导向作用有：

（1）新型社区农村居住建筑由于建筑结构和形体更为紧凑，同时采取局部保温措施，在不供暖的情况下，仍比传统自建农房室内温度高5℃以上，同时冷风渗透少，热舒适性高，有力说明了农村居住建筑节能对改善居住品质的重要性。

（2）以人为本、以"双碳"目标为导向，发展农村居住建筑节能与清洁供暖技术，应在保障室内热环境与村民基本热舒适性要求的前提下，提高建筑的绿色低碳性能，降低建筑用能需求，降低碳排放强度。

（3）寒冷地区农村居住建筑的冬季室内热舒适性普遍较差，农村家庭能源消费以冬季供暖为主，但村民对供暖费用承受能力较弱，对清洁供暖设备使用不充分。因此该地区的清洁供暖应优先考虑降低供暖能耗和运行费用，确保可持续性。

（4）当前寒冷地区的农村非清洁供暖比例仍然较高或存在散煤复燃现象，仍有大量农村居民采用散煤和薪柴燃烧供暖方式，应持续加强农村清洁能源利用的政策支持，推动农村清洁供暖和节能减排，改善大气环境质量和农村人居环境。

（5）寒冷地区农村的可再生能源利用不足，现阶段以光热、光伏利用为主，且规模较小，农村居民对能源系统的使用便捷度、免维护程度要求较高，因此应强化农村居住建筑供暖空调与生活热水等用能系统对可再生能源的利用。

（6）围护结构保温、供暖系统设计应与农村常住人口少、实际供暖面积小的分室间歇供暖现状相适应，兼顾内、外围护结构保温，减少常住人房间冬季热损失，供暖系统采取适宜节能控制措施和响应速度较快的供暖末端形式。

本章参考文献

［1］段晓锋. 宝鸡地区乡村住宅节能设计与技术研究［D］. 西安：西安建筑科技大学，2009.

［2］何海. 关中地区低能耗农宅设计模式研究［D］. 西安：西安建筑科技大学，2016.

［3］杨肖楠. 关中地区既有民居建筑功能优化与性能提升技术研究［D］. 西安：西安建筑科技大学，2020.

［4］王勇. 关中地区既有农宅节能改造设计研究［D］. 西安：西安建筑科技大学，2017.

［5］王楠玉. 关中地区农宅节能适应性研究［D］. 西安：长安大学，2022.

［6］胡艳丽，何梅. 关中地区乡村住宅热环境与人体热舒适研究［J］. 建筑节能，2015，43（4）：92–95，99.

［7］贾荫梧. 关中民居自保温技术与低能耗空间设计研究［D］. 西安：长安大学，2022.

［8］田鑫东. 关中乡村近零能耗居住建筑设计研究［D］. 西安：西安建筑科技大学，2018.

［9］胡艳丽. 关中乡村住宅太阳能利用适宜模式应用研究［D］. 西安：西安建筑科技大学，2009.

［10］赵云兵. 寒冷地区农村住宅冬季室内热环境研究［D］. 西安：西安建筑科技大学，2014.

［11］李成亮. 西安地区既有农宅节能优化研究［D］. 西安：长安大学，2021.

［12］何洁. 西安地区农村居住建筑节能设计优化研究［D］. 西安：西安建筑科技大学，2015.

［13］付莹. 西安地区新农村建设住宅节能技术分析与研究［D］. 西安：西安科技大学，2016.

［14］郑海，杨红霞. 陕北地区新型农居冬季室内热环境评价与分析［J］. 建筑节能（中英文），2021，49（9）：146-150，177.

［15］艾闪. 榆林地区砖混结构农村住宅节能优化设计研究［D］. 西安：西安建筑科技大学，2021.

［16］李雅欣. 农村建筑节能改造及清洁能源供暖应用研究［D］. 石家庄：河北科技大学，2019.

［17］赵旻. 天津市农村建筑供热能耗与室内环境研究［D］. 天津：河北工业大学，2017.

［18］石崇根. 滨海寒冷地区农村住宅冬季热环境及供暖经济性研究［D］. 青岛：青岛理工大学，2021.

［19］任志坤. 冀东地区乡村住宅被动式节能技术应用研究［D］. 张家口：河北建筑工程学院，2018.

［20］曹尚鑫. 北京地区超低能耗农村住宅外围护结构优化设计［D］. 天津：河北工业大学，2018.

［21］郝帅. 邯郸平原地区农宅冬季室内热环境研究［D］. 邯郸：河北工程大学，2021.

［22］李妍杰. 河南寒冷地区农房围护结构热工性能提升研究［D］. 郑州：郑州大学，2020.

［23］刘刚. 寒冷地区（B区）低能耗农房围护结构节能技术研究［D］. 济南：山东建筑大学，2018.

［24］宋雨斐. 基于绿色理念的山东地区村镇住宅设计策略研究［D］. 济南：山东建筑大学，2016.

［25］杨凡. 山西省农村建筑用能情况调研［J］. 山西建筑，2016，42（19）：173-174.

［26］李瑛. 山西省农村建筑热舒适性调研［J］. 山西建筑，2016，42（18）：191-192.

［27］刘梅杰. 寒冷地区低能耗农房清洁供暖适用技术研究［D］. 济南：山东建筑大学，2018.

［28］付钰. 寒冷地区乡村低能耗住宅实践研究［D］. 天津：河北工业大学，2020.

［29］杨心悦. 基于成本效益的寒冷地区村镇住宅围护结构节能技术评价［D］. 天津：天津大学，2020.

［30］刘传庚，盛玲玉. 山东省农村家庭生活能源消费结构的优化——以896个农户调查为例［J］. 西南石油大学学报（社会科学版），2020，22（1）：9-17.

第3章 寒冷地区农村居住建筑规划与设计

我国是一个农业大国，农村建筑在源远流长的历史长河中不断演变和发展，承载着特殊的地域文化和生态特色，随着社会经济水平的不断提高，现代砖混结构建筑得到了迅速发展，乡土特征逐渐在农村建筑中被忽略。发展农村居住建筑节能与清洁供暖需要以建筑为载体，本章结合寒冷地区传统民居调研成果，分析其规划特征、空间特征及建筑特点，挖掘设计元素。农村居住建筑设计既要尊重群众意愿，又要传承民俗风貌，既要注重农村居住建筑单体的个性化特色，又要注重村庄的和谐统一，需要着力探索形成具有地方特色的新时代民居范式，促进村容村貌品质提升。同时，本章将总结新时期农村居住建筑的共性特点，综合考虑其发展趋势，确定寒冷地区农村居住建筑标准模型，用于能耗测算。

3.1 寒冷地区气候特征

1. 一级区划指标

寒冷地区是我国五个气候区之一，根据《建筑气候区划标准》GB 50178—1993，寒冷地区（第Ⅱ建筑气候区）主要包括：天津、山东、宁夏全境；北京、河北、山西、陕西大部、辽宁南部、甘肃中东部以及河南、安徽、江苏北部的部分地区。

寒冷地区冬季较长且寒冷干燥，平原地区夏季炎热湿润，高原地区夏季较凉爽，降水量相对集中，气温年较差较大，日照较丰富；春秋季短促，气温变化剧烈；春季雨雪稀少，多大风天气，夏秋多冰雹和雷暴。该区建筑气候特征：

（1）1月平均气温为 $-10\sim0℃$，极端最低气温在 $-30\sim-20℃$ 之间，7月平均气温为 $18\sim28℃$，极端最高气温为 $35\sim44℃$，平原地区的极端最高气温大多可超过 $40℃$；气温年较差可达 $26\sim34℃$，年平均气温日较差为 $7\sim14℃$，年日平均气温 $\leqslant5℃$ 的日数 $90\sim145$d，年日平均气温 $\geqslant25℃$ 的日数少于 80d，年最高气温 $\geqslant35℃$ 的日数可达 $10\sim20$d。年平均相对湿度 $50\%\sim70\%$，年雨日数 $60\sim100$d，年降水量 $300\sim1000$mm，日最大降水量 $200\sim300$mm，个别地方日最大降水量超过 500mm。

（2）年太阳总辐射照度 $150\sim190$W/m²，年日照时数 $2000\sim2800$h，年日照百分率 $40\%\sim60\%$。东部地区 12～次年 2 月多偏北风，6～8 月多偏南风，陕西北部常年多西南风；陕西、甘肃中部常年多偏东风，年平均风速 $1\sim4$m/s，3～5 月平均风速最大，为 2~5m/s。

（3）年大风日数为 5~25d，局部地区达 50d 以上；年沙暴日数为 1~10d，北部地区偏多；年降雪日数一般在 15d 以下，年积雪日数为 10~40d，最大积雪深度为 10~30cm；最大冻土深度小于 1.2m；年冰雹日数一般在 5d 以下；年雷暴日数为 20~40d。

根据《建筑气候区划标准》GB 50178—1993，寒冷地区建筑的基本要求为：建筑物应满足冬季防寒、保温、防冻等要求，夏季部分地区应兼顾防热。总体规划、单体设计和构造处理应满足冬季日照并防御寒风的要求，主要房间宜避西晒，应注意防暴雨；建筑物应采取减少外露面积，加强冬季密闭性且兼顾夏季通风和利用太阳能等节能措施，结构上应考虑气温年较差大、多大风的不利影响；建筑物宜有防冰雹和防雷措施，施工应考虑冬季寒冷期较长和夏季多暴雨的特点。

2. 二级区划指标

国家标准《农村居住建筑节能设计标准》GB/T 50824—2013 仍以最冷月和最热月的平均温度作为建筑节能分区标准，主要指标与《建筑气候区划标准》GB 50178—1993 略有区别，1月平均气温为 -11~0℃，7月平均气温为 18~28℃。而国家标准《民用建筑热工设计规范》GB 50176—2016 和《建筑环境通用规范》GB 55016—2021 规定了建筑热工设计二级区划指标，主要指标为供暖度日数（HDD18）、空调度日数（CDD26）。寒冷 A 区供暖度日数（HDD18）为 2000~3800℃·d，空调度日数（HDD18）小于或等于 90℃·d，寒冷 B 区供暖度日数（HDD18）为 2000~3800℃·d，空调度日数（HDD18）大于 90℃·d。寒冷地区主要城市见本书附录3，更详尽的气候区划分可参照当地节能设计标准。

3.2 农村居住建筑特征

3.2.1 农村居住建筑规划特征

传统村落的选址与格局总体归属于与自然和谐共生的选址观，大多遵循"天人合一"的指导思想。选址与格局充分尊重自然，生活与农业生产耕作结合紧密，强调自然与人类相同、相近和统一的原则。

1. 传统观念影响下的村落选址

我国的传统村落是建立在自给自足的小农经济基础之上的，因此山、水、地就成为影响生产和生活的最基本要素，也逐步形成"背山面水"的传统村落模式。例如阶地平原区的礼泉县烽火村，泾河自北环绕而过，南面为白蟒山，依山傍水，环境宜人，村落坐落在溪流转弯处，体现了古人"背山面水"的选址理念，位于其东南方的原始森林，又恰好起到了挡风的天然屏障作用。

2. 自然环境村落布局的影响

相比较气候条件，人们在选择与规划传统村落时，都要结合自然地貌。选址问题解决了，接下来就是对村落民居格局进行合理的布置。以陕西为例，渭河两侧的阶地平原区地势平坦，自然条件优越，布局自然规整统一，建筑形式采用规整合院。陕北气候干燥寒冷，传统建筑形式采用单排窑洞。陕南气候温润潮湿，兼具南北方地域特色，建筑形式多样化，依山势而建造。

3. 礼制影响下的村落布局

在宗族制度的影响下，村落的空间结构则是以宗祠为核心的同心内聚型，是血亲关系相关联的宗族组织。例如陕西韩城的党家村，其村落的形态结构是以村内党家和贾家祠堂为中心，再以成规模的居住院落围绕的一种营构方式。祠堂是具有交通、聚会及生活功能的场所，村内召集开会时，会在祠堂前的这一开敞空间内聚集。因此，这个中心不仅是人们生活居住的中心，更是村落文脉的核心。

4. 村落结构特征

传统聚落的基本结构主要是指聚落的平面结构形态，由于村落大多数是自发建成的，聚落形态与周边环境有很大关系，受到周围环境的多重影响。村落结构大致可以分为三种类型：团块形村落、带形村落、散列形村落。

（1）团块形村落。陕西省团块形村落主要分布于关中阶地平原区以及用地平坦的其他区域，地势平坦，聚落结构多为正格形式。空间结构相对完整，层次鲜明，发展余地广阔，属于集中发展模式。村落形态近似不规则多边形。强调建筑群多层次的发展，总体中有轴线和节奏的起伏及空间的疏密变化。例如韩城市柳村古寨，其村落整体布局紧凑，居住建筑围绕一个或者几个公共中心排布，道路也是层次分明。

（2）带形村落。带形村落多位于平原及开阔地区，受道路影响较大，一般邻近河道或道路，沿河岸、湖岸、山谷、冲沟等呈带形扩展。带形村落沿着轴线走向延伸布局，建筑呈行列排列，组团内部仍然以正格模式布置，组团之间则运用变格模式出现，以顺应地形地貌。这种村落结构的方向性十分明确。由于村落形态较为狭长，公共服务设施较难布置，故在阶地平原区，带形村路多沿着主路呈长条形发展，例如渭南市澄城县尧头村等。

（3）散列形村落。以关中地区为例，该地区有局部的"台""塬"地带，散列形村落就分布在这些地带之间，民居零星分布，道路由于地形的限制而相对较灵活，多为未经统一规划的自然村落。例如三原县柏社村，其村落形态较为原始，建筑则是散落布置，与周边环境融为一体，人为干预改造较少，有一种自然肌理美。

3.2.2　农村居住建筑空间特征

传统民居一般采用比较经济的建造手段，使用廉价材料，简单结构，因地制宜，因材致用地满足生活及生产需要，其功能、形式、构造和用材相互适应。由于各地区的地理、气候条件不同，就地选用的建筑材料不同等诸多因素的影响，使各地民居又带有不同的风土人文特征，风格各异、丰富多样而又淳朴自然。陕西传统民居也同样具有这些特征，其产生和发展是对该地区社会、经济、文化、自然等影响因素的综合反映，是大量建设经验的积累。

1. 关中地区

关中地区位于陕西中部，在秦岭北麓、北山以南的渭河平原一带。四季分明，冬夏较长，春秋气温升降急骤。关中地区作为中原腹地，传统民居院落以三合院、四合院为主，但院落层次较多，一般为两进院或三进院。房屋多呈对称布置，中轴明确。最常见的建筑外观形式有倒座临街、两山临街两种。典型类型为窄长型的合院式住宅。关中地区冬夏较长，由于夏季酷热，因此较多的宅院在平面布局上采用南北狭长的内庭，使内院处于阴影区内，以求夏季阴凉。关中地区民居院落平面模式分为以下几种：独院式、纵向多进式和横向联院式。

从造型上看，关中地区民居多为以木构架、土坯墙、夯土墙、砖墙为主要材料的坡屋顶建筑，最大特点是单坡屋顶。木构架形式分为抬梁式构架和穿斗式构架两种。院墙高大、封闭、厚重。民居的坡屋面形式以硬山居多，瓦屋面起隔热及排水的作用。总之，关中地区民居以独有的古朴恢宏的建筑风格，在汉族民居建筑中自成一派。

2. 陕北地区

陕北地区位于陕西北部，是国家重要的能源基地。气候干燥多变，冷热不均，温度变化幅度较大，成就了陕北黄土高原千沟万壑的地理地貌，地形环境共同构筑了地域质朴壮阔与悠远沉静的大环境，也形成了地域建筑质朴与沉静的主基调。独特的地形地貌、气候、历史文化造就了陕北地区独特的地域民俗文化。陕北传统建筑主要包括窑洞民居、明清建筑以及寨堡建筑。

窑洞民居曾是陕北甚至整个黄土高原地区传统民居形式。院落形制多样，主要有：深型庭院、宽型庭院、独立式窑洞四合院等。陕北建筑多以土黄和青灰为主色调，以浅灰、赭石、灰白等为点缀色；主要材质为黄土、石材、青砖、灰瓦等。陕北建筑延续地域文化的基因，彰显淳厚质朴、刚劲有力的地域性格，诠释了粗犷激昂、奔放豪迈的陕北气质。但随着人们对生活品质要求的提高，砖混结构逐渐成为主流，并且将原有的窑洞民居拱门造型等元素延续到砖混建筑中。

3. 陕南地区

陕南地区北靠秦岭，南依巴山，是暖温带和亚热带交汇之地，四季分明，降水丰沛，气候温润潮湿。文化多元并存，在东部的荆楚文化、南部的巴蜀文化、西部的华夏文化和北部的中原文化的影响下，当地建筑兼有我国南北民居的双重面貌，既有北方官式建筑形式的厚重沉稳与严整对称的风格，又有南方建筑布局灵活自由、轻盈舒展与玲珑清雅的风格。

陕南地区地势比较复杂，多有山坳、河滩和平坝，因而民居的形式多样，传统的民居有石头房、吊脚楼、三合院和四合院。竹木房多建于南郑、宁强、城固山区；吊脚楼多建于沿江集镇；三合院和四合院多建于平坝城镇。陕南地区传统民居院落组合方式主要有以下几种类型：独院式、纵向多进院和并联多进院落。建筑大体为悬山式屋顶和穿斗式木构架，四周有木制回廊、门窗、楼梯。建筑材质主要有白灰墙、黛瓦、青砖、石材等，颜色清新淡雅，体现了陕南建筑于山水环境中的清朗灵动特色。

3.3　农村居住建筑设计原则

3.3.1　设计建造符合政策要求

长期以来，农村居住建筑以村民自建为主，多数农村自建房存在施工队伍不专业、质量难保证、安全管理有漏洞等问题，处于粗放式发展状态。目前，全国各地正加快建立健全农村房屋建设报批审查等方面的机制，引导农村建筑建设走向正规化，农村居住建筑设计和建造应积极落实政策要求。例如，《陕西省实施〈中华人民共和国土地管理法〉办法》规定，农村每户只能有一处宅基地，城市郊区每户不超过133m²，川川、原地每户不超过200m²，山地、丘陵地每户不超过267m²。农村住宅应当符合国土空间规划和土地用途管制要求，不得占用永久基本农田，并尽量使用原有宅基地和空闲地。《西安市村镇规划管理规定》要求，人均建筑面积控制在80m²以下，层数控制在3层以下（含3层），屋顶檐口至地面高度控制在10m以内，坡屋顶应从檐口起坡，坡顶不超过2.5m。

近年来，随着乡村振兴、和美乡村建设的不断推进，农村建设问题始终是社会发展关注的重点问题，国家不断出台政策，引导农村建设走向绿色宜居、舒适健康等长久目标。例如，《中华人民共和国国民经济和社会发展第十四个五年规划和2035年远景目标纲要》要求，严格控制新建房屋体量和风貌，加强传统建筑保护修缮，改造提升既有房屋风貌，彰显地域特色、田园风貌。《城乡建设领域碳达峰实施方案》要求，营造自然紧凑乡村格局，建设选址要安全可靠，顺应地形地貌，鼓励新建住宅向基础设施完善、自然条件优越、服务设施齐全、环境优美的村庄聚集。《乡村建设行动实施方案》要求，乡村建设要同地方经济发展水平相适应、与当地文化和风土人情相协调，传承保护传统村落民居和优秀乡土文化，突出地域特色和乡村特点，保留具有本土特色和乡土气息的乡村风貌，防止机械照搬城镇建设模式。

3.3.2 设计传承传统建筑文化

农村居住建筑是乡村文化传承与乡愁的重要载体。张锦秋院士在大型纪录片《中国传统建筑的智慧》专家座谈会上指出，我国城镇化正在飞速发展，乡村振兴是当前面临的重大课题，千万不能失去传统民居"以人为本"的根，失去真正的乡愁，一定要做到因地制宜、分类指导、延续文脉、保护和利用。

如何在建筑设计中传承和发扬丰富的传统文化，成了建筑设计师不得不考虑的问题。农村居住建筑设计需要结合现代技术及现代审美，对传统文化在发展中继承，在继承中弘扬。在建筑设计中呈现传统文化的内涵，把我国农耕文明优秀遗产和现代文明要素结合起来，赋予新的时代内涵，推动乡村全面振兴。

近年来，我国多个地区组织编制了当地农村建筑图集，例如《北京市新农村住宅设计图集》《陕西省农村优秀建筑图集》《山东省新民居设计施工图集》《河北省农村住宅标准设计图集》和《山西省农村住房建筑设计优秀案例图集》等，不断加强对农村建筑设计和建设的指导。图集集中体现了不同地区的民居特色，例如陕西关中地区农村民居的单坡屋顶建筑风格。

3.3.3 设计的适用性与超前性

农村家庭收入相对偏低，而农村建房又主要依靠村民自身的经济力量，建设初期投资一般不会太高，因此农村居住建筑设计应该有一定的适用性，在农村家庭可接受的范围内尽可能降低成本，做到合理的建筑定位，尽可能采用当地建筑材料，以满足功能需求为主。目前有的地方在农村建设中，把农村居住建筑定位为欧式别墅，这不仅不能满足文化延续的要求，还增加了农村建设的投入。

但随着经济增长和文化认知的提升，农村家庭有着日益增长的物质文化生活需求，生活方式也发生着变化，这就要求建筑空间和功能设计要有一定的超前性和创新性，满足农村家庭在不同时期的居住需求，留有一定改造提升空间。农村还有一个很大的特点就是具备良好的生态与资源优势，但一些传统的技术随着发展已经不能满足建设的需要，应该适当改进或者运用新技术，为村民提供空间创新、建筑材料更新的技术支撑。

3.3.4 整体规划强调自然共生

传统民居坚守因地制宜、就地取材、自然共生的原则进行选址及设计建造，当今农村建筑设计亦应考虑自然环境的约束，主动顺应自然趋势，使人工环境与自然环境相协调。减少资源使用量，提高能源及资源的利用效率，适度地以不同方式利用自然；顺应自然地形地势对村落进行合理布局；对民居进行防灾、隔热防寒、遮蔽直射阳光等，以顺应自然，实现与建筑周边环境生态系统的平衡。

村落民居的规划设计应整体性、系统性地考虑各元素之间的关系，在综合考虑村落的地理位置、地形地貌、气候条件及与周边环境关系的基础上，统一规划、合理布局、集约发展、因地制宜、突出特色，实现经济、社会和环境效益的和谐统一，营造功能合理布局、空间组织有序、环境适宜、适应经济发展的有机村落。

3.3.5　功能布局体现以人为本

农村居住建筑功能复合，因其独特的文化习俗、生活习惯以及多变的家庭结构和生产活动，其空间适应性亟待优化。本书编写团队在寒冷农村地区开展了大量走访调研工作，了解到农村建筑有院落需求、在家农业生产需求等。农村居住建筑建设应以人为本，考虑农村居民各项生活需求，通过功能布局优化提高居住质量。

传统自建农村居住建筑存在流线交叉、功能混合以及家具布置不合理等现状问题，使得其空间利用率较低。宜采取减少水平交通、布置竖向交通空间、提高边角空间利用率、设置附加空间、局部设置隔断、闲置用房功能转换等措施，例如将次卧室设于客厅附近，在闲置时可将功能转换为农业作业用房或储藏室等。

3.3.6　景观设计遵循本土特色

景观设计应有机结合乡村生态资源以及自然环境，依照各个地区的景观特色，尽可能在原有乡村环境的基础上加以改造或者建立生态绿色廊道，从而打造一种科学、美观、和谐的景观面貌，尽可能提高乡村当地自然资源的开发利用程度。

在城乡建设以及区域整合过程中，应将每一个乡村的特点充分突显出来，这样的规划设计不仅能够美化乡村形象，也有利于提升乡村知名度，更好地促进农村发展。乡村规模相对较小，特色景观要素也相对较少。因此，景观设计应努力追求"小而精，精而细，细而特"的精细化设计，多方面规划乡村历史人文资源以及自然生态资源，打造特色乡村。

3.4　寒冷地区农村居住建筑标准模型

本书编写团队通过实地调研、网络调研、文献调研等方式，获得了大量寒冷地区农村居住建筑的结构形式、建筑面积、围护结构做法等信息，以及村民对新建居住建筑的期望。对上述信息整合形成调研结果，再结合农村居住建筑规划与设计原则，梳理出寒冷地区农村居住建筑设计的共性特征，确定寒冷地区农村居住建筑标准模型。标准模型是具有一定代表性的寒冷地区农村居住建筑户型，可作为寒冷地区农村居住建筑的能耗测算、围护结构节能设计指标测算的物理模型，作用和价值较大。

3.4.1 寒冷地区农村居住建筑共性特征

1. 建筑结构特征

根据问卷调研及文献调研结果可知，40%以上的农村家庭期望的新建农村居住建筑面积为100～200m²，也有近30%的农村家庭期望的面积在250m²以上；近80%的农村家庭期望的建筑层数为2层，但层数越高、面积越大，相应建设投资也越大。因此，未来的农村新建居住建筑仍然会呈现出多样化的结构格局。此外，目前寒冷地区农村居住建筑坡屋顶占比达到近60%，是最常见的一种农村建筑屋面类型。坡屋顶也是传统民居的典型构造，长期受到村民喜爱，《陕西省农村村庄规划建设条例（2019修正）》专门提及要在适宜的地方提倡和推广建设坡屋顶式的村民住宅。

因此，新建农村居住建筑应该根据家庭需求和建设投入，合理确定建筑面积和建筑层数，最常见的建筑层数是1层、2层及3层，而3层以上的建筑需要更为严格的结构安全考虑，在农村应避免采用；应根据使用需求合理确定建筑面积并符合当地建设要求。新建农村居住建筑推荐采用坡屋面，兼具传统民居特色和优良的排水功能，避免屋面漏水，同时屋檐能够起到一定的遮阳作用。

2. 空间布局特征

根据《山东省统计年鉴》和《陕西省统计年鉴》等统计数据，当前农村平均每户常住人口已降低至不足3人。同时，根据问卷调查及文献调研结果可知，农村家庭常住人口在4人以内的比例近90%，其中，家庭常住人口为1～2人的占比超过了50%。农村家庭常住人卧室为1间的占比超过40%，农村家庭常住人口年龄在60岁以上的占比近50%，老年人是农村家庭的主要常住成员。

因此，新建农村居住建筑在一层至少需要设置1间卧室供老人居住，卧室外窗朝向以南向为主，具有更好的采光、通风和冬季太阳得热效果，同时在建筑一层设置配套的卫生间、厨房及起居室，方便农村家庭常住人员使用，还需要尽可能配套一些无障碍措施，比如无障碍卫生间、扶手栏杆等。超过60%的农村家庭期望的卧室数量在4间以上，近20%的农村家庭期望的卧室数量为3间，可以看出，农村家庭均期望有较多的卧室，能够在节假日时满足多个成员居住，因此，新建农村居住建筑的卧室应该在3间以上。

3.4.2 寒冷地区农村居住建筑标准模型

当前各地正在大面积推广应用的农村居住建筑图集具有一定的示范性和代表

性，承载着寒冷地区农村居住建筑的主要特征和发展趋势。因此，本书基于农村居住建筑图集选择适宜的户型设计方案作为标准模型建筑方案，在总结寒冷地区农村居住建筑共性特征基础上，构建典型的标准模型。

寒冷地区各省份均已推出当地农村居住建筑设计指导图集，包括《北京市新农村住宅设计图集》《陕西省农村优秀建筑图集》《山东省新民居设计施工图集》《河北省农村住宅标准设计图集》和《山西省农村住房建筑设计优秀案例图集》等，不断加强对农村建筑的设计和建设指导，供村民建房参考选用。图集集中体现了不同地区的民居特色。根据《陕西省农房设计图集推广使用进展》，截至 2019 年，已按照《陕西省农村优秀建筑图集》建设新型村落 101 处，累计 11042 户参照使用了 30 余种特色民居设计方案，推动美丽宜居乡村建设。因此，农村居住建筑设计指导图集也有着广泛的示范与推广应用前景。

为了涵盖不同建筑层数及建筑面积的新建居住建筑情况，分别设定 1 层、2 层、3 层农村居住建筑标准模型方案，以增强标准模型的代表性和典型性。

1. 1 层农村居住建筑标准模型方案

图 3-1 和图 3-2 分别为 1 层农村居住建筑标准模型方案效果图及平面图。1 层农村居住建筑标准模型方案，采用了寒冷地区农村居住建筑共性特征的坡屋面，南向为老人卧室，配套卫生间及厨房、阳光间、庭院，同时 3 个卧室数量也基本符合农村家庭对居住建筑的预期。前院为景观、停车院落，宽敞向阳，后院为储藏、杂物院落，洁、污分区明确，充分考虑了农村居民的生活习惯。居住建筑坐北朝南，平面布局紧凑，功能合理，适应现代化新农村的发展需求，并具有传统民居造型简洁、朴实的特点。卫生间、储藏室等辅助房间，形成气候缓冲区，在冬季时对南向的起居室、卧室形成了一定的防寒保护。另外，采用了南向阳光间，充分利用太阳能被动供暖，改善室内热环境。

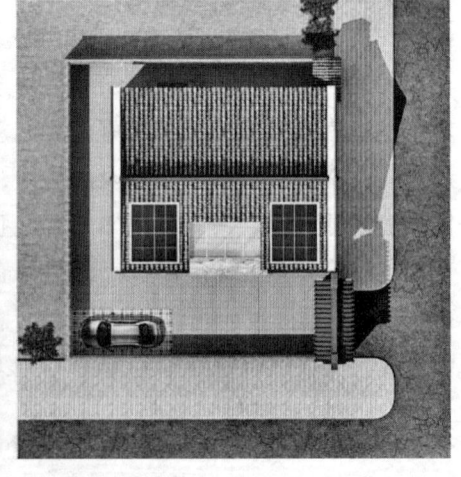

图 3-1　1 层农村居住建筑标准模型方案效果图

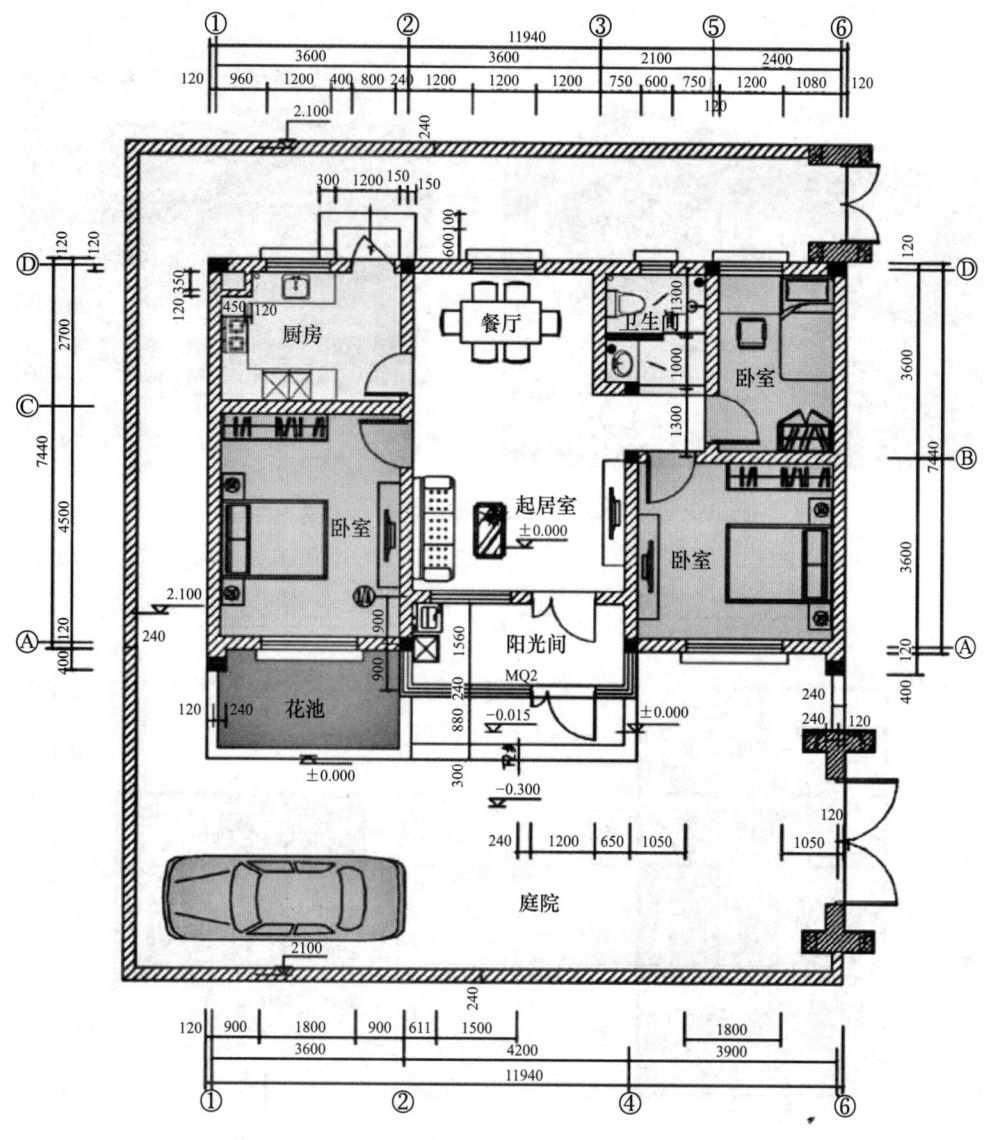

图 3-2 1 层农村居住建筑标准模型方案平面图

2. 2 层农村居住建筑标准模型方案

图 3-3 和图 3-4 分别为 2 层农村居住建筑标准模型方案效果图及平面图。2 层农村居住建筑标准模型方案,采用了寒冷地区农村居住建筑共性特征的坡屋面、一层南向为老人卧室,一层配套卫生间及厨房、阳光间、庭院、露台,5 个卧室数量也符合农村家庭对居住建筑的预期。采用双坡屋顶和露台,南向卧室及起居室具有较大的窗户,在冬季可以获得更多太阳得热。前后均设有庭院,一层设置了南向老人卧室、起居室、卫生间和厨房,其余非常住人房间设置在二层。

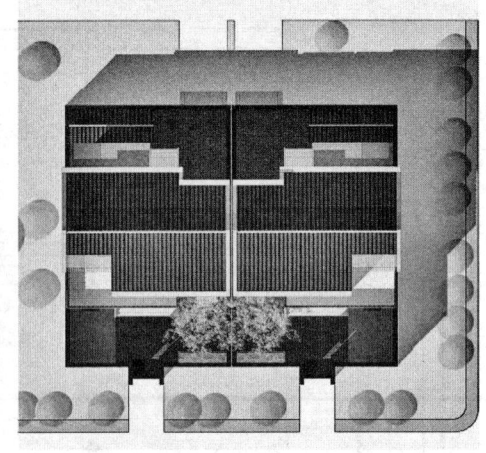

图 3-3　2层农村居住建筑标准模型方案效果图

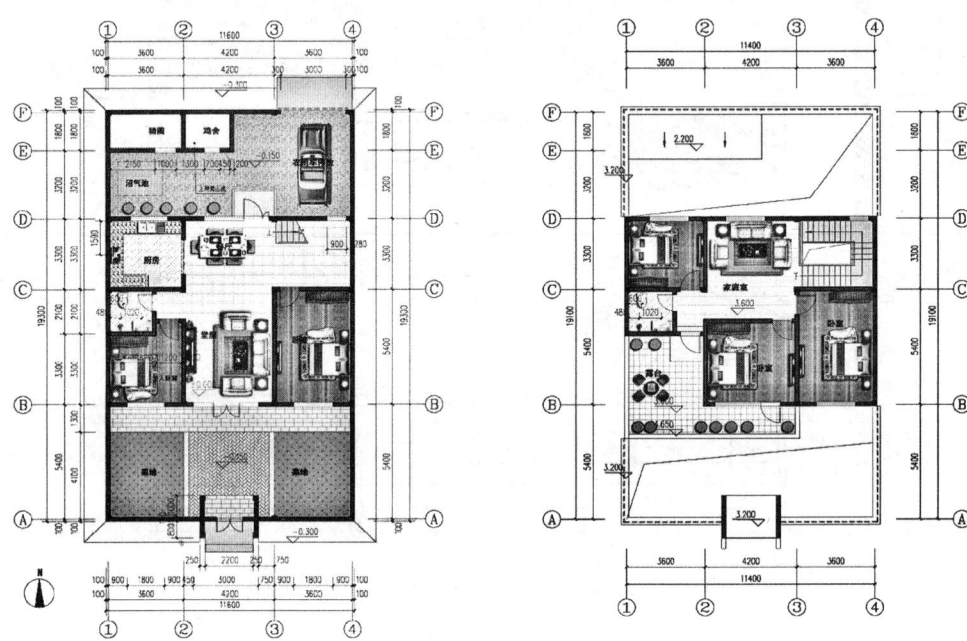

图 3-4　2层农村居住建筑标准模型方案平面图

3. 3 层农村居住建筑标准模型方案

图 3-5 和 3-6 分别为 3 层农村居住建筑标准模型方案效果图及平面图。3 层农村居住建筑标准模型方案，采用了寒冷地区农村居住建筑共性特征的坡屋面，一层南向为老人卧室，一层配套卫生间及厨房、阳光间、庭院、露台，6 个卧室数量也符合部分经济条件较好的农村家庭对新建居住建筑的预期。在建筑设计上，采用双坡屋顶和露台，立面结合平面布局，凸凹有致，变化丰富，朴素大方。在建筑布局上，前后均有庭院，一层设置了南向老人卧室、起居室、卫生

间和厨房，满足农村家庭常住人员的日常生活，其余非常住人房间设置在二层及
三层。

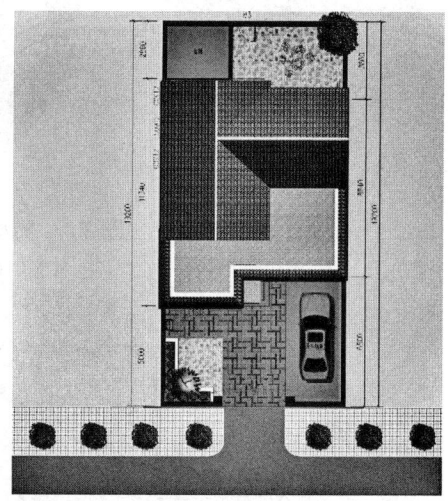

图 3-5　3 层农村居住建筑标准模型方案效果图

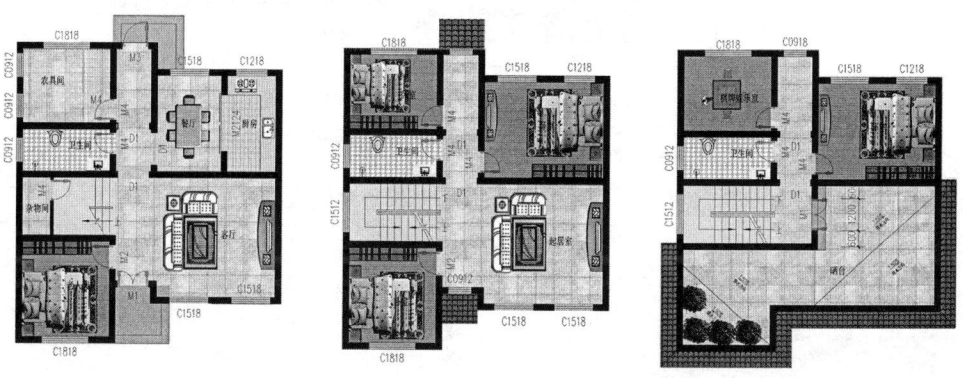

图 3-6　3 层农村居住建筑标准模型方案平面图

3.4.3　标准模型的房间设定

以标准模型方案为典型农村户型，构建寒冷地区农村居住建筑物理模型。如
图 3-7 所示，包括 1 层农村居住建筑模型（建筑面积 92.83m²）、2 层农村居住建
筑模型（建筑面积 196.24m²）、3 层农村居住建筑模型（建筑面积 260.17m²），房
间属性设置如图 3-8～图 3-10 所示。模拟地区选择寒冷 A 区（代表城市榆林市）、
寒冷 B 区（代表城市西安市）。各房间的参数设定、供暖系统日运行时间设定，
以及各地区的供暖期及返乡期设定等信息见本书 6.3 节。

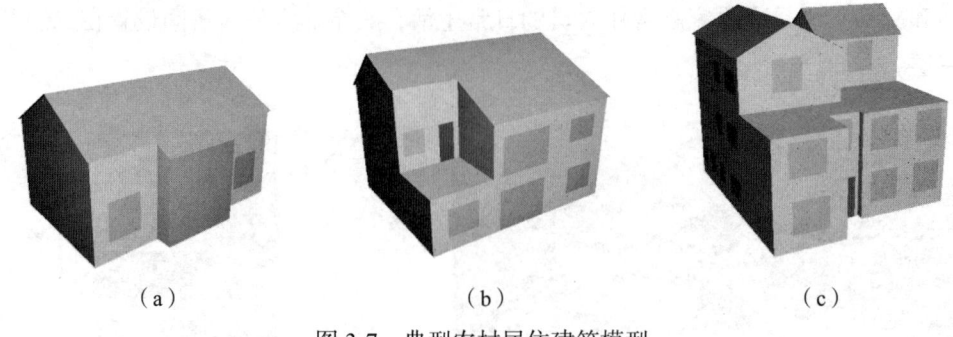

（a） （b） （c）

图 3-7 典型农村居住建筑模型

（a）1层；（b）2层；（c）3层

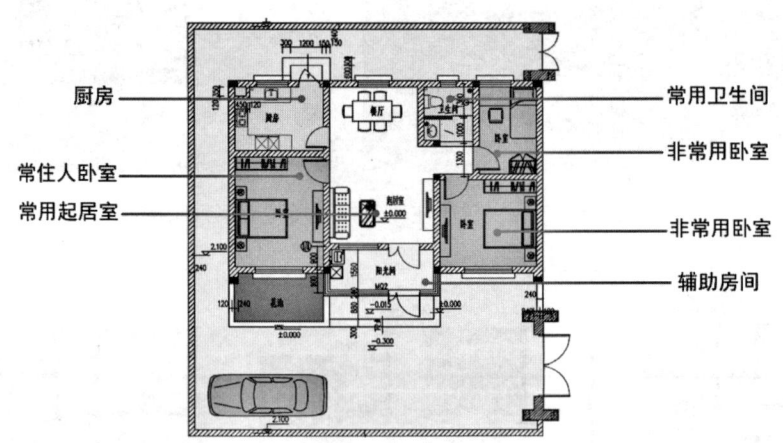

图 3-8 1层农村居住建筑模型房间设置

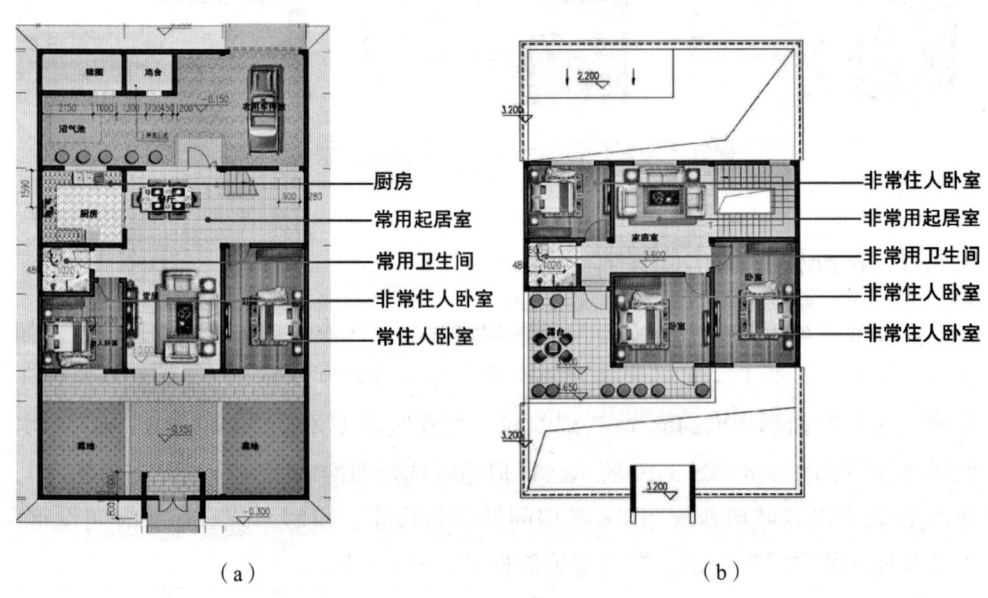

（a） （b）

图 3-9 2层农村居住建筑模型房间设置

（a）一层；（b）二层

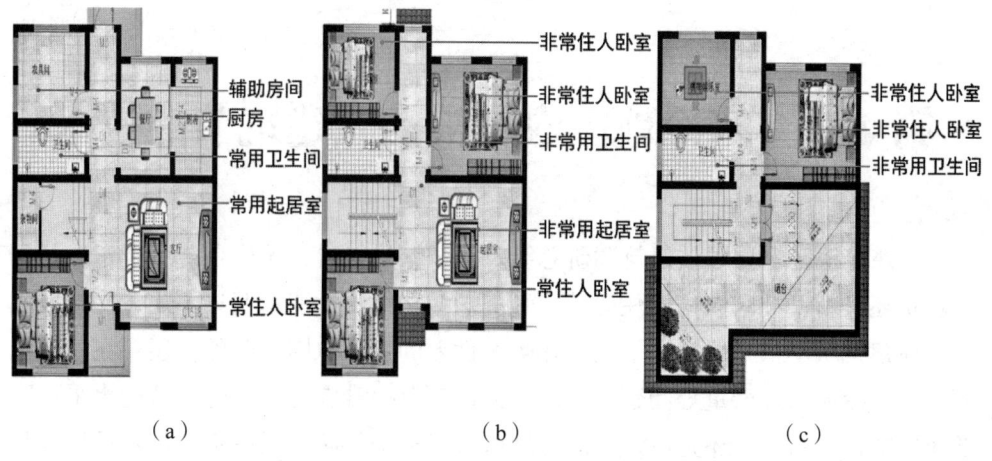

图 3-10　3 层农村居住建筑模型房间设置
（a）一层；（b）二层；（c）三层

3.5　总结

本章以寒冷地区农村传统民居为研究对象，分析其规划特征、空间特征及建筑特点，挖掘设计元素，提出了农村居住建筑设计原则，包括设计建造符合政策要求、设计传承传统建筑文化、设计的适用性与超前性、整体规划强调自然共生、功能布局体现以人为本、景观设计遵循本土特色。总结了寒冷地区农村居住建筑的共性特点，综合考虑其发展趋势，分别确定了以 1 层、2 层和 3 层典型设计方案为标准的建筑模型，其为具有一定代表性的典型农村居住建筑户型及空间结构模型，用于后续农村居住建筑能耗模拟分析与围护结构热工性能指标测算。

建筑特征分析对农村居住建筑节能设计的导向作用：

（1）农村居住建筑选址和规划应考虑场地的安全要求，结合场地自然条件和功能需求，对建筑的平面布局、体形、空间尺度等进行设计，与周边自然生态环境相协调；应有利于冬季日照和冬季防风，并应有利于夏季通风。

（2）充分利用场地自然地形进行规划设计，结合场地进行建筑布局，避开冬季主导风向。

（3）寒冷地区农村居住建筑布局应综合考虑太阳得热、通风及采光的要求，选择相应的建筑主要朝向；建筑的间距应满足日照、采光、通风、视觉卫生等要求；尽可能采用立体绿化、复层绿化等方式合理进行绿化配置，改善室外热环境。

（4）农村居住建筑设计应充分利用天然采光，卧室、起居室、厨房应有天然采光；充分利用建筑外部环境创造适宜的室内环境，采取绿化、防风、遮阳、蒸发降温等措施，提高建筑室内舒适度。

第4章 寒冷地区农村被动式建筑节能技术

从寒冷地区农村居住建筑调研总结及测试结果来看，无论是传统自建农村居住建筑还是新型社区农村居住建筑，其围护结构保温性能均明显不足，是造成农村居住建筑冬季供暖能耗水平高、热舒适性差的主要原因。此外，还存在门窗气密性差、冷风渗透严重等问题。因此，无论是以提升农村居住建筑节能水平、降低建筑能耗为目的，还是以发展北方地区农村清洁供暖、提高室内热舒适性为目的，均应优先采用被动式建筑节能技术，包括形体及空间布局优化、立面优化、高性能围护结构、被动式太阳房、绿化遮阳与外窗遮阳、自然通风与天然采光等被动式技术。

4.1 形体及空间布局优化

4.1.1 建筑形体优化

寒冷地区农村居住建筑宜南北朝向或接近南北朝向，体形应简洁、规整，平、立面不应出现过多的局部凹凸部位，开口部位应避开当地冬季的主导风向，主要房间也宜避开冬季主导风向，寒冷B区农村居住建筑的门窗开口部位设计还应利用当地夏季主导风向，有利于夏季自然通风。开间进深不宜大于6m，室内净高不宜大于3m，使用空间设计做到适度高效。并且农村居住建筑宜采用双拼式、联排式的集中布置，减少建筑外围护结构面积，降低体形系数，减少建筑热损失。

寒冷地区农村居住建筑的房间功能布局应合理、紧凑、互不干扰，并应方便生活起居与节能。卧室、起居室（厅）等主要功能房间是村民日常生活使用频率较高、使用时段较长的居住空间，本着节能和舒适的原则，宜布置在日照、采光条件好的南侧，或者保温效果较好的内墙侧；而厨房、卫生间、储藏室等辅助房间由于使用频率较低，使用时间较短，可布置在北侧或外墙侧，为主要功能房间提供良好的非供暖缓冲区。寒冷地区农村居住建筑的卧室布置还应考虑通风和防潮。

4.1.2 优化窗墙面积比

窗墙面积比是指某一朝向的外窗总面积与同朝向墙面总面积之比。窗墙面积比是影响建筑能耗的重要因素，同时也受日照、采光、自然通风等室内环境要求的制约。一般普通窗户的保温性能比外墙差很多，而且窗的四周与墙相交之处也容易出现热桥，外窗面积越大，热损失也越大。因此，从降低建筑能耗的角度出发，必须合理限制窗墙面积比。一般而言，窗户越大，可开启的窗缝越长，窗缝通常是容易产生热散失的部位，而且窗户的使用时间越长，缝隙的渗漏也越严重。再者，夏天透过玻璃进入室内的太阳辐射热也是造成房间过热的一个重要原因。从节能和室内环境舒适的双重角度考虑，寒冷地区农村居住建筑都不应该过分地追求所谓的通透。

相关研究以西安地区为测算对象，保持其他因素不变，通过控制变量法仅改变不同朝向的窗墙面积比，研究其对建筑供暖负荷的影响。模拟测算表明，东向和西向窗墙面积比对农村居住供暖负荷的影响较小，而随着北向窗墙面积比的增大，供暖负荷呈上升趋势；随着南向窗墙面积比的增大，供暖负荷逐步下降。在各朝向窗墙面积比从 0 变化到 0.50 的过程中，对寒冷地区农村居住建筑单位面积供暖负荷的影响程度分别为：东向窗墙面积比变化导致供暖负荷增长了 0.59%，西向下降了 0.52%，南向下降了 9.02%，北向增加了 3.56%。

国家标准《农村居住建筑节能设计标准》GB/T 50824—2013 规定寒冷地区农村居住建筑的朝向窗墙面积比限值为：北向 ≤ 0.30，东、西向 ≤ 0.35，南向 ≤ 0.45。而国家标准《建筑节能与可再生能源利用通用规范》GB 55015—2021 规定寒冷地区居住建筑的开间窗墙面积比限值为：北向 ≤ 0.30，东、西向 ≤ 0.35，南向 ≤ 0.50。同时，还规定了每套住宅应允许一个房间在一个朝向上的窗墙面积比不大于 0.60。该标准的编制说明解释为，适当放宽每套住宅一个房间窗墙面积比，采用提高外窗热工性能来控制能耗，可以给建筑师提供更大的灵活性。

按开间设计窗墙面积比的优点在于，外窗主要对所在房间的室内热环境产生影响，若某个房间的窗墙面积比过大，虽然对整栋居住建筑的影响较小，但往往会造成该房间的热环境质量下降，特别是常住人房间。同时，由于寒冷地区居住建筑以供暖能耗为主，建议北向采用小窗，南向采用大窗，如图 4-1 所示。团体标准《寒冷地区农村居住建筑节能设计标准》T/CECA 20039—2023，结合寒冷地区农村居住建筑实际特点，规定了开间窗墙面积比限值：北向 ≤ 0.25，东、西向 ≤ 0.35，南向 ≤ 0.45，进一步提高北向窗墙面积比的要求；该标准还规定每户应允许一个房间在一个朝向上的窗墙面积比不大于 0.60。

（a） （b）

图 4-1 外窗优化设计

（a）南向采用大窗；（b）北向采用小窗

4.2 高性能围护结构

通过调研发现，目前寒冷地区农村居住建筑的围护结构热工性能均较差，主要采用实心黏土砖为外墙主体材料，采用漏风量较大的木质窗框／普通铝合金窗框单层玻璃外窗，且内、外围护结构均无保温措施。由于围护结构热工性能与建筑冷热负荷、全年能耗等密切相关，因此提升围护结构热工性能是被动式建筑节能技术中最重要的措施之一，也是实现农村清洁供暖的必要措施。

4.2.1 外窗保温

与其他围护结构部件相比，窗户的传热系数最大，在围护结构体系中的传热量占比普遍较高，但南向的窗户在冬季又能获得太阳辐射热，实现被动供暖。为了提高玻璃的保温隔热性能，目前城镇建筑普遍采用双层中空玻璃窗，由于强制性节能标准的要求，部分窗墙面积比较大的立面还需要采用三玻两腔中空玻璃窗。但三玻两腔中空玻璃窗造价高，目前尚不适宜在农村地区推广应用。

窗框的主要材料大致分为以下三种：① 铝合金窗框：气密性能优良，但由于其导热系数较大，增加了玻璃本身的导热性，因此推荐采用断桥铝合金窗框，以降低窗框的整体传热系数；② 塑钢窗框：密封性能优良，导热系数比铝合金窗框小，但该材料的抗老化性能比铝合金要差一些；③ 木窗框：在我国传统农村居住建筑中使用最多的一种材料，但需要考虑耐久性和气密性问题。

由于双层中空玻璃窗已经在城镇建筑中广泛应用，农村建筑采用中空玻璃窗替代传统单层玻璃窗，可大大提高外窗的保温性能。中空玻璃窗及其在农村建筑中的应用如图 4-2 所示。同时，塑钢窗框和断桥铝合金窗框应用也较多，气密性好且传热系数小，可替代传统木窗框和普通铝合金窗框。应优先选用气密性好的平开窗，尽量不采用推拉窗，推拉窗耐久性较差，长期使用后气密性难以保证且存在安全隐患。

玻璃
中空层
铝隔条
分子筛（干燥剂）
密封胶

图 4-2　中空玻璃窗及其在农村建筑中的应用

除了采用高性能外窗实现良好的保温和气密性效果以外，在冬季还可以在外窗内侧增设兼具保温性和高气密性的保温窗帘，如图 4-3 所示，窗帘整体透明，不影响房间日间采光，也可以打开局部实现通风换气。该保温窗帘使用简便，安装及拆卸方便快捷，采购成本低，适宜于寒冷地区农村居住建筑节能改造使用。

图 4-3　简易保温窗帘

4.2.2　外墙、屋面及地面保温

围护结构保温主要分为内保温、外保温和自保温，其中外墙外保温是目前应用最广泛的保温做法，也是目前国家大力倡导的寒冷地区建筑保温做法。在实践中，由于生产需要，农村居住建筑外表皮需具有一定的强度，但外墙外保温做法普遍采用薄抹灰工艺，建筑外表皮强度较低，在农村地区应谨慎使用，或采用加强措施来提升建筑外表皮强度。

外保温是一种把保温层放置在主体墙材外面的保温做法，因其可以降低热桥的影响，同时保护主体墙材不受温度变形应力影响，能够充分发挥新型轻质保温材料的保温效能。目前应用成熟的商品保温材料有可发性聚苯乙烯板（EPS板）和挤塑聚苯乙烯板（XPS板）。EPS板具有质轻、价廉、导热率低、吸水性小等优点，被广泛用作外墙保温材料。XPS板具有高热阻、低线性和膨胀比低的特点，其结构的闭孔率达到了99%以上，避免空气流动散热，确保其保温性能的持久和稳定，常被用作建筑物屋面和地面保温材料。

自保温主要用于外墙保温构造，如采用蒸压加气混凝土自保温砌块，它是以粉煤灰、石灰、水泥、矿渣等为主要原料，加入适量发气剂、调节剂和气泡稳定剂等，经配料搅拌、浇筑、切割和高压蒸养等工艺而制成的一种多孔混凝土制品。其单位体积质量是黏土砖的1/3，保温性能是黏土砖的3倍以上，适用于农村2层以下的建筑围护结构，可有效提高外墙面层强度，但应注意热桥结构部位的保温。

除商品保温材料外，传统乡土材料中导热系数较低、具有一定保温性能的材料还有生土、草泥、炉渣等。其中，草泥由秸秆等植物纤维和泥土结合而成，在传统的木结构坡屋面建筑中，屋面中常采用10~20cm厚的草泥层。草泥墙的墙体厚、热阻和热惰性大，从而营造出冬暖夏凉的舒适居住环境，同时以草泥筑墙可以增强坚固性能，使其经久耐用，不开裂缝，炉渣则可用于地面保温。

建筑保温材料宜选用适于农村应用条件的当地产品。《建筑防火通用规范》GB 55037—2022规定，建筑的外保温系统不应采用燃烧性能低于B2级的保温材料，由于B2级保温材料的燃烧等级低、防火性能差，而农村的消防设施普遍不足，应适当提高外墙外保温材料的燃烧等级至B1级。内保温系统、内围护结构保温系统中保温材料位于建筑室内，应使用难燃保温材料，以降低保温材料的烟气毒性。即：农村居住建筑的屋面和地面保温系统中保温材料的燃烧等级不应低于B2级，外墙外保温系统中保温材料的燃烧等级不应低于B1级，内保温系统中保温材料、内围护结构保温系统中保温材料的燃烧等级建议为A级。

采用外墙外保温形式时，寒冷地区不应采用挤塑聚苯板，外墙保温系统防火性能及防火隔离带的设置还应符合现行行业标准《建筑外墙外保温防火隔离带技术规程》JGJ 289等的规定。基础外侧保温层应与地上外墙保温层连续，并采用吸水率低的保温材料，向土壤层延伸，且延伸到地下冻土层以下，或完全包裹地下结构部分。

4.2.3　供暖房间内围护结构保温

供暖房间的内围护结构也会形成较大的热负荷，属于典型的节能薄弱环节，对于供暖房间的内围护结构也应该强化保温。内围护结构保温采用内保温或者自保温体系，可有效避免在楼板、隔墙处出现冷桥，同时需要考虑一定强度和材料安全性，楼板保温可采用在面层内设置EPS板或者XPS板、喷涂无机纤维、设置吊顶保温等方式，新建农村居住建筑宜采用供暖房间上层楼板面层设保温板的方式，既有农村居住建筑改造则宜采用供暖房间设置吊顶保温的方式。隔墙保温可采用玻化微珠保温砂浆、复合硅酸盐保温砂浆、加气混凝土砌块等方式，如图 4-4 所示。新建农村居住建筑供暖房间隔墙推荐采用加气混凝土砌块等自保温材料，既有农村居住建筑改造则主要采用粉刷玻化微珠保温砂浆或内贴保温板的方式。

（a） （b） （c）

图 4-4 内围护结构保温材料

（a）玻化微珠保温砂浆；（b）复合硅酸盐保温砂浆；（c）加气混凝土砌块

4.2.4 热桥处理及气密性措施

热桥是指建筑围护结构中局部导热系数较高的区域或构造节点。在室内外温差作用下，这些部位热流密集，会形成局部的"热流通道"，从而破坏建筑整体的保温性。寒冷地区农村居住建筑的外墙与屋面的热桥部位均应进行保温处理，并应保证热桥部位的内表面温度不低于室内空气设计温湿度条件下的露点温度，尤其是寒冷地区农村居住建筑的围护结构保温层应连续设置，同时在不同围护结构的交界处应进行密封节点设计。

因此在具体设计过程中，应注意建筑的外墙与屋面可能出现热桥部位的特殊保温措施，核算在设计条件下可能结露部位的内表面温度是否高于露点温度，防止在室内设计温湿度条件下产生结露现象。计算可按照现行国家标准《民用建筑热工设计规范》GB 50176 的相关规定进行。外墙的热桥主要出现在梁、柱、窗口周边、楼板和外墙的连接等处，屋顶的热桥主要出现在檐口、女儿墙和屋顶的连接等处，设计时要注意这些细节。另外，加强热桥部位的保温，可以减小供暖负荷。

外墙上尽量减少结构性悬挑和延伸构件，墙体结构或套管与管道之间应填充保温材料。外门窗与主体结构连接处采取断热桥措施，外门窗与门窗洞口之间的连接缝隙应做气密性处理，采用聚氨酯发泡胶等进行填缝。屋面保温层应与外墙的保温层连续，不宜出现结构性热桥，当采用分层保温材料时，错缝铺贴，各层之间应粘结牢固，落水管与女儿墙之间的空隙使用发泡聚氨酯进行填充。

4.3　被动式太阳房

被动式太阳房是一种经济、有效地利用太阳能供暖的建筑，是太阳能热利用的重要手段。《农村居住建筑节能设计标准》GB/T 50824—2013 将其定义为：不需要专门的供暖系统部件，而通过建筑的朝向布局及建筑材料与构造等的设计，使建筑在冬季充分获得太阳辐射热，维持一定室内温度的建筑。农村居住建筑一般为 1 层或者 2 层单体建筑，普遍具备太阳房的设置条件，且周边基本无遮挡，接受太阳辐射的条件良好，在部分地区已得到推广应用。

4.3.1　被动式太阳房分类

从利用太阳能的方式来划分，被动式太阳房有如下几种类型（图4-5）：

（1）直接受益式：让太阳能通过透光材料直接进入室内，是被动式太阳能供暖房间和普通房间差别最小的一种方式。冬天太阳能通过较大面积的南向玻璃窗，直接照射到室内的地面、墙壁等，使其吸收大部分热量，因而温度升高。被围护结构内表面吸收的太阳能，一部分以辐射和对流的方式在室内空间传递，一部分导入蓄热体内，然后逐渐释放出热量，使房间能保持一定的温度。

（2）集热蓄热墙式：主要是利用南向集热墙，吸收穿过玻璃采光面的太阳能，然后通过传导、辐射及对流，把热量送到室内。墙的外表面一般涂有黑色或暗色选择性涂层，以便有效地吸收太阳辐射热。集热蓄热墙也叫特朗伯墙，在发挥被动供暖作用的同时，也可以满足承重的功能。同时，可在集热蓄热墙上下两侧设置通风孔，通过烟囱效应，使得被加热的气流进入室内，得以向室内供暖。

（3）附加阳光间式：是直接受益式和集热蓄热墙式的组合。其基本结构是将阳光间附建在房子南侧，中间有墙体将房间与阳光间隔开。在一天的所有时间里，附加阳光间内的温度都高于室外温度，因此，附加阳光间既可以供给房间以太阳热能，又可以作为一个缓冲区，减少房间的热损失，改善冬季室内舒适度。由于附加阳光间直接得到太阳的照射和加热，所以它本身就起着直接受益式系统的作用。冬季白天，当附加阳光间内空气温度大于相邻的房间温度时，开门（或墙上的通风孔），将附加阳光间的热量通过对流传入相邻的房间，其余时间关闭。

其中，直接受益式太阳房可通过建筑设计一体化实现，比如南向卧室或起居室采用较大面积的外窗，建筑南向出入口设置玻璃门斗等。集热蓄热墙式太阳房的结构较为复杂、建造费用较高，没有得到广泛应用，不建议在寒冷地区农村居住建筑中推广使用。附加阳光间式太阳房的集热效果好，可提供多功能空间，在西北和东北地区的农村已经得到广泛应用，取得了良好的效果，具备较强的推广价值。

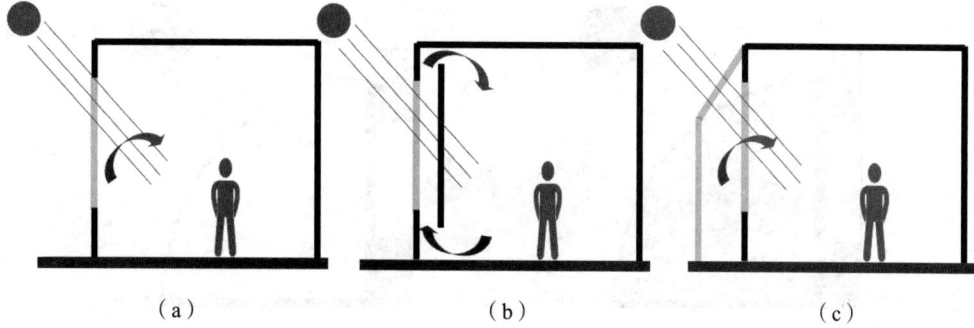

图 4-5　被动式太阳房类型

（a）直接受益式；（b）集热蓄热墙式；（c）附加阳光间式

4.3.2　可活动太阳房

常规的被动式太阳房存在先天劣势，比如，常规的被动式太阳房主要采用金属框架或者木质框架，采用大面积玻璃窗或幕墙，因而造价高且安装难度大，在农村地区不易推广。同时，由于被动式太阳房的主体结构固定，不便于拆卸，在过渡季节和夏季，仅能通过开启一部分外窗形成自然通风，或者通过内遮阳的形式抵挡阳光直晒，因此这种固定结构的被动式太阳房，在过渡季和夏季很容易引起室内通风换气困难和温度升高，不利于自然通风，应开发适宜农村的被动式太阳房。

农村被动式太阳房应具有的特点：① 框架和围护材料方便可得，结构简单且造价低，易操作、易维护；② 在过渡季及夏季，围护结构不影响室内自然通风和散热，不聚热，不增加室内温度；③ 在条件允许时，应考虑被动式太阳房的集热蓄热设计，如增加深色重质墙体、地板采用厚实卵石层或混凝土层；④ 在条件允许时，还应考虑被动式太阳房与相邻房间的空气流通。

为契合农村发展现状和实际需求，实现被动式太阳房与农村经济发展水平相适应，笔者团队研究开发了一种可活动太阳房（一种可快速拆装的太阳房及遮阳棚，实用新型专利号 ZL2019205520320），通过简易的金属框架结构支撑并固定塑料透明薄膜，形成附加阳光间式太阳房。同时也避免了常规的太阳房作为建筑的一部分，不能活动而引起夏季温度过高的问题。在夏季，还可以利用金属框架结构固定遮阳网形成遮阳棚。图 4-6 为该太阳房的使用效果图。

在咸阳市泾阳县某农村居住建筑南向卧室外侧搭建了可活动的附加阳光间式太阳房，并对其室内外温度进行了连续测试。如图 4-7 所示，该太阳房位于农村居住建筑卧室南向外窗的外侧，底部铺设 10cm 厚的玉米芯保温层和 20cm 厚的鹅卵石蓄热层，强化太阳房的保温和可持续供热能力，同时也可以通过白天开启窗户的方式将太阳房内的热量传递到卧室内，而在夜间关闭窗户后，外侧太阳房形成一个密闭的保温缓冲区，减少卧室的热量散失。

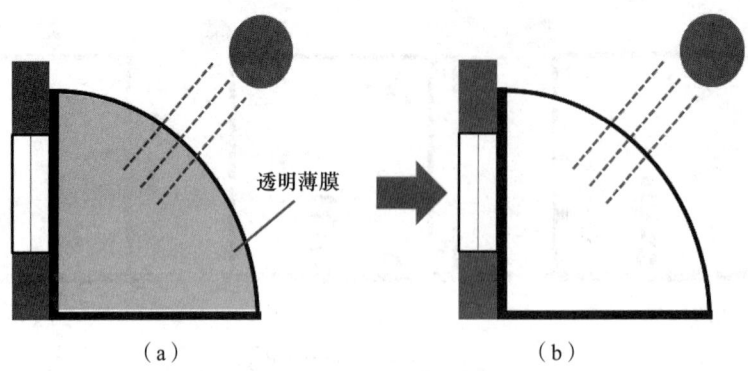

透明薄膜

（a）   （b）

图 4-6 可活动太阳房的使用效果图

（a）使用状态覆盖透明薄膜；（b）非使用状态收起透明薄膜

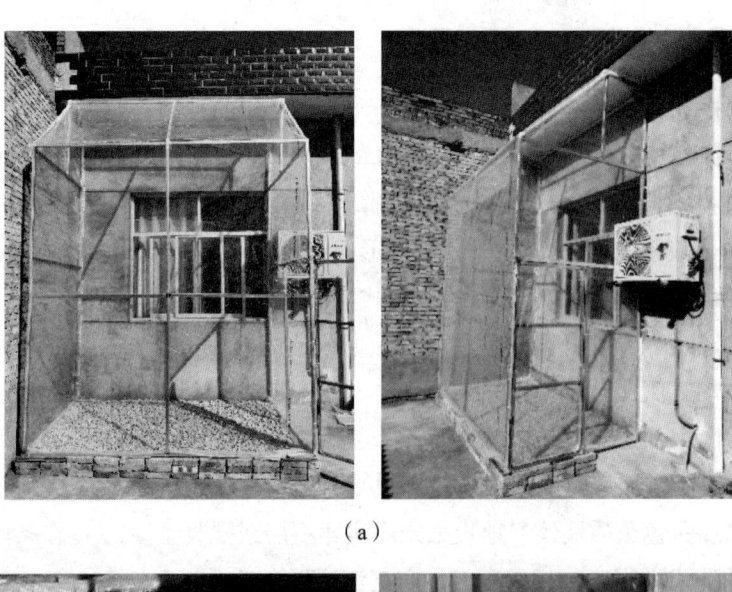

（a）

（b）

图 4-7 可活动的附加阳光间式太阳房

（a）框架；（b）底部保温层和蓄热层

对室外、卧室、对比间和附加阳光间的温度进行测试，测试周期为 2021 年 11 月 14 日至 16 日，测试结果见图 4-8 和表 4-1，其中对比间为该农村居住建筑南向卧室的邻室，二者的围护结构和使用状态均一致。在测试期间，附加阳光间内的温度最高达到 40.60℃，明显高于室外环境温度，平均温度也比室外高 6.70℃，显著改善了卧室南向外墙的保温性能。同时，在无供暖措施的情况下，有附加阳光间太阳房的卧室平均温度比其他房间高 1.80℃，即被动式太阳房能够有效提升卧室基础温度，降低了热负荷需求，特别是在白天，其被动供暖效果更为突出。

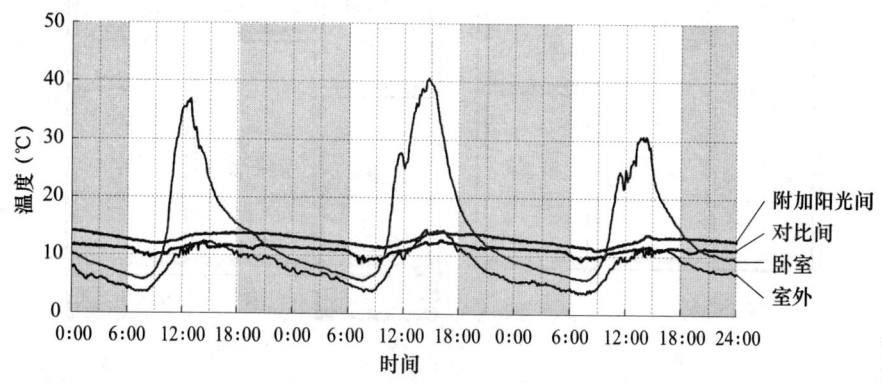

图 4-8 太阳房温度与室外温度对比

测试温度统计   表 4-1

测点	最高温度（℃）	最低温度（℃）	平均温度（℃）
室外	14.40	3.60	7.90
卧室	14.50	11.10	12.90
对比间	12.70	8.70	11.10
附加阳光间	40.60	5.70	14.60

设计中应根据所选用的被动式太阳房集热方式进行进一步深化，技术要求应符合现行国家标准《农村居住建筑节能设计标准》GB/T 50824、《被动式太阳房热工技术条件和测试方法》GB/T 15405 和现行团体标准《寒冷地区农村居住建筑节能设计标准》T/CECA 20039 的规定。以白天使用为主的房间，宜采用直接受益式或附加阳光间式；以夜间使用为主的房间，宜采用具有较大蓄热能力的集热蓄热墙式。应兼顾冬季供暖和夏季通风，设置防止夏季室内过热的通风窗口和遮阳措施。

4.3.3 太阳房的节能作用

附加阳光间式太阳房作为一种有效的被动式供暖措施，为了探究其对建筑供暖能耗的影响，构建如图 4-9 所示的农村居住建筑模型（分别为未加阳光间和附加阳光间），附加阳光间式太阳房尺寸为 1.00m×4.10m。经模拟测算，附加阳光间式太阳房可以有效降低农村居住建筑供暖能耗。南向卧室附加阳光间后，榆林（寒冷 A 区）和西安（寒冷 B 区）的农村居住建筑供暖能耗分别降低了1231.7kW、862.0kW，相应的降低比率分别为 5.50% 和 6.10%。

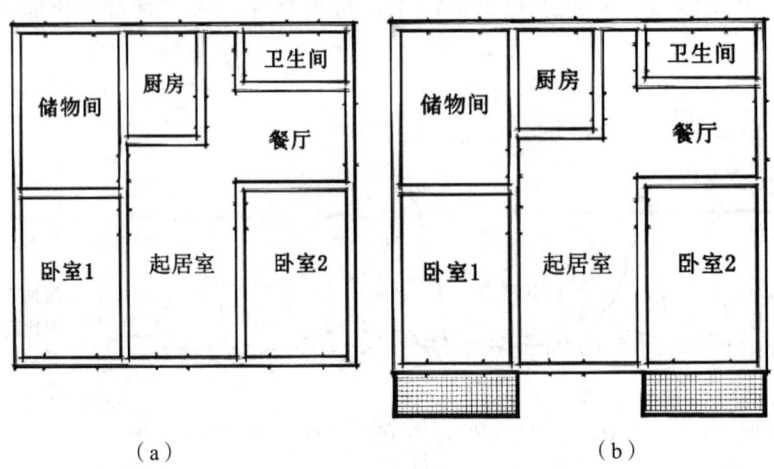

图 4-9　有无附加阳光间式太阳房的农村居住建筑平面图
（a）未加阳光间；（b）附加阳光间

4.4　建筑遮阳设计

4.4.1　垂直绿化遮阳

农村居住建筑层高较低，普遍有庭院，多数农村家庭也有种植的习惯，十分适宜绿化遮阳，增加乡土生态特色。建筑物外立面种植绿植，既可以消除墙体表面对阳光的反射，降低热岛效应，减少建筑对人的热反射，还可以有效降低建筑外表面温度，进而降低室内温度，提高人体热舒适性，也降低了夏季冷负荷。如图 4-10 所示，垂直绿化墙体相较于普通墙体增加了一层绿化层，由于绿化的遮阳、蒸腾散热及隔热作用，可削弱墙体得热量，也可降低掠过墙体表面的风速，并通过植物叶片吸附空气悬浮颗粒物，改善环境空气质量。

爬山虎适应性强，喜阴湿环境，不怕强光且耐寒、耐旱和耐贫瘠，气候适应性最为广泛，同时对土壤要求不严，在阴湿环境或向阳处均能茁壮生长，在阴湿、肥沃的土壤中生长最佳；对二氧化硫和氯化氢等有害气体有较强的抗性，对空气中的灰尘也有一定的吸附能力；种植成本较低，管理维护难度低。此外，爬山虎占地少、生长快，绿化覆盖面积大。相关研究表明，茎秆为 2cm 的藤条，种植两年后的墙面绿化覆盖面积可达 30～50m²。

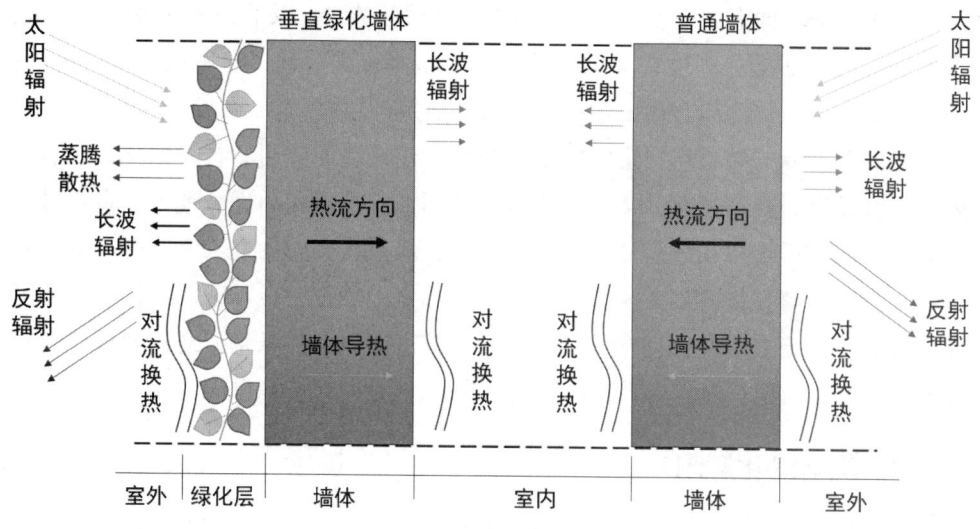

图 4-10　垂直绿化墙体与普通墙体比较

　　因此在农村建筑垂直绿化方面，爬山虎是优选植物。垂直绿化又称攀缘绿化，是利用攀缘植物向建筑物或棚架攀附生长的一种绿化方式。爬山虎是最常用也是最理想的攀缘植物。春天到秋天，使得建筑物色彩富于变化。除爬山虎之外，牵牛花、紫藤等也可用于垂直绿化（图 4-11）。

图 4-11　垂直绿化实景

　　在立体空间绿化方面，如墙面和围墙等，爬山虎都能覆盖全部。可以在墙角栽几株爬山虎，特别是它在翻越墙头后又能成为绿色垂帘，绿化效果更具特色。由于爬山虎茎叶密集，覆盖在墙面上不仅可以遮挡强烈的阳光，而且由于叶片与墙面之间的空气流动，还可以降低室内温度，作为屏障还能减少环境中的噪声。

　　寒冷地区农村居住建筑垂直绿化设计要点：

　　（1）根据墙面朝向选择适宜的攀缘植物：东墙、南墙宜选喜阳的攀缘植物，如凌霄、藤本月季、爬山虎等；北墙宜选耐阴耐寒的攀缘植物，如京八号常春藤、扶芳藤、爬山虎等；西墙宜选耐旱的攀缘植物，如爬山虎等。

（2）根据墙面高度选择适宜的攀缘植物：高度在 2m 以下，宜选择藤本月季、金银花、扶芳藤等；高度在 2～5m 之间，宜选择葡萄、葫芦、紫藤、牵牛花等；高度在 5m 以上，宜选择爬山虎、地锦、京八号常春藤等。

（3）根据墙的类型选择适宜的攀缘植物：建筑墙面应用攀爬式绿化，在墙基栽植攀缘植物，自行攀爬或人工牵引覆盖墙面，宜选择爬山虎、地锦、京八号常春藤等；实体围墙可用攀爬结合悬垂式绿化，墙基种植爬山虎、常春藤、藤本月季等，同时在墙顶设容器栽植悬垂性强的迎春、山养麦、金叶薯等；镂空围墙可在内部栽种外露式绿化，墙内侧种植，攀爬越过墙体向外悬垂，透视部位株距栽植不宜过密，应把花窗露出，宜选择金银花、扶芳藤、地锦等。

4.4.2　院落绿化遮阳

院落种植是农村居民的传统习惯，如爬藤类蔬菜及果树。因此，可在农村院落搭设用于植物生长的木架或者铁架，种植爬藤类蔬菜、葡萄树或者其他树木，在夏季形成院落和建筑的遮阳，为村民创造一个能够休憩的室外场所，同时也改善了院落的景观布局，而在冬季时，树木叶子掉落不影响太阳直晒对建筑的加热功能（图 4-12）。

图 4-12　院落绿化实景

4.4.3　透光外窗遮阳

传统的内遮阳方式，即在外窗室内部分用窗帘遮挡阳光，并不能有效抵挡太阳的辐射，已经有大量太阳辐射透过外窗玻璃进入室内，因此遮阳效果较差，而外遮阳可以直接抵挡太阳辐射，具有显著的遮阳效果。《被动式超低能耗绿色建筑技术导则（居住建筑）》对遮阳的性能要求有：寒冷地区的供暖能耗在全年建筑总能耗中占主导地位，太阳辐射可降低冬季供暖能耗，但也会增加夏季空调能耗，因此，寒冷地区的东、西、南向的外窗均应考虑遮阳措施。

遮阳设计应根据地区的气候特点、房间的使用要求以及窗口朝向综合考虑。可采用可调或固定等遮阳措施，也可采用各种热反射玻璃、镀膜玻璃、阳光控制膜、低发射率膜等。遮阳形式主要有：

（1）可调节的遮阳设施：可调节外遮阳表面吸收的太阳辐射，传入室内的比例比内遮阳或中置遮阳小，并且可根据太阳高度角和室外天气情况自动或手动调整，是最适合低能耗建筑的遮阳形式之一。

（2）固定遮阳：将建筑的天然采光、遮阳与建筑物融为一体的外遮阳系统。设计固定遮阳时应综合考虑建筑物所处地理纬度、朝向，太阳高度角和太阳方向角及遮阳时间，通过对建筑物进行日照分析来确定遮阳的分布和特征。

（3）自然遮阳：除固定遮阳外，也可结合建筑立面设计采取自然遮阳措施，利用树木形成自然遮阳，降低夏季太阳辐射，该遮阳形式与院落绿化遮阳基本一致，不同的是，院落绿化遮阳兼顾了外墙遮阳。

综合考虑农村经济水平和实际遮阳效果，寒冷地区农村居住建筑适宜各类遮阳措施，优先采用自然遮阳。可调节遮阳措施包括：百叶窗、可活动遮阳架、折叠遮阳板等，安装简便，造价低，使用方便（图4-13）。固定外遮阳措施包括：伸出一定长度的屋檐、通过建筑一体化设计专门的外窗遮阳板等。自然遮阳措施包括：采用院落中种植树木或者藤类植物遮阳。

图 4-13　可调节的遮阳设施

4.5　自然通风设计

自然通风是利用建筑物内外的空气密度差引起的热压或室外大气运动引起的风压来引进室外新鲜空气，达到通风换气目的的一种通风方式。它不消耗机械动力，同时，在适宜的条件下又能获得巨大的通风换气量，是一种经济的通风方式。

自然通风设计在城镇居住建筑中有着广泛的应用，建筑户型追求南北通透，能经济有效地满足室内人员空气品质要求。与复杂、耗能的空调技术相比，自然通风是能够适应气候的一项廉价而成熟的技术措施，与农村经济水平和生活习惯相适应。一般认为自然通风有三大主要作用：① 提供新鲜空气；② 生理降温（舒适自然通风）；③ 释放建筑结构中蓄存的热量。

4.5.1　自然通风设计

寒冷地区农村常住人口以中老年人为主，夏季空调需求较低，更习惯于自然通风或使用电风扇的方式，改善体感温度。因此，良好的自然通风效果是该地区农村居住建筑设计的优先考虑事项。利用自然通风的农村居住建筑在设计时应符合下列要求：

（1）利用穿堂风进行自然通风的寒冷地区农村居住建筑，其迎风面与夏季最多风向一般呈 $60° \sim 90°$，且不应小于 $45°$，同时应考虑春秋季风向，以充分利用自然通风；建筑群平面布置应重视有利自然通风因素，如优先考虑错列式、斜列式等布置形式；自然通风应采用阻力系数小、噪声低、易于操作和维修的进 / 排风口或窗扇，还应考虑保温措施。

（2）寒冷地区农村居住建筑的卧室、起居室（厅）、厨房应有自然通风；平面空间组织、剖面设计、门窗的位置、方向和开启方式的设置，应有利于组织室内自然通风，单朝向建筑宜采取改善自然通风的措施。

（3）采用自然通风的房间，其直接或间接自然通风开口面积应符合下列要求：卧室、起居室（厅）、明卫生间的直接自然通风开口面积不应小于该房间地板面积的 1/20；当采用自然通风的房间外设置阳台时，阳台的自然通风开口面积不应小于采用自然通风的房间和阳台地板面积总和的 1/20；厨房的直接自然通风开口面积不应小于该房间地板面积的 1/10，并不得小于 0.60m^2，当厨房外设置阳台时，阳台的自然通风开口面积不应小于厨房和阳台地板面积总和的 1/10，并不得小于 0.60m^2。

（4）利用建筑南北通透的特点，在过渡季节或夏季早晚通过开门窗形成南北通透的气流，既符合农村居民开窗的习惯，又满足了新风量需求，降低了建筑室内冷负荷，图 4-14 为自主性自然通风示意图。因此，在建筑的空间布局设计时需要着重考虑建筑通透性，以形成良好的自然通风效果。

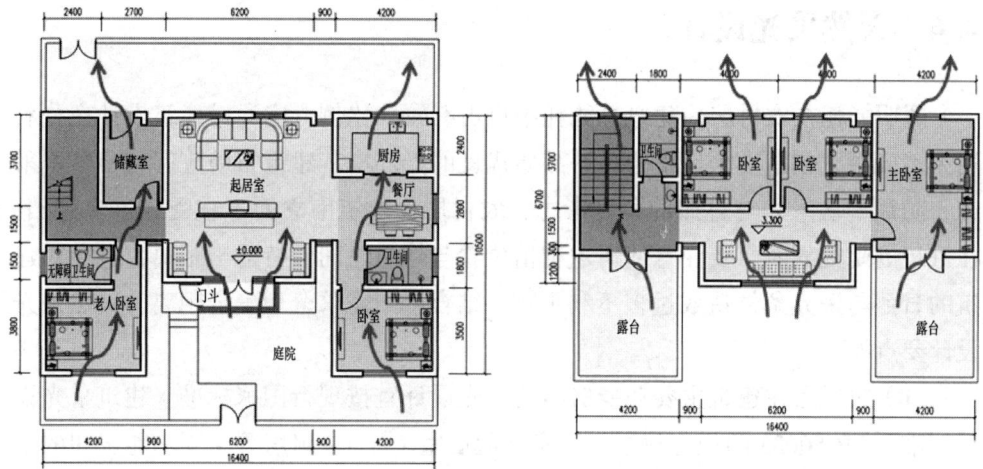

图 4-14 自主性自然通风示意图

4.5.2 强化自然通风

通过南北通透的设计可充分发挥平面内的自然通风效果，而结合建筑竖向构造设计，通过设置强化自然通风措施可加强建筑整体的自然通风效果。强化自然通风常用的被动式节能技术有太阳能烟囱等。

太阳能烟囱通过建造"太阳能垂直竖井"来增强自然通风（图 4-15），利用太阳能加热竖井内空气，提高排风温度、增加热压，增强室内空气流动。通过这一办法将室内的一部分热量带走，来满足人们对居住建筑室内的舒适性要求。冬季，不需要使用太阳能烟囱时，可将下方的盖板封住，防止冷风渗透。但该技术一般要求烟囱高度较高。

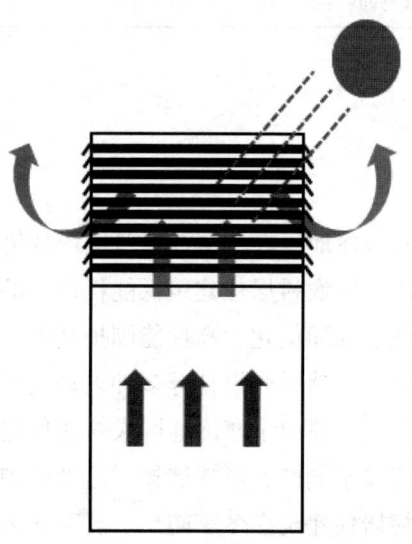

图 4-15 太阳能烟囱强化自然通风技术

4.6　天然采光设计

照明能耗在农村居住建筑总能耗中也占有较大比例，应通过建筑设计充分利用天然光源，创造一个经济合理、品质优良的光环境。建筑布局应有利于冬季采光、防风，从采光与日照的角度考虑，农村居住建筑南立面不宜受到过多遮挡，在进行庭院规划时，要注意使树木种植位置与建筑之间保持适当距离，避免对建筑的日照与采光条件造成过多不利影响，结合遮阳需求合理确定距离。天然采光设计要点如下：

（1）农村居住建筑主要功能房间的采光设计宜按现行国家标准《建筑采光设计标准》GB 50033 的规定执行。卧室、起居室（厅）、厨房等主要功能房间的采光窗洞口的窗地面积比不应低于1/7；当楼梯间设置采光窗时，此处采光窗洞口的窗地面积比不应低于1/12；采光窗下沿离楼面或地面高度低于0.50m的窗洞口面积不应计入采光面积内，窗洞口上沿距地面高度不宜低于2.00m。

（2）卧室、起居室（厅）、厨房和卫生间应有天然采光；卧室、起居室（厅）的采光不应低于采光等级 Ⅳ 级的采光标准值，侧面采光的采光系数不应低于2.0%，室内天然光照度不应低于300lx。农村居住建筑采光标准值应符合表4-2要求。

农村居住建筑采光标准值 　　　　　　　　　　　　　　表4-2

采光等级	场所名称	侧面采光	
		采光系数标准值（%）	室内天然光照度标准值（lx）
Ⅳ	卧室、起居室（厅）、厨房	2	300
Ⅴ	卫生间、过道、楼梯间、餐厅	1	150

4.7　总结

本章结合调研总结及寒冷地区农村居住建筑室内环境监测结果，明确被动式节能技术措施是实现寒冷地区农村居住建筑低能耗运行的主要技术途径。介绍了建筑形体及空间布局优化、立面优化、高性能围护结构、被动式太阳房、绿化遮阳与外窗遮阳、自然通风与天然采光设计等多种被动式节能技术措施，并分析了各自的应用特点及应用方式。提出了寒冷地区农村居住建筑适宜的窗墙面积比限值，明确了被动式太阳房关于朝向、形式选择、透光围护结构热工性能的设计原则，总结了寒冷地区农村居住建筑在冬季防风、夏季通风及天然采光等方面的标准要求和设计要点。

第5章　寒冷地区农村清洁能源利用技术

结合调研来看，寒冷地区农村居住建筑在夏季主要采取风扇等简便的低能耗降温措施，对空调器的使用频率较低，而在冬季普遍采取了供暖措施，如火炕、火炉、电热毯、壁挂炉和分体空调等。农村居民主观冷热感受的不舒适感也主要表现在冬季。因此，寒冷地区农村能源利用主要考虑以满足冬季供暖为主，并尽可能兼顾生活热水和空调需求。自北方地区冬季清洁取暖规划实施以来，寒冷地区普遍要求采用清洁供暖方式替代散烧煤，而在"双碳"目标下，开始由清洁供暖向清洁低碳供暖转变，对可再生能源利用和建筑电气化的要求更高。本章在对清洁供暖政策及其实施效果进行总结分析的基础上，结合寒冷地区农村现状，提出了清洁供暖技术路径和设计要点，总结了适宜的清洁能源利用技术措施、给水排水与电气节能技术措施。

5.1　农村清洁供暖政策与实施效果

5.1.1　清洁供暖政策

自《北方地区冬季清洁取暖规划（2017—2021年）》实施以来，先后有多个寒冷地区的城市入选北方冬季清洁供暖试点城市，获得中央财政支持，各城市均结合当地实际情况，推出清洁供暖工作方案。清洁供暖的主要阵地、京津冀大气污染传输通道城市（"2＋26"城市）首先被纳入清洁供暖试点城市，包括：北京，天津，河北省的石家庄、唐山、保定、廊坊、沧州、衡水、邯郸、邢台，山西省的太原、阳泉、长治、晋城，山东省的济南、淄博、聊城、德州、滨州、济宁、菏泽，河南省的郑州、新乡、鹤壁、安阳、焦作、濮阳、开封。

截至2023年底，我国已发布了5批清洁供暖试点城市名单，将88个城市纳入中央财政支持范围。本节对我国农村建筑节能与清洁供暖相关政策，以及清洁供暖试点地区的工作方案、技术路线、资金支持等内容进行梳理分析和汇总。国家层面农村建筑节能与清洁供暖政策见本书附录1，地方层面农村清洁供暖政策见本书附录2。

5.1.2　清洁供暖实施效果

1. 咸阳市农村清洁供暖

根据陕西省人民政府网站关于"咸阳市农村清洁供暖落实难"的报道：2018年咸阳市被确定为北方地区第二批清洁供暖试点城市。截至2023年5月，通过改电、改气和生物质专用炉具替代等方式，咸阳市完成农村清洁供暖改造68.93万户，其中"煤改电"56.75万户、"煤改气"8.44万户、生物质专用炉具替代等3.74万户，建筑节能改造729万 m^2，累计投入近20亿元，提出了"煤改电"主推空气源热泵和"煤改气"主推燃气壁挂炉的清洁供暖改造方式。

2023年5月，陕西省大气污染治理专项督察组走访了咸阳市9县42个村，指出咸阳市实施清洁供暖存在的三个主要问题：

（1）农村清洁供暖设施使用率较低。农村建筑保温效果普遍较差，留守人员节俭观念和生活习惯牢固，改电、改气后的供暖效果不佳且成本增加明显，造成清洁供暖设备闲置、燃用散煤和薪柴供暖现象普遍存在，改电、改气后的户均用电、用气量在供暖季和非供暖差别不大，群众清洁供暖积极性低。

（2）散煤取缔和生物质资源化利用力度不够。咸阳市农村果树枝、秸秆等生物质资源丰富，当地生物质清洁利用技术基本成熟，但对生物质综合利用程度不够，生物质综合利用规划不充分，生物质回收利用不足（图5-1）。

图 5-1　咸阳市供暖现状

（3）散煤和生物质燃烧严重影响秋冬季空气质量。2023年1~2月，氯离子和钾离子等燃烧源指示元素较2022年同期增加明显，散煤和生物质燃烧污染贡献呈上升趋势。咸阳市与农村供暖关联性大的空气质量站点数据显示，冬季 $PM_{2.5}$ 夜间浓度峰值远高于其他站点，而白天浓度与其他站点相比变化不大，空气质量变化规律为：晚饭前后浓度开始大幅增长，峰值基本出现在21时至次日凌晨1时之间，冬季夜间空气质量明显差于白天的情况长期存在。

2. 河南省农村清洁供暖

2024 年，财政部河南监管局对群众温暖过冬情况开展了调研。调研显示，河南省在中央财政持续支持下，积极推进冬季清洁供暖工作，空气质量大幅改善。但也存在地方补贴政策持续性不强、中央节能环保领域转移支付资金绩效不高、清洁供暖产业链支撑基础较为薄弱等问题，需引起高度重视，具体如下：

（1）地方补贴政策可持续性不强。清洁供暖成本较燃煤供暖明显提升，在现有财政补贴的情况下，农村地区使用空调、空气源热泵以及天然气供暖的意愿也不强，"裹着被子过冬"的窘境时有发生。已制定的补贴政策周期多与试点城市建设期一致，省内各地均未明确后续政策，补贴政策的断崖式下跌易造成返煤现象，还会造成前期清洁供暖投资浪费。

（2）中央节能环保转移支付资金绩效不高。目前我国的节能环保转移支付资金类别多，且涉及多个部门，财力较为分散，难以有效形成区域协调发展推动力。尽管地方政府按照"属地原则"承担本辖区内的污染防治工作，但在一些经济发展较为落后的地区，自身财力不足，上级转移支付仍是节能环保资金的主要来源，政策拉动效应有待提升。以鹤壁市为例，2018—2020 年鹤壁市节能环保支出分别为 13.14 亿元、8.77 亿元、6.15 亿元，其中上级转移支付占比分别为 75.34%、61.28%、70.33%。同时，地方在使用节能环保资金时也缺乏足够的绩效意识，只注重财政资金使用，对资金效能缺乏追踪和评价，效益不高，影响了财政资金作用的发挥。

（3）清洁供暖产业链的基础支撑薄弱。不合理的能源消耗、落后的产业结构是造成雾霾等大气污染的主要原因。通过实施清洁供暖项目，试点城市形成了各具特色的清洁供暖模式，新技术、新工艺得到了开发和应用，清洁供暖取得了扎实成效。但由于开展清洁供暖试点工作时间尚短，科技和配套产业体系支撑不足，财政扶持和培育不够，清洁供暖硬件设备、节能改造、后期维护等相关产业链尚未形成，难以改变落后的产业结构现状，不利于清洁供暖的健康可持续发展。

（4）清洁供暖体系建设凸显短板弱项。清洁供暖是一项利国利民的政策，也是一项系统工程。但从清洁供暖项目整体实施情况看，部分地区建筑节能水平低，80% 以上的建筑缺少节能措施，热量损耗较大，户均配电容量较低，且受成本和安全限制，供热管网难以向农村地区延伸；有些地方替代燃煤时缺少统筹规划，执行清洁供暖政策"一刀切"，热泵型设备利用率不高，可再生能源利用不充分，"气代煤"保障能力不足，难以应对供暖需求大幅度增加的局面。

（5）项目过程管理存在诸多不足。由于前期规划不精准、客观条件发生变化等因素影响，示范项目从立项管理到资金使用存在诸多不足。部分试点城市项目变更幅度较大且未取得四部门（住房城乡建设部、国家发展改革委、财政部和国家能源局）变更批复。

3. 北方地区清洁供暖宏观评价

根据第四届中国清洁供热产业峰会发布的《中国清洁供热产业发展报告2023》（以下简称《报告》），当下散煤治理重点区域面临的主要挑战是农村地区"改而不用"或"改而少用"的问题。《报告》显示，在京津冀地区的农村家庭中，仅60%的家庭冬季供暖平均温度可达到18℃，超过一半农户反馈清洁能源改造后，供暖效果不理想，存在运行成本高、供气不足、设计不合理等问题。特别是2020年以来，农村供暖使用煤炭与秸秆、薪柴掺烧的现象明显增多。在东北、西北地区的5个省份进行的调研显示，煤和薪柴掺烧占比达到了75%以上。一些经济条件较差的农村家庭，甚至直接退回到薪柴供暖的生活状态，放弃使用清洁供暖设备。

《报告》还显示，在清洁供暖试点城市中，清洁供暖设施与传统的炉灶炕、薪柴、散煤并用现象也十分普遍。如吉林、甘肃等地改造为生物质炉具、"太阳能＋"的农户中，90%的农户依然保留炉灶炕烧煤炭、秸秆，薪柴炊事、供暖的习惯。因此，既要用好还要省钱，是农村清洁暖的难题之一。

5.2　农村清洁供暖技术路径

随着北方地区冬季清洁供暖规划不断推进，农村地区传统的薪柴及散煤供暖模式必将逐步被清洁供暖替代。基于前期调研结果，并结合当前我国北方地区农村清洁供暖的政策要求、发展现状和实施效果，提出以"节流—开源—增效"为技术理念的需求侧、能源侧、用能侧同步治理的清洁供暖技术路径。

需求侧节流，通过提升农村居住建筑外围护结构热工性能、加强供暖房间内围护结构保温、采用被动式太阳房辅助供暖等措施，降低实际供暖需求。能源侧开源，因地制宜选择清洁、安全、高效的供暖热源，充分利用空气能、地热能和生物质能等可再生能源；用能侧增效，采用分室间歇供暖运行策略、"全室＋局部"供暖系统布局和高效热源，保障热舒适性的同时，提高能源利用效率。

5.2.1　需求侧节流

（1）提升外围护结构热工性能。村民传统自建房屋的围护结构热工性能普遍较差，具体表现在：建筑占地面积大，空间布局较为扁平，体形系数大，外围护结构面积大，且基本没有保温措施，外门、外窗数量多、冷风渗透现象严重，以上环节的传热均构成农村居住建筑的冬季供暖负荷。从而导致供暖能耗高、运行费用高。因此，农村供暖首先要提升围护结构热工性能，降低供暖负荷。可通过以下措施提升围护结构热工性能，降低农村居住建筑的供暖负荷：

对于新建农村居住建筑，建筑设计时尽可能降低体形系数，减小外围护结构、外门、外窗的面积，降低外窗及外门等保温薄弱环节的散热；对于既有建筑，可通过节能改造，增设阳光房；外墙、屋面、地面增加保温层，外墙采用内外保温做法或者自保温砌块做法，屋面采用外保温或者保温吊顶方法，除商品保温材料以外，外墙和屋面保温也可以通过其他乡村生态建造技术来实现。地面保温可采用 XPS 板或铺设炉渣等简易保温材料；采用双层金属保温门；采用平开方式的塑钢或断桥铝合金中空玻璃窗，确保外门、外窗均具有良好的气密性，冬季夜间对外门窗进行保温。

（2）供暖房间内围护结构强化保温。农村居住建筑面积大，房间数量多，但常住人的房间少，以中老年人居住为主，并且村民在冬季有聚集供暖的习惯，因此从整个供暖季来看，对于大多数农户而言，1～2 间房间供暖可基本满足需求。因此，即使加强农村居住建筑整体外围护结构的保温，但长期无人居住的房间（供暖房间的邻室或上下层）室内温度仍然较低，此时的供暖房间内围护结构也会形成较大的热负荷，属于典型的节能薄弱环节，对于该部位也应强化保温。

（3）加强建筑的被动得热。经连续监测某农村直接受益式太阳房，其在白天的最高温度高于其他房间 5℃。经连续监测某农村附加阳光间式太阳房，其可提升邻室温度 1.8℃。因此，被动式太阳房可有效提升建筑的基础温度，获得较大得热量，通过建筑的构造设计或者机械通风的方式，将被动式太阳房与供暖房间之间的空气进行自然或机械循环，可实现被动式辅助供暖，降低供暖能耗。

传统被动式太阳房以木结构或者轻钢结构为主，外围护结构均采用玻璃，因此也被称为玻璃房，其有较多应用难点，尤其是木结构或钢结构建造的玻璃被动式太阳房的造价相对较高，在农村地区推广应用难度大。笔者团队研究开发了一种可活动的被动式太阳房，在前文中已进行专项介绍。

5.2.2 能源侧开源

目前农村地区的传统自建房屋仍然在使用薪柴和散煤供暖，但近年来各地区均出台了清洁供暖政策，积极发展散煤替代能源。以咸阳市礼泉县为例，其出台了《礼泉县农村"五改"工作方案》，鼓励农村分步实施改气、改电、改炕、改灶、改暖，逐步实现电、气等清洁能源替代散煤。清洁供暖势在必行，各地区要依据当地资源条件因地制宜推行。清华大学倪维斗教授在中国生物质清洁供暖高峰论坛的发言中指出，要吸取北方地区"煤改电"和"煤改气"一刀切的经验和教训，并提出了"六个合适"原则：要把合适的能源放在合适的地方，在合适的时代、合适的系统中与其他能源进行合适的配合，最终发挥合适的作用，在广大农村地区因地制宜发展。

清洁供暖应立足现实，因地制宜，按照村民可承受、模式可复制、发展可持续的要求，稳妥有序推进。务必要结合村民实际需要，根据各地区资源供应量、供应条件及价格，综合比选适宜的清洁供暖形式。总体而言，可选形式有："煤改气""煤改电"以及太阳能、地热能、空气能和生物质能等可再生能源供暖。

5.2.3　用能侧增效

（1）采用分室间歇供暖运行策略。农村居住建筑的空间布局一般存在多种功能分区，除农村新型社区居住建筑空间布局紧凑、体形系数较小以外，其余自建农村居住建筑的各功能房间均较为分散，且常住人房间少，主要活动区域为卧室和厨房，仅在节假日时年轻人返乡，各房间在室率可能会高一点。因此不能照搬城市居住建筑的全室连续供暖模式，农村居住建筑更适宜采用分室间歇供暖模式。

（2）采用"全室＋局部"供暖系统布局方式。全室供暖指的是供暖设施可实现房间全室空间达到供暖室内设计温度的供暖方式，局部供暖指的是供暖设施可实现人体停留区域的局部空间温度升高的供暖方式。可根据实际需求，选择局部供暖方式，当主要活动范围集中在炕或床上时，在适当降低全室供暖温度的同时采用局部供暖。"全室＋局部"供暖符合农村居民的生活习惯，提高了供暖经济性，在考虑全室供暖的同时，仅需要增加基于炕或床的局部供暖措施，简单实用。

（3）采用高效供暖设备和产品。供暖系统和设备的高效运行首先决定了对自身性能的要求，应优先采用高能效等级的供暖设备和产品。对于寒冷地区，还应考虑供暖设备实际运行能效受室外环境的影响，例如空气源热泵的名义制热量，规范中规定了测试工况，但在具体应用时与测试工况不同，需要进行修正。

5.3　清洁供暖系统设计要点

通过对寒冷地区典型农村居住建筑的热负荷和供暖需求分析可知，寒冷地区农村清洁供暖应因地制宜，一是要避免一刀切式的整个片区甚至整个区县，以"煤改气""煤改电"的单一方式推进清洁供暖，应结合农村居住建筑节能水平、所在地区气候条件和供暖房间使用特征，以及各地区的资源优势和资源价格，采取差异化的清洁供暖方案；二是在实施清洁供暖时，围护结构热工性能提升与供暖系统设计，应与分室间歇供暖相适应，提升清洁供暖的运行灵活性和使用便捷程度；三是要契合农村居民长期以来的节俭生活习惯，除全室供暖外还应兼顾局部供暖，以最小代价满足基本热舒适需求；四是应采用高效热源，尤其是寒冷地区，热源选型要与冬季室外环境相适应，注重系统整体的实际运行能效。

5.3.1 分室间歇供暖节能分析

除农村新型社区空间布局紧凑、体形系数较小以外，其余自建农村居住建筑的各功能房间均相对分散，且常住人房间少，主要活动区域为首层卧室和起居室，因此不能照搬城市居住建筑的全室连续供暖模式，而是更适宜采用分室间歇供暖模式，主要设计要求如下：

（1）供暖系统或供暖设施应具备以房间为单元的手动启闭功能，便于操作，为使用者提供行为节能的条件。同时，供暖设施配置温度自动调控装置是保证节能和舒适的重要措施和手段，应设温度自动控制装置。

（2）充分考虑降低供暖能耗和改善供暖房间室内热环境的要求，应在采用分室调节措施的基础上，采用具有快速升温能力的供暖方式，例如以散热器、风机盘管和热风机为末端的供暖方式，能够在较短时间内提升室内温度，满足人体热舒适需求。需要说明的是，不连续供暖的农村居住建筑不宜采用地面辐射供暖，由于地面热惰性较大，且农村居住建筑围护结构热工性能差、热负荷高，该供暖方式下的室内升温速度较慢，需长时间连续使用才能有效提升室内温度。

5.3.2 热负荷特征分析

根据农村供暖习惯和寒冷地区农村居住建筑供暖耗热量计算方法（见本书6.3 节），寒冷地区农村居住建筑在春节返乡期的房间使用率最高，常住人房间与非常住人房间均采取供暖措施，而在冬季供暖期的其余时间仅常住人房间采取供暖措施。因此按照供暖期（非返乡期）和返乡期两种供暖使用状态分别测算热负荷。

表 5-1 为寒冷地区典型农村居住建筑在三种节能水平下的常住人房间供暖期热负荷峰值。测算地点为西安，供暖期为11 月 23 日～次年 2 月 1 日和 2 月 16 日～3月 2 日。其中，"现状"指现状农村居住建筑的节能水平，"GB/T 50824—2013"指达到国家标准《农村居住建筑节能设计标准》GB/T 50824—2013 要求的农村节能居住建筑节能水平，"GB/T 50824 修订稿"指达到《农村居住建筑节能设计标准》GB/T 50824（局部修订征求意见稿）要求的农村节能居住建筑节能水平。

常住人房间的供暖期热负荷峰值　　　　　　　　　　　　表 5-1

模型	建筑节能水平（kW）		
	现状	GB/T 50824—2013	GB/T 50824 修订稿
1 层建筑	10.94	6.78	5.91
2 层建筑	11.46	8.12	7.18
3 层建筑	12.08	8.76	7.73

表 5-2 为寒冷地区典型农村居住建筑在三种节能水平下的常住人与非常住人房间的返乡期热负荷峰值。测算地点为西安，供暖期为 2 月 1 日～2 月 15 日。根据室外气象特征，常住人房间在供暖期的热负荷峰值出现在 12 月（最冷月），而常住人与非常住人房间在返乡期的热负荷峰值出现在 2 月。

常住人与非常住人房间的返乡期热负荷峰值　　　　　表 5-2

模型	建筑节能水平（kW）		
	现状	GB/T 50824—2013	GB/T 50824 修订稿
1 层建筑	10.35	5.06	4.95
2 层建筑	11.10	8.37	7.33
3 层建筑	12.93	8.79	7.85

由表 5-1 和表 5-2 可知，在三种节能水平下，1 层建筑的常住人房间的供暖期热负荷峰值高于常住人与非常住人房间的返乡期热负荷峰值，2 层和 3 层建筑的常住人房间的供暖期热负荷峰值与常住人与非常住人房间的返乡期热负荷峰值总体接近。

虽然农村居住建筑的常住人房间数量少，但整个供暖期都在使用，最冷月的单位面积热负荷较高；虽然返乡期的供暖房间数量较多，但此时的室外天气已经较为暖和了，其单位面积热负荷与最冷月相比已有所减少。

更具体地分析其原因：整个供暖期白天仅有常住人卧室和常用起居室供暖，非返乡期的夜间仅有常住人卧室供暖、起居室不供暖，而起居室面积较大，其峰值热负荷出现在白天；返乡期，白天仍然仅有常住人卧室和常用起居室供暖，夜间常住人卧室与非常住人卧室供暖、起居室不供暖，此时虽然起居室面积较大，但非常住人卧室面积增加得较多，其热负荷峰值也可能出现在夜间，尤其是对于 2 层和 3 层建筑，其非常住人卧室数量多、面积大，夜间热负荷较平时增加明显。本次测算时，1 层建筑热负荷峰值出现在白天，2 层和 3 层建筑的热负荷峰值出现在夜间。

农村清洁供暖系统热源选型的要点：

（1）单栋农村居住建筑供暖采用集中热源时，可按照常住人房间热负荷进行热源选型；采用分散热源时，常住人房间应按照其在最冷月的热负荷峰值选型，非常住人房间可按照其返乡期的热负荷峰值选型，热源投资差异较小时，非常住人房间也可按照其在最冷月的热负荷峰值选型。

（2）对于农村居住建筑的常住人房间，可选用集中热源或者设置分散热源。对于非常住人房间，在常住人房间已经选用集中热源的情况下，可直接增设供暖末端，在返乡期集中热源的制热量基本能够同时满足常住人房间和非常住人房间供暖；在常住人房间未选用集中热源的情况下，非常住人房间应选用成本较低的分散热源，以提高供暖系统运行效益。

5.3.3 供暖耗热量特征分析

测算地点为西安，供暖期为 11 月 23 日～次年 3 月 2 日。根据《民用建筑供暖通风与空气调节设计规范》GB 50736—2012 附录 A 的室外空气计算参数，西安地区日平均温度≤＋5℃的天数为 100d，而返乡期仅为 15d，占西安市计算供暖天数的 15%。其中，非常住人房间仅在返乡期运行，其运行时间在整个供暖期占比小，且返乡期的室外天气已经较为暖和。常住人房间在整个供暖期运行。

表 5-3 为寒冷地区典型农村居住建筑在三种节能水平下整体的供暖耗热量指标。表 5-4 为上述条件下，常住人房间与非常住人房间的供暖耗热量指标。经测算，对于 1 层、2 层和 3 层建筑，常住人房间的供暖需求均达到了总供暖需求的 90% 以上。因此，应优先满足常住人房间的供暖需求。

寒冷地区农村居住建筑整体的供暖耗热量指标［单位：kWh/(m²·a)］**表 5-3**

模型	现状	GB/T 50824—2013	GB/T 50824 修订稿
1 层建筑	91.66	29.76	22.04
2 层建筑	35.75	16.60	13.11
3 层建筑	32.39	11.66	9.41
平均值	53.27	19.34	14.85

寒冷地区农村居住建筑常住人房间与非常住人房间供暖耗热量指标

［单位：kWh/(m²·a)］ 表 5-4

模型	常住人房间			非常住人房间		
	现状	GB/T 50824—2013	GB/T 50824 修订稿	现状	GB/T 50824—2013	GB/T 50824 修订稿
1 层建筑	84.46	27.63	20.47	7.20	2.13	1.57
2 层建筑	31.84	14.98	11.98	3.91	1.62	1.13
3 层建筑	29.32	10.58	8.41	3.07	1.08	1.00
平均值	48.54	17.73	13.62	4.73	1.61	1.23

基于全生命周期使用成本分析的农村清洁供暖系统设计要点如下：

（1）从房间类型来看，常住人房间数量少但供暖时间长、供暖耗热量指标高，应尽量降低其运行能耗和运行费用指标，可适当增加清洁供暖设备投资，从而降低全生命周期的使用成本；而非常住人房间数量多但供暖时间短、供暖耗热量指标低，应尽量降低其清洁供暖设备投资，可适当增加运行能耗和运行费用指标，从而降低全生命周期的使用成本。

（2）从节能水平来看，现状农村建筑的围护结构热工性能差，供暖耗热量指标高，而执行节能设计标准的建筑供暖耗热量指标显著降低。因此，对现状农村居住建筑应尽量降低其运行能耗和运行费用指标，可适当增加清洁供暖设备投资，从而降低全生命周期的使用成本；而对于节能农村居住建筑，应尽量降低其清洁供暖设备投资，可适当增加运行能耗和费用指标，从而降低全生命周期的使用成本。

5.3.4 采用"全室＋局部"供暖系统布局

长期以来，寒冷地区农村居民形成了采用火炕进行局部供暖的生活习惯。相对于全室供暖，局部供暖具有响应速度快、局部热舒适性高、运行费用低等优点。在分室间歇供暖模式下，还应预留局部供暖设施安装与使用条件。全室供暖指的是供暖设施可实现房间全部空间达到供暖室内设计温度的供暖方式，即针对供暖房间的整体热环境进行调控；而局部供暖指的是供暖设施可实现人体停留区域的局部空间温度升高的供暖方式，即针对供暖房间的局部热环境进行调控。

农村居民可根据实际需求，选择局部供暖方式，当主要活动范围集中在炕或床上时，可以选择在适当降低全室供暖热环境标准的同时采用局部供暖，根据《寒冷地区农村居住建筑节能设计标准》T/CECA 20039—2023 的条文说明，寒冷地区农村居住建筑可适当降低全室供暖温度 2～4℃，辅助采用电热毯、水暖毯、水暖褥垫等局部供暖方式，在满足人体热舒适需求的同时，有效降低实际供暖能耗。

"全室＋局部"供暖符合农村居民的生活习惯，提高了供暖经济性，在考虑全室供暖的同时，仅需要增加基于炕或床的局部供暖措施，简单实用。寒冷地区农村经济水平一般，农村居民生活节俭，白天在室内活动时，采用火炉、热水供暖炉进行供暖或开空调供暖，但在夜间睡觉时，会关小热水炉或空调，通过开启电热毯、热水毯的局部供暖方式满足人体热舒适需求。

5.3.5 采用高效供暖设备和产品

供暖系统和设备的高效运行首先决定了自身性能，寒冷地区农村居住建筑的供暖设备应尽可能采用高效率产品（达到 2 级能效以上）。还应考虑供暖设备实际运行能效受室外环境的影响。空气源热泵机组的制热量受室外空气状态影响显著，考虑室外温度、湿度及除霜等因素，对机组额定工况下制热性能进行修正后才是机组的真实出力，才能衡量空气源热泵机组是否可以满足需求。

（1）地源热泵机组的能效不应低于《热泵和冷水机组能效限定值及能效等级》GB 19577—2024 规定的 2 级能效。该标准将水（地）源热泵机组分为冷热风型和冷热水型两个大类，又进一步细分为水环式、地下水式、地埋管式和地表水式三个小类，设计时应根据所属类型确定具体的能效限定值。

（2）生物质能供暖系统应优先采用高效燃烧、低排放的直燃型民用生物质固体成型燃料炉，炉具额定工况供暖热效率指标不应低于 70%。《清洁采暖炉具技术条件》NB/T 34006—2020 规定生物质固体成型燃料采暖炉的热效率应大于等于 70%，其中，热效率指的是生物质采暖炉具输出的有效热量与投入炉具内生物质燃料发热总量的百分比，表明生物质采暖炉具的热利用程度。

（3）低环境温度空气源热泵热风机的能效不应低于《热泵和冷水机组能效限定值及能效等级》GB 19577—2024 规定的 2 级能效。该标准规定，低环境温度空气源热泵热风机的能效等级为 2 级时，其制热季节性能系数，在额定制热量 ≤ 4500W 时，应不低于 3.20；4500W ＜额定制热量 ≤ 7100W 时，应不低于 3.10；额定制热量 ＞ 7100W 时，应不低于 3.00。

（4）低环境温度空气源热泵（冷水）机组能效不应低于《热泵和冷水机组能效限定值及能效等级》GB 19577—2024 的 2 级能效。该标准按照低环境温度空气源热泵（冷水）机组的名义制热量是否小于或等于 35kW 分为两大类，又进一步细分为地面供暖型、风机盘管型和散热器型三小类，设计时应根据所属类型确定具体的能效限定值。由于农村居住建筑体量小，其供冷供热的需求也较小，一般均满足名义制热量 ≤ 35kW 的要求，在此范围内确定具体的能效限定值。散热器型机组的能效指标为 HSPF，风机盘管型机组的能效指标为 APF。

（5）燃气供暖热水炉的热效率不应低于《家用燃气快速热水器和燃气采暖热水炉能效限定值及能效等级》GB 20665—2015 规定的 2 级能效，燃气热水炉的热效率 $\eta_1 \geqslant 89\%$、$\eta_2 \geqslant 85\%$，其中 η_1 为热水器或采暖炉额定热负荷和部分热负荷（热水状态为 50% 的额定热负荷）下两个热效率值中的较大值，η_2 为较小值。

5.4 清洁能源利用系统与设备

5.4.1 燃气炉供暖系统

燃气炉供暖系统在农村可应用的热源主要是以天然气或液化石油气为能源的燃气锅炉。由于天然气价格相对较低、燃气工程施工到位后可持续供应，并且燃气壁挂炉供暖在城镇居住建筑的应用已十分成熟，是最为主要的燃气供暖设备；液化石油气往往采用可移动的燃气取暖器直接加热供暖房间，但由于灌装液化石油气价格相对较高、无管道持续供应，使用并不普遍。此外，具备沼气或生物天然气等清洁燃气供给条件的家庭，也可以使用相应的燃气热水锅炉作为热源。

根据《陕西统计年鉴》，2011～2020 年，随着农村能源系统建设的不断完善和北方地区清洁供暖规划的不断推进，陕西省农村燃气的年建设投入由 0.02 亿元增长至 6.43 亿元，农村燃气普及率（覆盖农村常住人口比例）由 0.08% 增长至

20.60%，覆盖农村范围显著扩大，为燃气壁挂炉供暖创造了良好条件。

燃气壁挂炉只适用于具备天然气供应的地区，它具有强大的集供暖功能，能满足多居室供暖需求，可根据需要决定某个房间单独关闭或者开启供暖末端，并且能够提供生活热水。以实地调研的某新型社区为例，该社区采用燃气壁挂炉＋地面辐射供暖系统（图5-2），但由于围护结构热工性能差、地面辐射供暖响应慢，不适应农村间歇供暖等原因，当地村民使用意愿不高，供暖系统没有合理发挥功能。因此，推荐使用散热器等供暖响应速度较快的室内末端；具有明确的连续供暖需求的农村居住建筑老人卧室等可使用地面辐射供暖系统。

（a）　　　　　　　　　　　（b）　　　　　　　　　　　（c）

图5-2　燃气壁挂炉供暖系统
（a）燃气壁挂炉；（b）风机盘管；（c）散热器

1. 系统设计要点

燃气炉供暖系统设计应符合现行国家标准《建筑设计防火规范》GB 50016，以及《农村管道天然气工程技术导则》的规定。燃气供暖热水炉容量应满足农村居住建筑的最大计算热负荷，其设计应符合现行国家标准《燃气采暖热水炉》GB 25034、《家用燃气快速热水器》GB 6932、《燃气取暖器》CJ/T 113及《冷凝式燃气暖浴两用炉》CJ/T 395的有关规定。能效等级应符合现行国家标准《家用燃气快速热水器和燃气采暖热水炉能效限定值及能效等级》GB 20665的有关规定，宜采用2级以上能效产品。

燃气供暖热水炉优先选用密闭式，并采用强制给排气，所配烟管长度应满足安装要求。半密闭强制排气式燃具应具有防倒烟装置。燃气供暖热水炉设计在通风良好的走廊、阳台、厨房或其他非居住房间内，房间应直接与室外相通，严禁设计在卧室、起居室和浴室等生活房间。

设置燃气供暖热水炉的房间应设燃气泄漏报警装置和紧急自动切断阀。燃气供暖热水炉具有熄火保护装置和风压即时监测装置，并安装点火程序控制装置。燃气供暖热水炉在自来水入口和供暖回水口处应设置过滤装置。

热媒水系统的水质应符合现行国家标准《建筑给水排水设计标准》GB 50015 的有关规定。户内给水系统的供水压力应保证炉前压力大于设备的最低工作压力，并满足热水供应系统最不利配水点所需的工作压力。

燃气管道管材选用、防腐方式应符合现行国家标准《输送流体用无缝钢管》GB/T 8163、《燃气用埋地聚乙烯（PE）管道系统 第2部分：管材》GB/T 15558.2、《低压流体输送用焊接钢管》GB/T 3091 的有关规定。

2. 施工安装要点

燃气供暖热水炉安装应符合现行行业标准《家用燃气燃烧器具安装及验收规程》CJJ 12 的规定，其安装应垂直、平稳且牢固；与相邻灶具的水平净距不应小于30cm；应留有操作和维修空间，左右两侧应留出不应小于50mm 的空间，下方应留出不少于20mm 的空间，便于维修和养护。

燃气供暖热水炉排烟管道安装应符合下列规定：排烟管长度应满足安装要求，伸出有效长度不应小于100mm；燃具与排烟管连接时，搭接长度不应小于30mm，用耐热铝箔胶带密封；烟道坡向应与说明书相符，烟道穿墙孔应密封处理。

燃气供暖热水炉与供燃气管道的连接应采用硬质或软质金属管。螺纹应符合现行国家标准《55°密封管螺纹 第1部分：圆柱内螺纹与圆锥外螺纹》GB/T 7306.1、《55°密封管螺纹 第2部分：圆锥内螺纹与圆锥外螺纹》GB/T 7306.2 和《55°非密封管螺纹》GB/T 7307 的有关规定。

燃气供暖热水炉电气安装应符合下列规定：电源插座应设置在炉子两侧，不得设置在炉子下方；电源为220V、50Hz 单相交流电；电源应有良好的接地；电源插头应采用阻燃材料，并具备相关认证。

5.4.2 地源热泵供暖系统

地源热泵系统是一种利用浅层地热能，以土壤（地下水、地表水等）作为冬季热源和夏季冷源，通过热泵机组向建筑物提供热量和冷量，并可同时制备生活热水的新型空调系统。冬季，地下土壤或水体温度可达10～20℃，明显高于环境空气温度，热泵循环蒸发温度升高，制热能效比提升，拓展了热泵系统的供暖适用范围；夏季，地下土壤或水体温度依然在20℃左右，明显低于环境空气温度，制冷循环冷凝温度降低，冷却效果优于风冷，制冷能效比提升。因此，从全年供暖供冷运行来看，地源热泵系统都具有良好的节能效益。目前，地源热泵系统的主要形式有：

（1）水平式地埋管地源热泵。通过水平埋置于地表面以下的闭合换热系统，与土壤进行冷热交换。该系统适用于制冷/供暖面积较小的建筑物，部分农村居住建筑具备技术应用条件，投资和施工难度相对较小，但占地面积较大。

（2）垂直式地埋管地源热泵。通过垂直钻孔将闭合换热系统埋置在浅层岩土体，与土壤进行冷热交换。该系统适用于各类建筑物，农村居住建筑具备技术应用条件，投资也相对较低，占地面积小，是主要的应用形式。

（3）地表水地源热泵。地源热泵机组通过布置在水底的闭合换热系统与江河、湖泊、海水等进行冷热交换。该系统适用于各类建筑物，临近水边的农村居住建筑具备技术应用条件，利用池水或湖水下稳定的温度和显著的散热性，不需钻井挖沟，投资较小，但需要建筑物周围有适宜的河流或水域。

（4）地下水地源热泵。地源热泵机组通过机组内闭式循环系统经过换热器与由水泵抽取的深层地下水进行冷热交换。地下水排回或通过加压式泵注入地下水层中。该系统复杂、投资过大，不适宜在农村应用。

1. 系统设计要点

地源热泵供暖系统方案设计前，应充分调查收集并利用工程场地或周边区域已有的相关勘察资料，必要时对工程场地的浅层地热能资源进行勘察，根据勘察结果评估地源换热系统实施的可行性和经济性。

地源换热系统的设计应符合现行国家标准《地源热泵系统工程技术规范》GB 50366 和现行行业标准《农村小型地源热泵供暖供冷工程技术规程》CECS 313 的规定。其中，地埋管换热器宜根据现场实测岩土体及回填料热物性参数，采用专用软件计算。

地源换热系统应设自动补水及泄漏报警系统，并设置过滤装置；在需要防冻的寒冷地区，应设防冻保护措施，并应根据地质特征确定回填料配方，回填料的导热系数不应低于钻孔外或沟槽外岩土体的导热系数；地源换热系统设置反冲洗系统，冲洗流量宜为工作流量的 2 倍。

2. 施工安装要点

地源换热系统施工前应了解场地内已有地下管线、其他地下构筑物的功能及其准确位置；竖直钻孔遇有多层地下水时，应采取回填封闭措施，以避免各层地下水之间的穿透。其中，竖直地埋管换热器 U 形管安装应在钻孔完成后立即进行，安装完成后应在 12h 内用灌浆材料回灌封孔，并在灌浆前完成水压试验。

地源换热系统安装前后均应对管道进行试压和冲洗。换热器的铺设和回填应符合现行国家标准《地源热泵系统工程技术规范》GB 50366 和现行行业标准《农村小型地源热泵供暖供冷工程技术规程》CECS 313 的规定；安装完成后，还应对换热区域或管线位置做出标识。

3. 调试及验收

地源热泵供暖系统交付使用前，应按现行国家标准《地源热泵系统工程技术规范》GB 50366 的有关规定进行整体试运转、调试与验收。

地源热泵系统整体验收前，宜进行冬、夏两季运行测试，并对地源热泵系统的实测性能作出评价。

4. 运行维护

地源热泵供暖系统运行期间应进行系统运行状态参数监测和控制。系统的监测与系统控制设计应符合现行国家标准《民用建筑供暖通风与空气调节设计规范》GB 50736、《智能建筑设计标准》GB 50314 的有关规定。

5.4.3 空气源热泵供暖系统

空气源热泵是以环境空气为低位热源的热泵，室内末端可独立控制，符合农村居住建筑的分室间歇供暖原则。与地源热泵相比，其投资明显降低，但系统效率随着室外温度的降低也明显降低，运行经济性变差，因此宜选用低环境温度型产品。

1. 低环境温度空气源热泵热水机组

低环境温度空气源热泵热水机组吸收低品位空气能，可高效制备温度稳定的热水，配套水箱用于储存热水，并在供暖系统中起一定的缓冲作用，二者组合形成"空气源热泵＋配套水箱"的热源形式（图 5-3）。空气源热泵热水机组需要搭配风机盘管、地面辐射等室内末端使用，室内末端均可独立控制，符合农村分室间歇供暖模式，相较于地源热泵，虽然二者均属于水系统，但空气源热泵热水机组投资较低，且系统效率随着室外温度降低也会明显降低，运行经济性变差。空气源热泵热水机组主要有三种末端应用方式：

（1）空气源热泵＋配套水箱＋散热器：其优点在于可直接替代原有散煤燃烧锅炉，室内无风机噪声，可优先改善室内的局部热环境，与电锅炉供暖方式相比，节能效果显著。但是这种形式的室内升温速度相对较慢，间歇供暖响应不够及时，散热器还会占据装修空间。

（2）空气源热泵＋配套水箱＋风机盘管：其优点在于房间升温较快而且每个房间的风机盘管风机都可以独立控制，便于调节和节能控制。供水温度比散热器低，机组能效更高，节省运行费用。此外，末端兼具供暖和制冷功能，对于夏季有制冷需求的用户，综合投资费用更低，但末端会产生噪声。

（3）空气源热泵＋配套水箱＋地面辐射末端：其优点在于比其他末端供水温度更低，连续运行时机组节能效果更佳，但末端的热惰性较大，如果采用间歇供暖，则响应不够及时，因此在农村地区应谨慎采用。

图 5-3　空气源热泵热水机组在农村地区应用案例

2. 低环境温度空气源热泵热风机

低环境温度空气源热泵热风机，与传统的壁挂式分体空调和柜式空调原理一致，属于制冷剂热泵系统。但其室内机安装在接近地面的部位，形成下送风侧回风的气流组织，主要的热风调节区域集中在室内下部空间（图5-4）。传统的分体空调以制冷模式进行优化，其室内机采用壁挂式或柜式，送风口位置较高，而室内热空气上升，冷空气下沉，分体空调提供的热空气难以直接加热人体活动区。

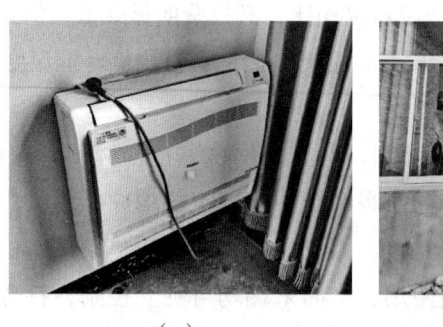

（a） （b）

图 5-4 空气源热泵热风机在农村地区应用案例

（a）室内机；（b）室外机

低环境温度空气源热泵热风机的特点：① 以优化制热性能为重点并满足寒冷地区低环境温度制热需求，主要解决或只解决冬季供暖需求，不需要制冷或主要制热兼顾制冷；② 适应寒冷地区的"部分时间、部分空间"供暖模式，即分室独立控制、独立运行的间歇式供暖模式，机组自身无防冻需求和防冻能耗；③ 室内末端及送风模式设计按供热模式进行优化，相比于壁挂式分体空调和柜式空调，解决因气流组织不佳导致的"头热脚凉"等热舒适问题。图5-5为空气源热泵热风机的供暖示意图，图5-6为空气源热泵热风机供暖的室内气流速度与温度分布，可见在该送风模式下，能够有效提升人体活动区的温度。

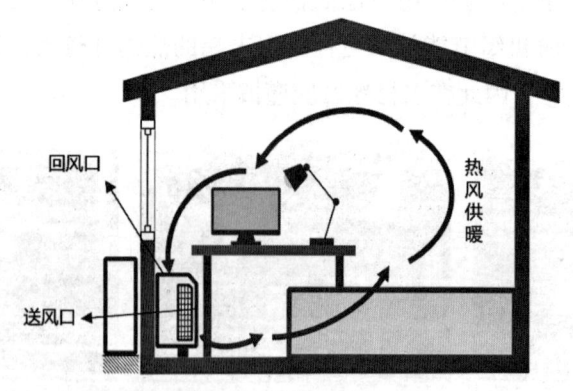

图 5-5 空气源热泵热风机供暖示意图

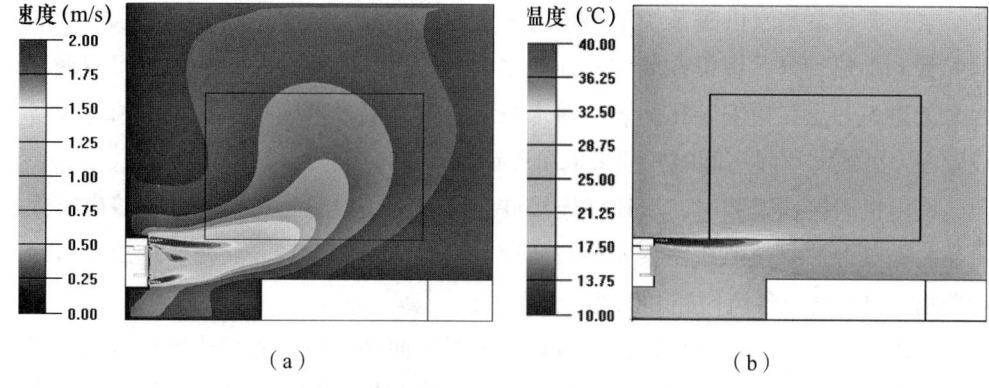

图 5-6　空气源热泵热风机供暖的室内速度与温度分布
（a）室内气流速度分布；（b）室内温度分布

3. 系统设计

寒冷地区使用低环境温度空气源热泵机组在 −25℃ 的低环境温度下应能正常工作，供暖可采用空气源热泵热水机组和空气源热泵热风机，连续供暖时宜选用空气源热泵热水机组，间歇供暖时宜选用空气源热泵热风机。

低环境温度空气源热泵热水机组的性能应符合现行国家标准《低环境温度空气源热泵（冷水）机组能效限定值及能效等级》GB 37480 的有关规定，最低为 2 级能效；低环境温度空气源热泵热风机的性能应符合现行国家标准《房间空气调节器能效限定值及能效等级》GB 21455 的有关规定，宜选择 2 级以上能效产品。

推荐末端采用散热器或风机盘管；采用散热器应根据空气源热泵供回水温度进行散热量修正，并应符合现行国家标准《民用建筑供暖通风与空气调节设计规范》GB 50736 的有关规定。

空气源热泵热水供暖系统在有冻结风险的地区应有防冻措施；空气源热泵室外机的设置应确保进风与排风通畅，排出空气与吸入空气之间应不发生明显的气流短路，噪声和排热应符合周围环境要求，化霜水应有组织排放。

对室内温度稳定性要求较高的供暖系统，可设置辅助热源与空气源热泵机组联合供热，宜选用电或燃气作为辅助能源，或当具备多种辅助能源时，在保证可靠性、经济性的前提下，应优先选用低品位能源，且辅助热源应具有独立的温控功能。

4. 施工安装要点

空气源热泵系统的施工安装除应执行现行国家标准《通风与空调工程施工规范》GB 50738，以及现行行业标准《低环境温度空气源热泵热风机》JB/T 13573、《低环境温度空气源热泵热风机安装验收规范》NB/T 10417 外，还应满足设备安装说明书等的各项要求。

空气源热泵热水供暖系统采用辐射末端时，除辐射供暖地面分、集水器后的输配管和加热管外，埋设在墙体和地面之内的管道不应有接头；热泵机组或循环水泵的进口和出口应安装压力表；热水系统管网、制冷剂管道、膨胀水箱等设备设置在室外或非供暖房间时，应采取防冻措施。

室内机组挂墙安装时，墙体和连接件应能够承受设备运行质量，连接应牢固可靠。空气源热泵热风机室内安装时还应保证气流组织合理、通畅，进出风口无遮挡物，且应防止气流短路和温度分层。

室外机组安装时，应校核设备运行质量对屋面结构荷载和墙体承重能力的影响；安装架与安装界面连接牢固，不应破坏建筑的安全结构，且应采取相应措施避免人员受危害；室外机组、配电箱（柜）、水泵等机电设备应设置室外防护措施。

5. 调试及验收要点

空气源热泵热水供暖系统安装完成之后应按现行行业标准《采暖通风与空气调节工程检测技术规程》JGJ/T 260 的要求对阀门、散热器、风机盘管、换热设备和分集水器等进行强度和严密性试验。

空气源热泵热水供暖系统的水系统管路应进行冲洗试验，冲洗试验后应保证管路及设备中的水及冲洗液排尽；充水及防冻溶液应在系统冲洗和试压完毕后注入，防冻溶液浓度应满足防冻要求；水系统的试运行和调试应在管道水压试验和冲洗试验、各设备单机试运行完成且合格后进行。

空气源热泵热水供暖系统联合试运行与调试检测应符合以下规定：系统负荷不宜小于实际运行最大负荷的 60%，运行机组负荷不宜小于其额定负荷的 80%；联合试运行和系统性能检测时间不应少于 5h。检测结果应符合以下规定：室内空气温度应满足设计要求；机组实际性能系数满足设计要求。

空气源热泵热风机的试运行和调试应符合以下规定：空气源热泵热风机安装检查工作完成后，应按使用说明书的要求进行试运行，其运行时间不应少于 1h。验收应符合现行行业标准《低环境温度空气源热泵热风机安装验收规范》NB/T 10417 的规定，在试运行正常后方可进行验收，验收时应检查验收资料，并应包括下列文件及记录：产品合格证明、设备安装检查及试运行记录、设备安装凭证单。

6. 运行维护要点

空气源热泵热水供暖系统较为复杂，其运行出现异常时，应委托专业人员进行检查维修，并做好防冻措施。冬季不用时，应采取下列措施：短期不用时，可设置热泵机组的防冻模式运行；长期不用时，应将管路和机组内的水排放干净或在水系统中充注防冻溶液，同时将机组断电。空气源热泵热风机的运行使用、清洗保养等，应按照使用说明书的要求进行。

5.4.4　电加热供暖系统

电加热供暖系统以低温辐射电热膜、发热电缆和碳晶板等电热材料为发热体，铺设在各种地板、瓷砖、大理石等地面材料下，再配上智能温控器系统，使其形成隐蔽式的辐射供暖系统，部分产品也可以铺设在墙面和顶棚，或者铺设在炕面等实现局部供暖。其他形式还有采用小型电加热锅炉向末端输送热水或热风进行供暖、移动式电加热辐射供暖设备等。

一般而言，电加热供暖是一种对高品质能源直接热利用的低效用能方式，但随着北方地区清洁供暖规划不断推进，在符合一定条件时，可采用电加热供暖。如符合供电政策支持、无集中供暖和燃气源而用煤、油等燃料受到环保或消防严格限制的、由可再生能源发电设备供电且其发电量能够满足直接电热供暖用电量需求的，均可以采用电热供暖设备作为居住建筑供暖的主体热源。

电加热供暖系统具有用户自主调节、分室控温、系统使用寿命长、计量方便等特点。同时，由于电热膜系统具有分室控温的特点，对于采用电加热供暖系统的，须与节能墙体、保温门窗等结合使用，注意加强分室隔墙的保温性能，减少隔墙之间的热传递，以降低能耗，发挥最佳效果。

（1）低温辐射电热膜：电热膜是通电后能够发热的一种薄膜，是由绝缘材料与其内的发热电阻材料组成的平面型发热元件，工作时将电能转换为热能，并以辐射的形式向外传递（图 5-7）。使用时，可在每个房间设置交流电温控器，在电热膜上限温度范围内随意调节，可适应分室间歇供暖模式；可铺设在地面形成地面辐射供暖，也可以铺设在炕面。夜间休息时调低发热功率，作为局部供暖使用；白天活动时揭开被褥，调高发热功率，可作为房间辐射供暖热源。低温辐射电热膜薄占用层高低，升温响应较快。

图 5-7　低温辐射电热膜

（2）发热电缆：与低温辐射电热膜类似，均为自发热末端，铺设在地面等室内围护结构内壁面，以辐射传热为主（图 5-8）。发热电缆内芯由冷线、热线组成，外面由绝缘层、接地、屏蔽层和外护套组成。发热电缆通电后，热线发热，并在 $40\sim60℃$ 的温度间运行。发热电缆也具有低温辐射电热膜所具有的特点。

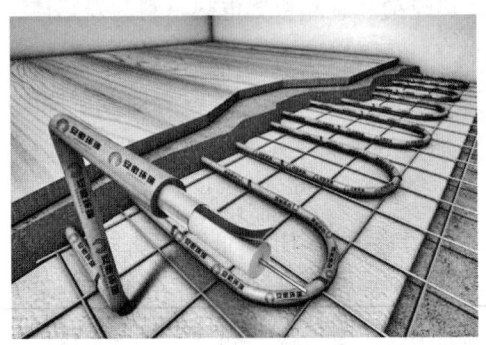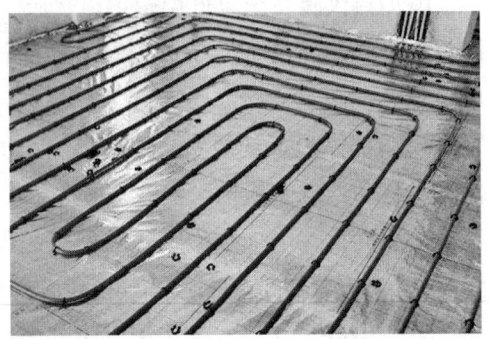

图 5-8　发热电缆

（3）碳晶电热板：以碳素晶体发热板为核心部件而开发出的一种新型低温辐射供暖末端（图 5-9）。碳晶电热板的制热原理是：在电场作用下，发热体中的碳分子团产生分子运动，碳原子之间产生剧烈摩擦与撞击，产生的热量以远红外辐射和对流的形式对外传递，其电能与热能的转换率高达 98%。碳晶电热板充分利用了碳晶板的平面制热特性，供暖时整个平面同步升温，供暖效果较好。

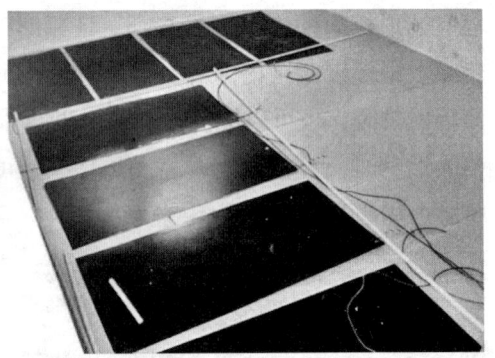

图 5-9　碳晶电热板

（4）电加热锅炉：以电力为能源，利用电阻发热或电磁感应发热，通过锅炉的换热部位把热媒水或有机热载体加热到一定参数时，向外输出具有额定工质的一种热能设备（图 5-10）。此外还有蓄热式电加热锅炉，可利用谷电时段将蓄热体（分为水蓄热和固体蓄热）加热到一定的温度，同时也要满足谷电时段建筑物的供暖负荷，在平电时段和峰电时段依靠蓄热量供暖。

图 5-10 电加热锅炉

1. 系统设计要点

满足当地政策条件时，可以采用电加热供暖设备作为居住建筑供暖的主体热源。在综合分析建筑规模与性质、热负荷特性、电力资源条件、能源价格与政策等方面因素的基础上，结合各种技术特点确定系统形式。为电加热供暖提供电力的电源或变电站设计电力容量，应能满足供暖用电负荷需求。

蓄热式电加热锅炉供暖系统的设计，应根据建筑物供暖需求、供暖特点和峰谷电时段进行计算，应包括下列内容：确定典型日供暖热负荷变化曲线；选取设备形式、运行模式和控制策略；确定设备功率与容量；分析全年运行能耗与经济性。蓄热设备的热存储量应满足建筑用热量需求，放热功率应满足建筑负荷曲线要求。

电加热辐射供暖应符合现行国家标准《民用建筑供暖通风与空气调节设计规范》GB 50736 和现行行业标准《辐射供暖供冷技术规程》JGJ 142 的有关规定；电加热锅炉供暖系统效率不应低于 90%。当选用相变蓄热设备时，蓄热设备在寿命期内，其效率应无显著降低。

电加热供暖的设备及管道应保温良好，保温设计应符合现行国家标准《设备及管道绝热设计导则》GB/T 8175；电气线路周围应采取不燃隔热材料进行防火隔离等防火保护措施；电热供暖系统所选用的设备和材料等，物理化学性能应稳定，运行过程中不应产生对人体有害的物质。

电加热供暖系统应具备温度调节功能，能够分级调温，并具有高温断电保护措施；系统的供配电设计应符合现行国家标准《供配电系统设计规范》GB 50052 和《低压配电设计规范》GB 50054 的有关规定。

系统的电气设计应符合现行国家标准《民用建筑电气设计标准》GB 51348 和现行行业标准《农村住宅电气工程技术规范》DL/T 5717 的有关规定；系统用电设备应采取接地和剩余电流保护措施，接地装置应符合现行国家标准《交流电气装置的接地设计规范》GB/T 50065 的有关规定。

2. 施工安装要点

设备和产品在搬运和安装时，应采取防振、防潮、防腐蚀、防变形和防表面受损等措施。系统安装应符合现行国家标准《建筑设计防火规范》GB 50016 的有关规定，并应采取防雨、防水、防潮、防火等安全措施。

电气装置安装应符合下列规定：低压布线系统施工应符合现行国家标准《低压电气装置 第 5-52 部分：电气设备的选择和安装 布线系统》GB/T 16895.6 的有关规定；低压电器施工应符合现行国家标准《电气装置安装工程 低压电器施工及验收规范》GB 50254 的有关规定；接地和剩余电流保护措施应符合现行国家标准《电气装置安装工程 接地装置施工及验收规范》GB 50169 的规定；配电施工应符合现行国家标准《建筑电气工程施工质量验收规范》GB 50303 的规定。

辐射供暖的施工应符合现行行业标准《辐射供暖供冷技术规程》JGJ 142 和《低温辐射电热膜供暖系统应用技术规程》JGJ 319 的有关规定；系统的施工应严格按照施工工序进行，施工过程中应做好隐蔽工程施工记录。

3. 调试及验收要点

系统的建筑电气工程验收应符合现行国家标准《建筑电气工程施工质量验收规范》GB 50303 的规定；系统的电缆验收应符合现行国家标准《电气装置安装工程 电缆线路施工及验收标准》GB 50168 的有关规定；接地装置验收应符合现行国家标准《电气装置安装工程 接地装置施工及验收规范》GB 50169 的有关规定；低压电器施工验收应符合现行国家标准《电气装置安装工程 低压电器施工及验收规范》GB 50254 的规定。

试运行有完善、可靠的通信系统和安全保障措施。在额定输入功率和额定供暖功率条件下持续试运行 72h；试运行期间应及时记录设备、部件等的工作状态，监测供水温度、供暖室内温度及发热体表面温度等与系统和设备性能相关的核心参数数据。

4. 运行维护

在使用前，应检查设备本体、阀门、管路、部件、电力线路、控制系统等；电加热锅炉的运行和维护管理应符合现行国家标准《电加热锅炉系统经济运行》GB/T 19065 的有关规定；运行维护应满足用户对设备和产品的使用要求规定。用户应根据用热需要、系统特点及电力供应状况等因素，通过技术经济分析，制定合理的系统运行模式，并制定相应的操作规程。

5.4.5 生物质能供暖系统

生物质能是通过植物的光合作用将太阳能转化为化学能，储存在生物质内部的能量，属于可再生能源。我国农林剩余物资源丰富，生物质能开发利用前景广阔，但受收集、储运等因素影响，目前利用率很低。另外，农村传统生物质利用以直接燃烧为主，转化利用效率更低。

生物质成型燃料是将农林废弃物作为原材料，经过粉碎、混合、挤压、烘干等工艺，制成各种形状（常见如颗粒状等），可直接燃烧的一种新型清洁燃料，如图 5-11 所示。固体成型燃料颗粒体积小、密度大，便于加工运输与连续使用。生物质材料在农村地区来源非常广阔，制作成生物质燃料，是对农林废弃物的综合利用。但对生物质供暖的定位要明确，在多数地区一般只能作为农村清洁供暖的有力补充，不能作为主力能源大面积推广，要坚持因地制宜的原则，在有条件区域推广使用。

（a） （b） （c）

图 5-11 生物质固体成型颗粒及清洁供暖设备
（a）生物质固体成型颗粒；（b）生物质颗粒热风炉；（c）生物质颗粒热水炉

1. 系统设计要点

生物质能供暖系统宜应用于生物质资源丰富、储运便利的地区，采用生物质固体成型燃料，燃具采用生物质成型燃料锅炉。可选择生物质固体成型燃料热水炉和热风炉（图 5-11），根据生物质燃料的物性、热负荷大小、布置特点、供暖模式等因素确定；锅炉的热效率应满足现行行业标准《清洁采暖炉具技术条件》NB/T 34006、《小型生物质热风炉技术条件》NB/T 34040 的规定。

生物质固体成型燃料锅炉的排放应符合现行国家标准《锅炉大气污染物排放标准》GB 13271 的规定。尽量选用智能型生物质固体成型燃料热水炉，炉具具备智能化操作、自动点火、自动进料以及自动调节配风、出水温度可调等功能，以满足不同末端或运行工况下的调节；具备对进出水温度、排烟温度以及环境温度的采集与记录，运行数据自动远传，以及故障报警、故障记录与查询等功能。

2. 施工安装要点

生物质能供暖系统施工安装应符合现行国家标准《建筑给水排水及采暖工程施工质量验收规范》GB 50242 的有关规定；生物质固体成型燃料热水炉的安装可执行现行行业标准《民用水暖炉采暖系统安装及验收规范》NY/T 1703。

3. 调试及验收要点

生物质能供暖系统安装完成后应对单项设备及烟、风、水系统进行调试，调试内容和方法应符合现行国家标准《锅炉安装工程施工及验收标准》GB 50273 的有关规定。燃烧后的草木灰等飞灰和底渣，结合农林业的特点循环应用。

4. 运行维护要点

生物质固体成型燃料供应应稳定，并应符合现行行业标准《生物质固体成型燃料技术条件》NY/T 1878 的规定。应设置单独存放生物质燃料的储存场地，场地应干燥、通风、防火及防潮。操作人员应密切关注生物锅炉受热面的积灰和结焦腐蚀等情况，随时进行清灰，控制燃烧温度，防止结焦或腐蚀，应注意加料和稳定运行，防止炉膛缺料、堵料熄火等造成冻管。

5.4.6 太阳能供暖系统

太阳能供暖系统一般指主动式太阳能供暖系统，可分为太阳能热水供暖系统和太阳能空气供暖系统。其中，太阳能热水供暖系统以太阳能集热器为热源，以液体作为传热介质，以水作为储热介质，系统一般由太阳能集热器、储热水箱、连接管路、辅助热源、散热部件及控制系统组成，如果用于全室供暖，则要求系统具有较大的太阳能集热器面积，投资较高，不利于在农村地区推广使用，因此推荐采用太阳能热水局部供暖系统。太阳能空气供暖系统以太阳能空气集热器为热源，以空气作为传热介质，不需要考虑防冻问题，但其热能密度低且蓄热性能较差。

1. 太阳能热水供暖系统

局部供暖的典型形式就是火炕供暖，这是劳动人民的智慧结晶，因其热舒适性好、经济性好、使用功能多等优点，已成为我国寒冷地区农村居住建筑冬季最重要、最有效的供暖措施。但是，随着农村居民生活水平日益提高，传统火炕由于温度难以控制、燃料消耗量大、热效率低、污染环境、烟道占用室内空间和搭建技术落后等弊端逐渐被淘汰。

太阳能热水局部供暖系统是在继承并发扬传统火炕供暖优点的基础上，将辐射供暖末端与火炕相结合，利用太阳能热水供暖系统加热炕体表面的辐射末端，实现局部供暖，以达到对能源的最大利用、改善室内热舒适水平的目的。该系统主要由太阳能集热器、循环水泵、辐射末端组成。

辐射末端除了固定在炕体表面以外，还可以采用热毯的形式用于加热床褥，类似于电热毯形式，将盘管或者毛细管封装在热毯内，形成太阳能热毯，再将太阳能热毯铺设在床褥下面，实现局部供暖。太阳能热毯可以和太阳能热水系统组合形成复合太阳能系统。

2. 太阳能热风供暖系统

太阳能资源较丰富地区可采用太阳能热风供暖系统作为供暖辅助措施，新建建筑的太阳能集热装置宜结合建筑立面或屋面一体化设计。太阳能热风供暖系统热源为太阳能空气集热器，主要包括平板型、真空管型和聚光型，如图5-12所示。供暖系统采用平板型太阳能空气集热器、真空管型太阳能空气集热器时，相关标准有《太阳能空气集热器技术条件》GB/T 26976。供暖系统设计与安装可参考《太阳能热风供暖系统设计与安装》23K520。

（a） （b） （c）

图 5-12　太阳能空气集热器

（a）平板型；（b）真空管型；（c）聚光型

3. 系统设计要点

太阳能供暖系统宜优先应用于太阳能资源三类及以上地区，宜采用主被动结合的供暖系统，寒冷地区优先利用被动式太阳能供暖，被动式太阳能供暖可参照现行行业标准《被动式太阳能建筑技术规范》JGJ/T 267，推荐采用可活动太阳房。主动式太阳能供暖系统可选择太阳能热水供暖系统或太阳能空气供暖系统，太阳能热水供暖系统宜用于床或炕面等局部供暖，并做到全年综合利用，防止资源浪费和非供暖季的系统过热；太阳能供暖系统的集热装置与建筑一体化设计；在防冻要求严格的建筑中，宜选用太阳能空气供暖系统。

太阳能热水供暖系统类型宜根据所在地区气候、太阳能资源条件、建筑类型、建筑使用功能、用户要求、投资规模、安装条件等因素综合确定；太阳能供暖系统同时供暖和供热水时，应采用两者的较大负荷作为系统负荷；太阳能集热器总面积应按现行国家标准《太阳能供热采暖工程技术标准》GB 50495 的规定进行计算。太阳能热水供暖系统配置辅助热源时应优先选用热泵、生物质、燃气等清洁能源，辅助热源应单独计量；太阳能集热系统和其他能源辅助加热或换热设备各自承担的负荷量宜通过逐时动态模拟计算，按经济最优化原则确定。

太阳能热水供暖系统应进行防冻设计，并采取措施防止非供暖季太阳能集热器过热。太阳能蓄热系统类型应根据太阳能供暖系统的特点和建筑条件进行技术经济分析后确定，可选择的蓄热类型有水蓄热和相变蓄热。

4. 施工安装

太阳能供暖系统施工安装不得破坏建筑物的结构、屋面、地面防水层和附属设施，不得削弱建筑物在寿命期内的其他功能和承受荷载的能力；系统中传感器的接线应牢固可靠，接触应良好，传感器控制线应做防水处理，温度传感器四周应保温。采用蓄热装置时，蓄热装置的保温应符合现行国家标准《工业设备及管道绝热工程施工质量验收标准》GB/T 50185 的规定；内箱应做接地处理，接地符合现行国家标准《电气装置安装工程　接地装置施工及验收规范》GB 50169 的规定。

5. 调试及验收

太阳能热水供暖系统安装完毕、管道保温之前，应进行耐压试验，试验压力应符合设计要求；系统安装完毕后应对管道、水箱和末端装置进行冲洗后方可投入运行；施工完成后、投入使用前，宜在设计工况下对系统进行联合调试和试运行。太阳能热水供暖系统应在土建工程验收前完成隐蔽项目的现场验收，验收内容应符合现行国家标准《太阳能供热采暖工程技术标准》GB 50495 的规定。

6. 运行维护

安装在阳台、墙面等易坠落处的太阳能集热器应进行防护设施的检查与维护，避免太阳能集热器损坏对人体造成伤害；冬季前应对太阳能热水供暖系统的防冻设施进行检查，避免冻伤管路及设备。太阳能热水供暖系统应检查防雷设施并进行接地电阻测试；太阳能集热器应按年度进行全面检查，并及时清除表面污垢。

5.4.7　局部供暖系统

相对于全室供暖，局部供暖具有响应速度快、局部热舒适性高、运行费用低等优点，也符合寒冷地区农村居民的生活习惯。针对供暖房间的局部热环境进行调控，可实现人体停留区域的局部空间温度升高的供暖方式。根据《寒冷地区农村居住建筑节能设计标准》T/CECA 20039—2023 的条文说明，寒冷地区可适当降低全室供暖温度2～4℃，辅助采用电热毯、水暖毯、水暖褥垫等局部供暖方式，在满足人体热舒适的同时，有效降低农村居住建筑的实际供暖能耗。

相关研究提出了一种新型清洁供暖炕系统，如图5-13（a）所示。该清洁供暖炕系统主体由空气源热泵、热水循环系统、毛细管网、带垂直气流通道的炕体4部分构成。炕体的气流通道结构如图5-13（b）所示，其主要由炕体与室内垂直气流通道两部分构成，毛细管网置于炕道内部。

清洁供暖炕系统的换热过程为：空气源热泵将热量送入换热水箱，通过换热盘管加热换热水箱中的水，热水通过供水管进入毛细管网，加热炕道内空气，炕道内被加热的空气由于烟囱效应，形成定向流动热气流，将大部分热量直接送入整个供暖房间，部分热量直接加热炕体，通过对流、辐射的形式将热量传入供暖房间。而毛细管内的低温水回流至换热水箱再次被加热。

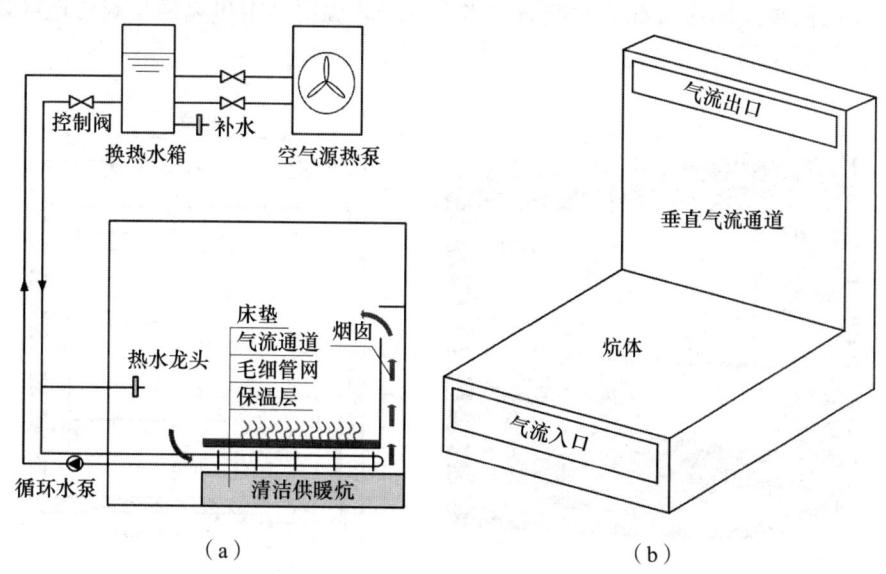

图 5-13　清洁供暖炕系统与炕体的气流通道结构
(a) 清洁供暖炕系统；(b) 炕体的气流通道结构

传统火炕直接燃煤或生物质产生的热气流经室内炕道，并通过烟囱通道排到室外，通过加热炕道实现局部供暖。直接排放带有污染物的烟气会导致室内外空气质量差，大部分余热也会直接被排出室外，造成热能浪费。

因此相较于依靠散煤或生物质燃烧供暖的火炕而言，清洁供暖炕主要有以下特点：使用空气源热泵作为热源，避免直接使用燃煤或薪柴等生物质而造成污染物和大量碳排放，更加安全卫生和绿色低碳；可以持续供热，避免传统火炕使用期间温度波动大的缺点，供暖温度更加稳定，热舒适性更高；热能利用率更高，热气流通过室内垂直气流通道出口流入供暖房间，有效提升整个房间供暖温度，而传统火炕大量的余热随烟气通过烟囱直接排至室外，造成供暖房间温度较低；在无人或者夏季不需要对房间供暖时，关闭循环水泵，只使用热水即可，有效避免传统的"炕连灶"在使用过程中夏季无效供热而导致房间温度过高的缺点。

为了能够准确地对该新型局部供暖系统的供暖特性进行测试，选取西安一民居搭建实验台作为供暖特性测试房间（图 5-14）。该民居所有围护结构基本无保温措施，屋顶、南墙、东墙为外围护结构，其余为内围护结构，保温性能较差，与寒冷地区农村实际供暖场景相符，供暖房间选取具有典型性及代表性。测试房间尺寸为：3300mm×3000mm×2800mm，供暖炕尺寸为：2200mm×1500mm×

500mm。炕道底部与地面交接界面铺设保温层，炕道内部高 250mm，床垫厚 50mm。经测试，系统运行期间，整个供暖房间温度相对于室外温度显著提升，主要供暖区域温度最低为 13.80℃，日平均耗电量最低为 3.30kWh，即局部供暖模式下，日均供暖费用保持在 2 元左右的水平，房间温度基本可以满足农村地区供暖需求。

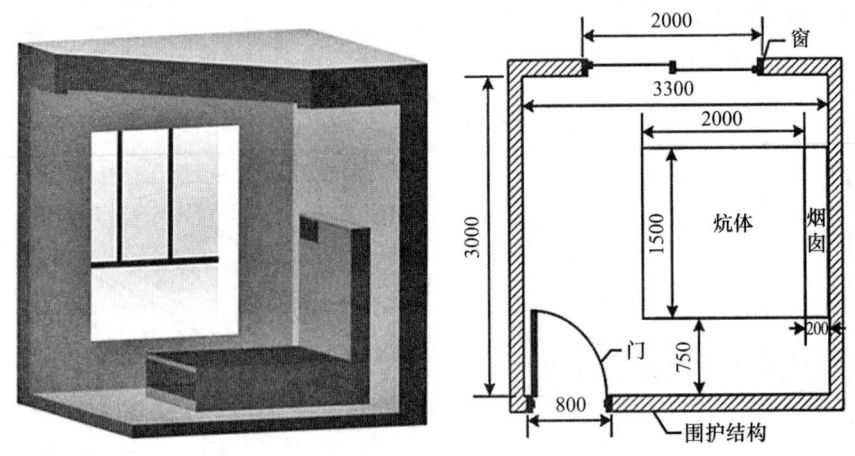

图 5-14 清洁供暖炕系统实验平台

5.4.8 地道风降温系统

地道风降温系统是利用人工或者已存在地道的冷却空气，通过机械送风或者诱导式通风系统送至地面上建筑物，达到室内空气降温的目的，系统相当于一台空气—土壤热交换器，利用土壤层储存的天然冷源降低建筑物的冷负荷，改善室内热环境，由于系统简单且节省能量而引起人们的重视。该系统初期主要应用于影剧院、礼堂和工业厂房等公共建筑，使用已建成的地下工程（如城市人防工程、防空洞）提供冷风，具有工程造价低、节能效益显著的优点。目前，已推广应用在多种类型建筑。农村居住建筑分散独立，冷负荷小，不需要布置大规模换热系统，具备应用条件。

地道风降温系统可分为土建地道降温系统和埋管地道降温系统，二者的主要区别为是否会产生地下水渗透。土建地道主要指用砖砌或混凝土浇筑的风道，也包括预制的混凝土管，均无法完全隔绝地下水渗透；埋管地道主要指将不锈钢管道、PVC 管道等埋入挖好的地下坑道中，空气在管道中流动，不直接与土壤接触，可以很好地隔绝地下水渗透。地道风降温系统根据进风口设置位置的不同，还可以分为全新风型（进风口设在室外）、全回风型（进风口设在室内）、混合风型（室外和室内均设有进风口），如图 5-15 所示。可参考的设计依据有现行行业标准《地道风建筑降温技术规程》CECS 340。

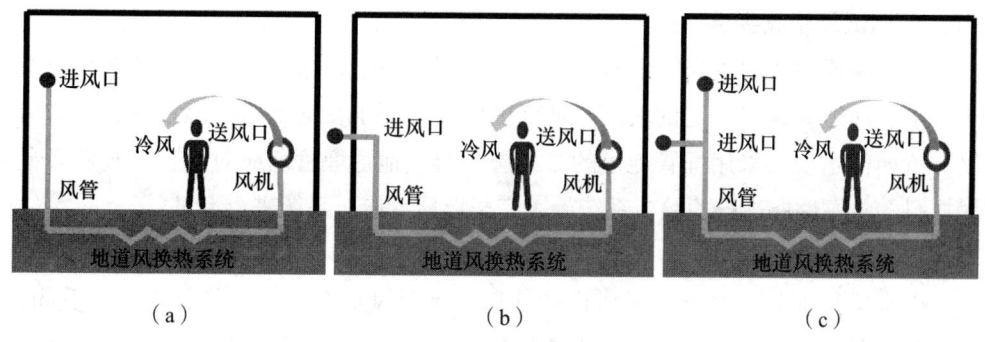

图 5-15 地道风降温系统

（a）全回风型；（b）全新风型；（c）混合风型

1. 系统设计要点

对于新建建筑，采用地道风降温系统时，宜结合土建结构进行一体化设计；对于既有建筑，地道风降温系统应避开建筑桩基和其他重要结构部件，严禁影响建筑主体结构；不应在上方存在荷载的情况下或有高大乔木的 3m 范围内开挖地道，确有荷载时，应对结构安全进行计算分析。

土建地道轴心深度宜为 2～6m，不得低于当地地下水水位；地道走向宜采用一次回转的 U 形布置；当采用多次回转的 S 形布置时，相邻地道管壁之间的间距应大于地道截面当量直径的 2 倍。

室内设计温度、送风口设计温度、土壤计算温度、地道长度和地道换热面积等参数依据现行行业标准《地道风建筑降温技术规程》CECS 340 的有关规定；室外计算温度、送风量依据现行国家标准《民用建筑供暖通风与空气调节设计规范》GB 50736 的有关规定。

土建地道的防水设计应达到地下工程防水等级的三级标准，并宜加一层防水抹面；地道应具有一定坡度，坡向进风口方向并应大于 0.01，在坡度最低处设置储水坑，并设置定期人工排水装置或自动排水泵。

进风口距离地面的高度不宜小于 1m，进风口宜选取在不易被污染的北向阴凉区域；进风口应做好防雨、防尘、防虫措施，并设置方便拆洗、维修、更换的粗效过滤装置。地道风的风机宜采用可双向运转的轴流风机，风机不宜设置在地道内，可设置在地道尽头向上拐弯进入室内的地上部分处，在室内设置手动的风量调节装置。

2. 施工安装要点

地道内的风阀、其他活动部件、固定件以及紧固件均应进行镀锌或做其他防腐处理；进风口应保持清洁，进风口下方应有照明，施工完毕后应以最大风量对地道进行反向吹扫，并在进风口进行人工清扫，清扫完毕后应在进风口安装防虫网。回填时应用细土回填密实缝隙并浇水，待 48h 自然沉降后进行回填。

3. 调试及验收要点

土建地道的壁面应光滑平整，不应存在凹凸不平，储水坑以外、管壁底部不应积水；地道应具有一定的坡度，坡度能保证冷凝水在地道风降温系统运行的情况下流向储水坑。采用埋管地道的方式施工时，地道埋管前应对管材、阀件等金属材料的防腐性能进行检验；系统施工完毕以后，应对系统进行调试。

4. 运行维护要点

正常运行期间，对有旁通风道的地道，旁通风道在正常运行状态下应关闭，地道每个月吹扫 1 次，并排除储水坑的积水。地道吹扫应符合以下要求：正常运行期间的定期吹扫，应关闭室内风口，开启旁通风道，进行 3h 以上最大风量情况下的通风吹扫；长期停止使用后，下一个正常运行期开始前，应进行吹扫。应在地道使用前进行灭虫、灭鼠和消毒处理，处理完毕后再进行连续 6h 以上的最大风量下的通风吹扫；对没有旁通风道，采用轴流风机的系统，应使风机逆向运转，从室内吸入空气，从进风口排风，进行上述通风吹扫操作；供冷期结束后，应进行 2h 反向通风或旁通吹扫，并关闭进、出风口。在冬季室外空气干燥时，可重复一次上述操作。

5.5 给水排水与电气节能技术

5.5.1 太阳能热水系统

1. 太阳能光热热水系统

该系统是以太阳能集热器为核心部件，并集成给水供水管路及自控装置，将太阳能转化为热能的可再生能源加热系统。太阳能热水器按结构形式分为真空管式和平板式，当前农村地区以真空管式太阳能热水器为主。真空管式太阳能热水器由集热管、储水箱及支架等相关零配件组成，把太阳能转换成热能主要依靠真空集热管，而真空集热管利用热水上浮、冷水下沉的原理，使水产生微循环而得到所需热水，储存在水箱里。具体应用如图 5-16 所示。

农村居住建筑高度低，屋面开阔，周边建筑不易形成遮挡，具有良好的太阳能设施应用条件。近年来太阳能热水器安装成本逐年降低，易被村民接受。系统普遍集成了控制器，具备温度监控、自动上水、电辅助加热等功能，使用便捷。全国多个地区实施了天然气村村通工程，部分农村居住建筑具备天然气使用条件，也可以采用燃气热水器作为辅助热源。

根据《中国农村统计年鉴》，陕西省农村太阳能热水器拥有率最高达到了41.20 台 / 百户。因此可以看到，太阳能热水系统在部分农村地区已经得到了广泛应用。但也存在一定问题，比如太阳能集热器安装在屋面，使用时必须先放较大量的冷水才能出热水，浪费水资源；寒冷地区昼夜温差大，会出现真空管、水箱或者供回水管被冻裂的现象；冬天太阳辐射能小，整体加热效果一般等。

 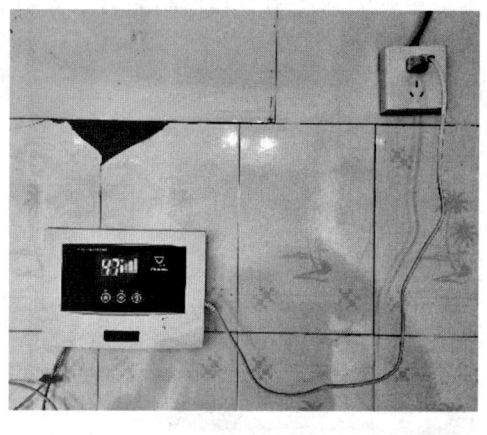

（a）　　　　　　　　　　　　　　　（b）

图 5-16　太阳能热水系统在农村地区应用案例
（a）太阳能集热器；（b）太阳能热水系统控制器

太阳能热水系统应与新建建筑主体同步设计、同步施工，重点应考虑热媒传输系统的合理设置，降低维护成本。设计、施工安装及调试验收应符合现行国家标准《家用太阳能热水系统技术条件》GB/T 19141、《家用太阳能热水系统应用设计、安装及验收技术规范》GB/T 34377 的规定。宜选用紧凑式直接加热自然循环的家用太阳能热水系统，当选用分离式或间接式家用太阳能热水系统时，应缩短太阳能集热器与储热水箱之间的管路长度，并应采取保温措施；辅助热源宜与供暖或炊事系统相结合，充分利用各种可再生能源。

2. 太阳能光伏热水系统

太阳能光伏热水系统的核心部件为光伏板和光伏电热水器，是储水式电热水器与太阳能光伏组件的有机结合，以光伏板吸收光能产生直流电，自适应匹配实时电压，最大限度利用太阳能，无逆变损耗，直接对储水箱进行直流电加热。虽然该系统单位面积的太阳能与热能之间的转化率较低，但系统形式和管路结构简单，而农村居住建筑的屋面可利用空间大，因此在农村同样具备良好的适用性。相比于太阳能光热热水系统，太阳能光伏热水系统有以下特点：

太阳能光伏组件和热水器之间仅需电缆连接，因此热水器的安装位置具有较大的选择空间，可安装在浴室、厨房等室内空间，不必担心冬天管道或设备被冻伤的问题，不存在水管的"跑、冒、滴、漏"等问题，极大地缩短了热水器到用热末端的距离，减少了管路先排放掉的冷水量，避免了水资源的较大浪费，安装和运行维护也更加简单，适宜以老人为常住人口的农村家庭应用。

室外设备主要为光伏板，储水箱和热水管路均安装在室内，不受冬季低温环境影响，热量损失小，水管路不需要专门的防冻保护，同时热水器还可配备交流电加热系统进行辅助加热，实现全天候热水供应，由于采用电加热方式，因此系统具备更好的水温调节和控制能力。太阳能光伏电热水器及热水系统原理如图 5-17 所示。

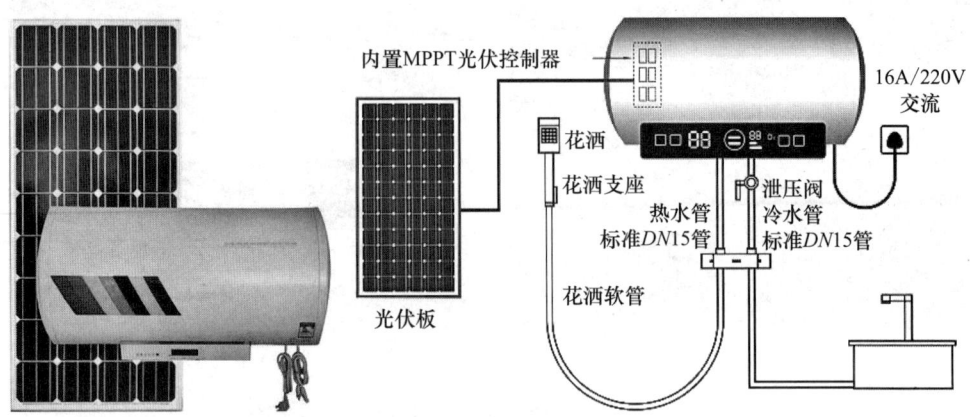

内置MPPT光伏控制器　16A/220V 交流　花洒　花洒支座　热水管 标准DN15管　泄压阀 冷水管 标准DN15管　光伏板　花洒软管

图 5-17　太阳能光伏电热水器及热水系统原理

太阳能光伏热水系统主要包括光伏发电系统和电热水器。光伏发电系统的设计、施工安装、调试及验收、运行维护等见 5.5.2 节。电热水器应符合现行标准《储水式电热水器》GB/T 20289、《民用建筑光伏直驱热水系统技术标准》T/CABEE 078 的规定；电热水器能效应符合现行国家标准《储水式电热水器能效限定值及能效等级》GB 21519 的规定；电热水器的施工安装、调试及验收、运行维护应符合现行国家标准《电热水器的安装规范》GB 20429 的规定。

3. 系统设计要点

太阳能热水系统应根据不同地区气候条件、使用环境和集热系统类型采取防冻、防过热、防热水渗漏、防雷、防雹、抗风、抗震和保证电气安全等技术措施。安全性能是太阳能光热热水系统各项技术性能中最重要的一项，内置加热系统必须带有保证使用安全的装置。寒冷地区冬季气温低，安装在室外的集热系统可能发生冻结。即使考虑了系统的全年综合利用，也可能因其他偶发因素，如长时间外出等造成用热负荷大幅度减少，从而发生系统过热现象。因此，应在太阳能集热系统中设置防过热安全防护措施和防冻措施。

可靠性能强调了太阳能光热热水系统应有适应各种自然条件的能力，强风、冰雹、雷击、地震等恶劣自然条件也可能对室外安装的太阳能集热系统造成破坏，如果用电作为辅助热源，还会有电气安全问题，所有这些可能危及人身安全的因素，都必须在设计之初就认真对待，设置相应的技术措施加以防范，可参考现行国家标准《民用建筑太阳能热水系统应用技术标准》GB 50364。

太阳能集热器是太阳能光热热水系统中的关键设备，其性能、质量直接影响着系统的效益。在进行系统设计时，应根据生产企业提供的太阳能集热器全性能检测报告作为评价依据。此外，工作寿命将直接影响系统的费效比，使用寿命长则对应的费效比低，才能提高太阳能光热热水系统的竞争力。根据国家标准《建筑节能与可再生能源利用通用规范》GB 55015—2021，太阳能集热器设计使用寿命应高于 15 年。太阳能热水系统应合理设置储热装置，以保证热量的收集和利用。

5.5.2　分布式光伏发电系统

为实现"双碳"目标，必须强化太阳能等清洁可再生能源在建筑中的推广应用力度。太阳能光伏发电系统是实现我国实现"双碳"目标的重要技术措施，应鼓励安装太阳能光伏系统。农村居住建筑具备良好的安装条件和接收太阳辐射条件，可较为方便地在坡屋顶的向阳面或者平屋顶上布置太阳能光伏板，与建筑一体化设计的融合程度较高，在条件适宜的农村地区，可选择采用太阳能光伏一体化屋面，多余的电量利用蓄电池储存或者接入电网，通过光伏发电为家庭提供部分日常用电。

农村居民可根据当地的光伏政策，选择直接并网发电模式或者蓄电池储能的独立发电模式。目前，分布式光伏发电系统，特别是太阳能光伏与建筑一体化发电系统，由于投资小、建设快、占地面积小、政策支持力度大等优点，已经发展为并网光伏发电的主流模式。按照现行国家无补贴政策的上网电价计算（不考虑地方政策补贴），农村居住建筑投资 5kW 的光伏发电系统，静态回收期在 5 年左右，如果是纳入国家可再生能源电价附加资金补助目录的村级光伏电站（包含联村电站），静态投资回收期可缩短为 4 年左右。图 5-18 为分布式光伏发电系统在农村地区应用案例，可选用常规 BAPV 系统（建筑上安装的光伏发电系统），安装晶硅电池，也可以选用 BIPV 系统（光伏与建筑一体化系统），采用发电瓦片等。

（a）　　　　　　　　　（b）　　　　　　　　　（c）

图 5-18　分布式光伏发电系统在农村地区应用案例
（a）坡屋面光伏；（b）平屋面光伏；（c）光伏与建筑一体化

1. 系统设计要点

光伏发电系统应根据所在地的资源条件、气候特点、建筑形式、实际需求和系统适用性进行综合设计；在新建建筑上安装光伏系统，应考虑设备荷载及对结构安全性的影响，太阳能建筑一体化应用系统的设计应与建筑设计同步完成，建筑物上安装光伏发电系统不得降低相邻建筑的日照标准。此外，设计应符合建筑构件的各项物理性能要求，并根据不同地区气候条件和使用环境，采取相应的防冰雪、防雹、防雷、防火、抗风、抗震等安全技术措施。

根据《建筑节能与可再生能源利用通用规范》GB 55015—2021，光伏组件在正常条件下的设计使用寿命不低于 25 年，系统中多晶硅、单晶硅、薄膜电池组件，从系统运行之日起，一年内的衰减率应分别低于 2.5%、3%、5%，之后每年衰减应低于 0.7%。既规定了光伏电池组件的设计使用寿命，又针对各类光伏电池组件的自身特点，规定了不同的"衰减率"。

在平屋面上安装光伏组件，宜按最佳倾角进行设计；当光伏组件安装倾角小于 10° 时，应设置维修、人工清洗的设施与通道；光伏组件支架基座下部应增设附加防水层；对直接构成建筑屋面层的建材类光伏构件，安装基层还应具有一定的刚度；光伏组件周围屋面、检修通道、屋面出入口和光伏方阵之间的人行通道上部应铺设保护层；寒冷地区建筑屋面上安装光伏组件时，应设置人工清雪通道。

在坡屋面上安装光伏组件，宜采用顺坡架空安装方式；建材类光伏构件（如光伏发电瓦片）与周围屋面材料连接部位应做好建筑构造处理，并应满足屋面整体的保温、防水等功能要求；顺坡支架安装的光伏组件与屋面之间的垂直距离，应满足安装和通风散热间隙的要求。

设置光伏发电系统的建筑应采取防雷措施，其防雷等级划分及防雷措施应按现行国家标准《建筑物防雷设计规范》GB 50057 及《农村民居雷电防护工程技术规范》GB 50952 的相关规定执行；光伏发电系统的接地装置宜与电气系统接地装置合用，其接地电阻值应采用各电气系统接地最小值；独立设置的光伏发电系统引下线数量不应少于两根，引下线的冲击接地电阻不应大于 30Ω；屋面设置的光伏支架等屋面金属物应与屋面上的接闪器或引下线做等电位连接；光伏方阵接地必须形成闭环回路，以保证支架系统的任何两点之间等电位；既有建筑应对原有防雷和接地进行检测，必要时进行改造。

2. 施工安装要点

安装光伏发电系统时，应制定详细的施工流程与操作方案，应选择易于施工、维护的作业方式，应对已完成土建工程的部位采取保护措施。安装人员应采取防触电措施，并应穿绝缘鞋、戴低压绝缘手套、使用绝缘工具；当光伏发电系统安装位置上空有架空电线时，应采取保护和隔离措施；不应在雨、雪、大风天作业。

光伏发电系统的产品和部件在存放、搬运和吊装过程中不得碰撞受损；吊装光伏组件时，光伏组件底部应衬垫木，背面不得受到碰撞和重压；在安装时，光伏组件表面应铺遮光板遮挡阳光，以防止电击危险；光伏组件的输出电缆不得非正常短路；不得在有负荷或能形成低阻回路的情况下接通或断开正负极；连接完成或部分完成的光伏发电系统，遇有光伏组件破裂的情况应及时采取限制接近的措施，并应由专业人员处置；不得局部遮挡光伏组件，避免产生热斑效应；在坡度大于 10° 的坡屋面上安装施工，应采取专用踏脚板等安全措施。

光伏组件支架的安装和焊接应符合现行国家标准《钢结构工程施工质量验收标准》GB 50205 的要求；光伏组件支架应按设计要求安装在主体结构上，与主体结构固定牢靠；固定支架前应根据现场安装条件采取合理的抗风措施；光伏组件支架应与建筑物接地系统可靠连接；支架焊接完毕，应做防腐处理。

3. 调试及验收

光伏发电系统验收应符合现行国家标准《光伏与建筑一体化发电系统验收规范》GB/T 37655 的规定。

光伏组件支架外观验收应符合以下要求：光伏组件支架的钢材表面不得有裂纹、结疤、折叠、麻纹、气泡和杂质，不得有锈蚀、麻点、划伤、压痕等；光伏组件支架钢材端口处不得有分层、夹渣等缺陷；光伏组件支架镀锌层表面应平滑；在可能影响热镀锌工件的使用或耐腐蚀性能的部位不应有锌瘤和锌灰。光伏组件阵列的调试与验收应符合以下要求：检查各直流连接电缆，确保电缆无短路和破损；检查光伏组件直流开路电压，确保开路电压在设计值范围内；检查光伏组件电压正负极连接是否正确。

光伏发电系统防雷验收应符合以下要求：光伏发电系统接地装置与屋顶建筑防雷接地网的连接应牢固可靠；铝型材连接需刺破外层氧化膜；当采用焊接连接时，焊接质量符合要求，不应出现错位、平行和扭曲等现象，焊接点应做好防腐防锈处理；不应踩踏光伏组件，导轨支架、电缆桥架等系统设备或其他方式借力于光伏组件和支架，清洁设备对光伏组件的冲击压力应控制在一定范围内，避免不当受力引起隐裂。

4. 运行维护要点

光伏组件阵列与建筑物结合部分应符合现行行业标准《光伏建筑一体化系统运行与维护规范》JGJ/T 264 的规定；光伏发电系统的运行与维护人员应具备相应的专业技能，熟悉运行与维护管理规程，并经过运行与维护操作技能的专业培训。

光伏组件的运行与维护应符合以下要求：为了避免光伏组件对人身造成电击伤害，防止光伏组件发生热斑效应，维护人员应在太阳辐照度低于 $200W/m^2$ 的情况下清洁光伏组件，一般选择在早晨或者下午较晚的时候进行光伏组件的清洁工作。

光伏组件表面缺陷检查应符合以下要求：若光伏组件存在玻璃破碎，光伏组件背板存在灼焦现象，应立即更换；如光伏组件周围存在遮挡，应及时处理；若光伏组件内部存在与光伏组件边缘形成连通通道的气泡或者背板存在鼓包现象，应对该光伏组件进行电性能及绝缘耐压测试；若光伏组件背板存在划伤，应及时处理，可用密封硅胶涂抹密封。

电气设备的运行维护应符合以下要求：对并网逆变器进行感官检查，若发现异常，应用验电笔、万用表、接地电阻测试仪等进行检修维护；检查并网逆变器运行参数，电压、电流、温度等参数是否符合并网逆变器技术说明要求；检查固定螺栓防腐、防锈处理是否符合长期运行要求，检查散热片有无遮挡及灰尘脏污；箱体破损或者箱内凝雾，应及时清扫处理内部结霜，采取防水措施。

5.5.3　电气设备与照明节能技术

1. 电气设备节能

应合理选择损耗低、能效高、经济合理的节能型电气产品，严禁使用已被淘汰的电气产品。应用的家用电器宜选择达到能效标识2级以上等级的节能产品。对全装修的建筑，若建设单位配置家用电器，产品宜选用满足能效标识2级及以上的节能型产品；若用户自行配置家用电器，也指导推荐选用节能型产品。

2. 照明节能

走廊、门厅、楼梯间等场所的照明应采取节能控制措施，采用双控开关、延时自熄开关、照度调节开关等。照明光源、镇流器、LED模块控制装置及配电变压器的能效等级不应低于国家能效标准规定的3级，条件允许时应尽可能选择能效标识2级以上等级的照明产品。

提高产品的能源利用效率是照明节能的基础手段，应选用光效高、光色好、寿命长的光源，如T5细管径荧光灯、紧凑型荧光灯、LED灯等。对于全装修的建筑，各主要功能房间的照明功率密度应符合《建筑照明设计标准》GB/T 50034—2024的规定，见表5-5。当房间的室形指数值小于或等于1时，其照明功率密度限值可增加，但增加值不应超过限值的20%；当房间的照明标准值提高或降低一级时，其照明功率密度应按比例提高或折减。

全装修农村居住建筑每户照明功率密度限值　　　　　　表5-5

房间	照度标准值（lx）	照明功率密度限值（W/m²）
起居室	100	≤ 4.0
卧室	75	

续表

房间	照度标准值（lx）	照明功率密度限值（W/m²）
餐厅	150	
厨房	100	≤ 4.0
卫生间	100	

5.5.4 给水排水节能与雨水回用技术

1. 给水排水系统节能

给水排水系统应采用节水器具，禁止使用已被淘汰的用水设备及器具。全装修的宜采用用水效率等级达到 2 级的卫生器具。节水型器具应满足现行国家标准《节水型卫生洁具》GB/T 31436、《节水型产品通用技术条件》GB/T 18870 的要求。卫生器具的用水效率评价等级划分为 3 个级别：1 级为高效节水型器具，2 级为节水型器具，3 级属于市场准入的节水型器具。为加强节约用水，推广节水器具，推荐采用用水效率等级达到 2 级的卫生器具。

给水排水系统应使用耐腐蚀、耐久性能好的管材、管件和阀门，减少管道系统的漏损。降低给水管网漏损还应从管网规划、管材选择、施工质量控制、运行压力控制、日常维护和更新、漏损检测和及时修复等多方面来控制。

生活热水系统应优先选用太阳能、空气源热泵等清洁能源利用方式。当采用空气源热泵制备生活热水时，其名义制热工况和规定条件下性能系数（*COP*）不应低于现行国家标准《建筑节能与可再生能源利用通用规范》GB 55015 的规定。当采用电热水器作为生活热水热源时，其能效指标应符合《储水式电热水器能效限定值及能效等级》GB 21519—2008 规定的 2 级能效。

2. 雨水回收利用

寒冷地区的水资源并不充分。2014 年，大自然保护协会（TNC）、C40 世界大都市气候先导集团和国际水资源协会共同发布的《城市水蓝图》指出，由于人口增长、气候变化和环境恶化，我国 17 个主要城市面临前所未有的严重水污染压力和缺水压力。因此，节约使用水资源，加强非传统水源利用，是实现农村绿色低碳发展的重要途径之一。在保证给水排水安全的基础上，充分实现雨水回用，并合理利用场地空间设置绿色雨水回用基础设施。

雨水回收利用是指通过设置雨水收集储存设施和处理设施，对雨水进行收集、处理，作为绿化灌溉、冲厕等杂用水。农村地区雨水集蓄利用历史悠久，特别是对于水资源不充足的西北干旱和半干旱地区，雨水是唯一有潜力的水资源，应当充分利用。早期，我国农村地区创造了水窖、水池等小型和微型蓄水形式。

农村居住建筑具有良好的雨水收集利用条件，以屋面雨水收集为主。一方面，可以在院落内或者建筑周边修建雨水回收设施；另一方面，可以在院落设置雨水收集罐，并在罐口设置简易的过滤装置，罐体下方设置取水口，雨水收集罐的形式简单，使用方便，更具有推广利用价值。长时间使用后，对罐体内部进行清洗即可，收集的雨水可用于生活杂用水和灌溉。

5.6 总结

本章梳理了我国农村建筑节能与清洁供暖政策要点、各地区清洁供暖工作方案的技术路线与资金补贴方式，分析了当前农村地区清洁供暖的实施效果，提出了农村清洁供暖技术路线和设计要点，总结了适宜的清洁能源利用技术措施、给水排水与电气节能技术措施。主要结论有：

（1）北方地区先后有多个城市入选冬季清洁供暖试点城市，各地区自2018年以来相继实施农村清洁供暖，大气环境质量改善明显。当前仍面临的主要问题是，农村居住建筑保温效果普遍较差，"煤改电""煤改气"后的供暖效果不佳且成本增加明显，部分地区清洁供暖设施使用率低。确定适宜改造范围、加强围护结构节能改造提升，降低供暖用能需求，是有效推广农村清洁供暖的重要前提。

（2）提出以"节流—开源—增效"为技术理念的需求侧、能源侧、用能侧同步治理的清洁供暖策略。需求侧节流，通过围护结构热工性能提升降低实际供暖需求；能源侧开源，因地制宜选择适宜的清洁高效供暖形式，充分利用可再生能源；用能侧增效，采用分室间歇供暖运行策略、"全室＋局部"供暖系统布局方式和选用高效热源，在保障热舒适性的同时，提高能源利用效率。

（3）分室间歇供暖模式下，农村居住建筑宜采用高效热源，结合热源方式采用具有快速升温能力的供暖方式，例如以散热器、风机盘管为末端的供暖方式，以及生物质炉热风供暖、低环境温度空气源热泵热风机供暖等；供暖系统应设置手动分室调控装置，便于操作，并应设置温度自动控制装置。

（4）寒冷地区农村居住建筑清洁供暖方式应根据当地农村居住建筑节能水平、能源资源供给条件、农村居民经济承受能力、财政支持力度等因素综合确定，可选择的清洁供暖系统有：燃气炉供暖系统、地源热泵供暖系统、空气源热泵供暖系统、电加热供暖系统、生物质能供暖系统和基于太阳能光热利用或光伏利用的供暖系统，优先发展可再生能源供暖和"煤改电"供暖方式。

（5）基于全生命周期使用成本分析的农村清洁供暖系统设计要点：

1）从房间类型来看，农村居住建筑的常住人房间数量少但供暖时间长，供暖耗热量指标高，应尽量降低其运行能耗和运行费用指标，可适当增加清洁供暖设备投资，从而降低全生命周期的使用成本；而非常住人房间数量多但供暖时间短，供暖耗热量指标低，应尽量降低其清洁供暖设备投资，可适当增加运行能耗和运行费用指标，从而降低全生命周期的使用成本。

2）从节能水平来看，既有农村居住建筑的围护结构热工性能差，供暖耗热量指标高，而执行节能标准的农村居住建筑供暖耗热量指标显著降低。因此，对既有农村居住建筑应尽量降低其运行能耗和运行费用指标，可适当增加清洁供暖设备投资，从而降低全生命周期的使用成本；而对于执行节能标准的农村居住建筑，应尽量降低其清洁供暖设备投资，可适当增加运行能耗和费用指标，从而降低全生命周期的使用成本。

本章参考文献

［1］陕西省生态环境保护督察工作领导小组办公室. 咸阳市农村清洁取暖落实难［A/OL］.（2023-05-25）［2024-08-15］. http://www.shaanxi.gov.cn/xw/ztzl/zxzt/sthbdczgjxs/202305/t20230525_2287614_wap.html.

［2］河南监管局：北方地区冬季清洁取暖存在五方面问题应予以重视解决［A/OL］.（2021-12-24）［2024-08-15］. http://ha.mof.gov.cn/dcyj/202112/t20211223_3777489.htm.

［3］LUO X, LEI S, YU C W, et al. Thermal performance of a novel heating bed system integrated with a stack effect tunnel: [J]. Indoor and Built Environment, 2020, 29 (9): 1316-1328.

第6章　寒冷地区农村居住建筑节能设计指标

本章对国内标准中居住建筑供暖能耗计算方法和节能设计指标进行梳理总结，结合农村调研现状，分析了寒冷地区农村居住建筑室内设计参数，提出了适用于寒冷地区农村居住建筑分室间歇供暖特点的供暖能耗计算方法和供暖房间内围护结构保温策略，测算了寒冷地区农村居住建筑在不同节能水平下的供暖能耗。围绕清洁供暖和绿色低碳乡村建设愿景，研究了寒冷地区农村居住建筑节能设计指标，提出了农村超低能耗居住建筑定义、设计方法及节能设计指标，提出了寒冷地区农村居住建筑运行阶段碳排放计算方法，测算了寒冷地区农村居住建筑在不同节能水平下的碳排放。

6.1　农村建筑节能设计指标总结

6.1.1　农村建筑节能与清洁供暖规范总结

针对河北、山东、河南等清洁供暖重点地区，以及行业、团体编制的农村居住建筑节能设计、清洁供暖相关的标准规范、技术指南等进行梳理和总结。标准及技术指南名录具体如下，主要内容汇总见附录4。

（1）《严寒和寒冷地区农村住房节能技术导则》；

（2）《陕西省农村建筑节能技术导则》；

（3）《农村单体居住建筑节能设计标准》CECS 332—2012；

（4）《农村居住建筑节能设计标准》GB/T 50824—2013；

（5）《西安地区农村居住建筑节能技术规范》DBJ61/T 91—2014；

（6）宁夏回族自治区《农村住宅节能设计标准》DB64/1068—2015；

（7）河北省《农村居住建筑节能技术标准》DB13（J）/T 174—2014；

（8）河北省《农村住宅设计标准》DB13（J）/T 8328—2019；

（9）《河北省村庄建筑导则》；

（10）《河北省绿色农房建设与节能改造技术指南》；

（11）《河北省农村住房建筑设计构造》；

（12）《村镇建筑清洁供暖技术规程》T/CECS 614—2019；

（13）河北省《农村低能耗居住建筑节能设计标准》DB13（J）/T 8374—2020；

（14）《超低能耗农宅技术规程》T/CECS 739—2020；

（15）《严寒和寒冷地区农村居住建筑节能改造技术规程》T/CECS 741—2020；

（16）山西省《农村宅基地自建住房技术指南（标准）》DBJ04/T 416—2020；

（17）《山东省农村既有居住建筑围护结构节能改造技术导则（试行）》JD14—046—2019；

（18）《村镇建筑清洁供暖技术规范》NB/T 10772—2021；

（19）《河南省农村住房建设技术标准》DBJ41/T 252—2021；

（20）山东省《绿色农房建设技术标准》DB37/T 5173—2021；

（21）新疆维吾尔自治区《农村居住建筑节能设计标准（试行）》XJJ/T 091—2018；

（22）《农村居住建筑节能设计标准》GB/T 50824（局部修订征求意见稿）；

（23）《寒冷地区农村居住建筑节能设计标准》T/CECA 20039—2023；

（24）陕西省《农村超低能耗居住建筑技术标准》（征求意见稿）。

6.1.2 农村建筑节能设计标准发展趋势

（1）建筑节能设计指标越来越高。从早期的《严寒和寒冷地区农村住房节能技术导则》《农村居住建筑节能设计标准》GB/T 50824—2013 到近几年的河北省《农村低能耗居住建筑节能设计标准》DB13（J）/T 8374—2020、《超低能耗农宅技术规程》T/CECS 739—2020，农村居住建筑围护结构节能设计指标越来越严格，节能率越来越高，国家标准《农村居住建筑节能设计标准》GB/T 50824—2013 要求寒冷地区农村居住建筑节能率在 50% 左右，团体标准《超低能耗农宅技术规程》T/CECS 739—2020 要求寒冷地区农村居住建筑节能率为 75%，河北省《农村低能耗居住建筑节能设计标准》DB13（J）/T 8374—2020 要求寒冷地区农村居住建筑节能率达到 80%。

（2）冬季供暖室内设计温度越来越高。《农村居住建筑节能设计标准》GB/T 50824—2013 规定寒冷地区室内设计温度为 14℃。2023 年 8 月发布的《农村居住建筑节能设计标准》（局部修订征求意见稿），将冬季室内设计温度提升至 18℃。近年来实施的河北省《农村住宅设计标准》DB13（J）/T 8328—2019 和《农村低能耗居住建筑节能设计标准》DB13（J）/T 8374—2020、陕西省《农村居住建筑设计技术标准》DB61/T 5066—2023 以及团体标准《寒冷地区农村居住建筑节能设计标准》T/CECA 20039—2023 等均将冬季供暖室内设计温度提高至 18℃。

（3）能源利用高效化和清洁化程度越来越高。《农村居住建筑节能设计标准》GB/T 50824—2013 规定，寒冷地区农村居住建筑应合理选用火炕、火墙火炉、热水供暖系统等供暖方式，该标准未对供暖设备能效进行限定，也未限定必须采用清洁能源；而 2023 年发布的《农村居住建筑节能设计标准》（局部修订征求意见稿）、《寒冷地区农村居住建筑节能设计标准》T/CECA 20039—2023 均规定，寒冷地区农村居住建筑应选择清洁供暖方式，宜优先利用可再生能源，供暖设备和产品宜选用2级能效以上产品。

6.2 农村建筑室外计算参数及室内设计参数

6.2.1 室外计算温度

室外计算温度可用于农村居住建筑负荷计算、供暖设备选型等。《民用建筑供暖通风与空气调节设计规范》GB 50736—2012规定，主要城市的室外空气计算参数应按该规范附录A采用，附录A未列入的城市的供暖室外计算温度采用历年平均不保证5d的日平均温度。连续供暖时，这样的供暖室外计算温度一般不会影响民用建筑的供暖效果。

如图6-1所示，农村与城镇地区的室外热环境有着明显的不同，城镇民用建筑用能密度高，普遍存在城市热岛现象，而农村地区建筑密度和规模较小，受室外风影响明显，并且建筑周边存在大量绿化，基本无热岛现象。另外，农村居住建筑普遍采用间歇供暖模式，而非连续供暖，常住人房间的室内热负荷受室外环境温度影响明显，室外计算温度取值对热负荷影响较大。

图6-1 农村与城市室外热环境差异

（1）根据水平位置修正。农村居住建筑室外计算温度应区别于城市，可在当前完善的城镇居住建筑室外计算温度的基础上适当降低。参考行业标准《村镇建筑清洁供暖技术规范》NB/T 10772—2021的相关规定，在《民用建筑供暖通风与空气调节设计规范》GB 50736—2012的基础上对寒冷地区室外计算温度进行修正，修正值为−3℃。修正后参数仅供负荷计算及设备选型时参考。

（2）根据高度位置修正。部分农村居住建筑远离城市，位于山地和坡地上，此类建筑的室外计算温度还应考虑海拔高度的影响。通常情况下，海拔越高，则室外温度越低。根据相关研究，对流层内海拔高度每升高100m，则室外温度降低约0.65℃。因此，可根据建设地点的实际海拔高度与《民用建筑供暖通风与空气调节设计规范》GB 50736—2012 附录 A 中工程所在地的站点高度差值，对当地的室外计算温度进行修正。

6.2.2 室内设计温度

本书附录 4 中总结了不同标准规定的寒冷地区农村居住建筑冬季室内设计温度和房间换气次数。《农村居住建筑节能设计标准》GB/T 50824—2013 规定寒冷地区室内设计温度为 14℃（本参数为建筑节能设计参数，而非供暖设计室内设计参数；冬季室内设计温度对围护结构的热工性能指标的确定有重要影响），该值是基于"十一五"期间对农村基本现状的调研总结而确定的。当时的调查与测试结果表明，寒冷地区冬季大部分农村卧室和起居室温度为 5~13℃，超过 80% 的农村居民认为冬季较舒适的供暖温度为 13~16℃。

2023 年 8 月发布的《农村居住建筑节能设计标准》（局部修订征求意见稿）已经将寒冷地区冬季室内设计温度提升至 18℃。同时，近几年发布的与农村建筑节能相关的地方标准和团体标准，均已经将寒冷地区农村居住建筑室内设计温度提升至 18℃。

与农村居民对美好生活的追求一致，考虑到以人为本，在《农村居住建筑节能设计标准》GB/T 50824—2013 的基础上应适当提高室内设计温度，与《民用建筑供暖通风与空气调节设计规范》GB 50736—2012 保持一致，寒冷地区农村冬季供暖室内设计温度按 18℃考虑。同时考虑冬季防冻要求，厨房、卫生间等非供暖房间的室内设计温度不应低于 5℃，采用节能设计后，通过邻室传热和建筑蓄热等方式一般可保障这些房间温度在 5℃以上。

6.2.3 房间换气次数

房间换气次数同样是室内热环境的重要指标之一。国家标准《农村居住建筑节能设计标准》GB/T 50824—2013、河北省《农村低能耗居住建筑节能设计标准》DB13（J）/T 8374—2020、团体标准《寒冷地区农村居住建筑节能设计标准》T/CECA 20039—2023 等，普遍规定寒冷地区房间换气次数为 $0.5h^{-1}$。《建筑节能与可再生能源利用通用规范》GB 55015—2021 也规定寒冷地区房间换气次数为 $0.5h^{-1}$。

根据《农村居住建筑节能设计标准》GB/T 50824—2013 测算，如果门窗气密性等级达到《建筑外门窗气密、水密、抗风压性能检测方法》GB/T 7106—2019 规定的 4 级，门窗关闭时，房间换气次数基本维持在 $0.5h^{-1}$ 左右。

根据《民用建筑供暖通风与空气调节设计规范》GB 50736—2012 的规定，居住建筑的换气次数取值与人均居住面积有关。根据《2020 年城乡建设统计年鉴》，陕西省农村人均居住面积为 46m²/人。按《民用建筑供暖通风与空气调节设计规范》GB 50736—2012 第 3.0.6 条规定，当 $20m^2 <$ 人均居住面积 $\leqslant 50m^2$ 时，居住建筑最小换气次数为 $0.5h^{-1}$，当前标准要求的数值均能够满足该限值。

因此，借鉴当前居住建筑节能设计标准的规定，并结合测算与分析结果，寒冷地区农村居住建筑房间换气次数取 $0.5h^{-1}$。

6.3 农村居住建筑供暖能耗计算方法

6.3.1 发展背景

《城乡建设领域碳达峰实施方案》要求，制定和完善农村建筑建设相关标准，并在北方地区冬季清洁供暖项目中推进农村建筑节能改造，提高常住房间舒适性，改造后实现整体能效提升 30% 以上。如何明确寒冷地区农村居住建筑建设标准的节能水平及围护结构设计指标、如何评估农村居住建筑节能改造后的能效水平，成为有效完成上述任务的关键环节，而这普遍借助于建筑的供暖能耗计算。当前，寒冷地区居住建筑相关标准中的供暖能耗计算普遍按照城镇居住建筑的集中连续供暖模式考虑，即采用全室连续的供暖能耗算法。相关文献在农村居住建筑供暖能耗计算时也未区分常住人房间与非常住人房间的居住特征，而是沿用城镇居住建筑供暖能耗计算思路。

提出适宜农村现状、符合农村居住特征的供暖能耗计算方法，有助于提高寒冷地区农村清洁供暖和"双碳"工作质量，其重要意义在于：① 在农村建筑用能调研方面，可更准确地反映农村供暖需求；② 在编制寒冷地区农村居住建筑节能设计标准方面，可更准确地反映不同围护结构热工性能下的节能率及能耗指标，明确合理的围护结构设计参数限值；③ 在评估寒冷地区既有农村居住建筑节能改造和清洁供暖效果方面，可更准确地反映不同围护结构改造方案、清洁供暖方式下的供暖耗热量需求、供暖能耗、节能量及经济指标等，明确合理的供暖方案。

6.3.2 居住建筑供暖能耗计算方法总结

国内相关标准中寒冷地区居住建筑供暖能耗计算方法汇总见表 6-1。供暖能耗计算结果普遍采用耗热量指标，其定义为：在供暖期室外平均温度条件下，为保持室内设计温度，单位建筑面积在单位时间内消耗的、需由室内供暖设备供给的热量，单位为 $kWh/(m^2 \cdot a)$。耗煤量指标为耗热量指标按一定系数折算后的煤耗，单位为 $kg/(m^2 \cdot a)$，而耗电量指标为耗热量指标按一定系数折算后的电耗，单位为 $kWh/(m^2 \cdot a)$。

在 2018 年以前实施的国内标准中，居住建筑供暖能耗普遍采用稳态计算方法，将整个供暖季的室外温度、太阳辐射简化为一个固定参数，计算不同地区供暖能耗。但由于室外天气是不断变化的，每天进行着周期性波动。当节能要求较低时，围护结构热工性能比较差，这种波动不会造成围护结构中热流方向的改变，建筑持续处于失热状态，可采用稳态计算方法简化计算过程。但随着建筑热工性能的提高，这种波动带来的影响已经不能忽视，而稳态计算方法的计算周期过长，无法体现短期内的传热周期变化，会造成一定的计算误差。

2018 年后实施的国内标准中，居住建筑供暖能耗则普遍采用全年动态计算方法，由于动态计算是一个比较复杂的过程，因此在保证计算方法一致性的前提下，除温度、换气次数外，还需要对供暖运行时间、人员在室率、照明使用率等进行统一要求，以使计算结果的准确度更高。

国内相关标准中寒冷地区居住建筑供暖能耗计算方法汇总 表 6-1

标准名称	能耗指标	计算内容	室内设计参数	计算特点
《民用建筑节能设计标准（采暖居住建筑部分）》JGJ 26—1986	年供暖耗热量指标；耗煤量指标	围护结构、空气渗透、内部得热	平均室内设计温度16℃；换气次数 0.5h^{-1}	稳态计算
《民用建筑节能设计标准（采暖居住建筑部分）》JGJ 26—1995	年供暖耗热量指标；耗煤量指标	围护结构、空气渗透、内部得热	平均室内设计温度16℃；换气次数 0.5h^{-1}	稳态计算
《严寒和寒冷地区居住建筑节能设计标准》JGJ 26—2010	耗热量指标	围护结构、空气渗透、内部得热	靠外楼梯间的房间室内设计温度 12℃，其余房间室内设计温度 18℃；换气次数 0.5h^{-1}	稳态计算
《严寒和寒冷地区居住建筑节能设计标准》JGJ 26—2018	年供暖耗热量	围护结构传热、太阳辐射得热、内部得热、通风热损失	室内设计温度 18℃；换气次数 0.5h^{-1}；人员设置：卧室 2 人，起居室 3 人，其他房间 1 人	至少采用月动态计算
《民用建筑绿色性能计算标准》JGJ/T 449—2018	年供暖耗热量	围护结构传热、太阳辐射得热、内部得热、通风热损失	室内设计温度 18℃	采用全年逐时计算
《建筑碳排放计算标准》GB/T 51366—2019	年供暖耗热量	围护结构传热、太阳辐射得热、内部得热、通风热损失	室内设计温度：储藏间及车库5℃，厨房15℃，其余房间18℃；人均新风量20m³/（h·人）	至少采用月动态计算
《近零能耗建筑技术标准》GB/T 51350—2019	年供暖耗热量指标	围护结构传热、太阳辐射得热、内部得热、通风热损失	室内设计温度 20℃；建筑气密性 0.5N_{50}；人均建筑面积 32m²/人	至少采用月动态计算
《建筑节能与可再生能源利用通用规范》GB 55015—2021	年供暖耗电量	围护结构传热、太阳辐射得热、内部得热、通风热损失	室内设计温度 18℃；换气次数 0.5h^{-1}；人均建筑面积 25m²/人	采用全年逐时计算
《超低能耗农宅技术规程》T/CECS 739—2020	年供暖耗热量指标	围护结构传热、太阳辐射得热、内部得热、通风热损失	室内设计温度 20℃；建筑气密性 0.6N_{50}；人均建筑面积 32m²/人	至少采用月动态计算

目前，寒冷地区居住建筑供暖能耗计算方法的典型工况参考《建筑节能与可再生能源利用通用规范》GB 55015—2021 的规定，供暖系统日运行时间为全天连续供暖，供暖室内温度见表6-2，照明使用时间、房间人员在室率等见该标准附录C。该类方法可概括为"全室连续供暖能耗计算方法"，其对于寒冷地区居住建筑的卧室、起居室、厨房、卫生间等全部居住空间设定连续供暖，而这与该地区农村分室间歇供暖特征存在着明显不同。

寒冷地区居住建筑供暖室内温度（单位：℃）　　　　　　表 6-2

时间		1:00	2:00	3:00	4:00	5:00	6:00	7:00	8:00	9:00	10:00	11:00	12:00
卧室、起居室、厨房、卫生间	供暖	18	18	18	18	18	18	18	18	18	18	18	18
辅助房间	供暖	—	—	—	—	—	—	—	—	—	—	—	—

时间		13:00	14:00	15:00	16:00	17:00	18:00	19:00	20:00	21:00	22:00	23:00	24:00
卧室、起居室、厨房、卫生间	供暖	18	18	18	18	18	18	18	18	18	18	18	18
辅助房间	供暖	—	—	—	—	—	—	—	—	—	—	—	—

6.3.3　分室间歇供暖能耗计算方法

分室间歇供暖能耗计算要点与工况参数如下：

（1）采用动态负荷计算方法。目前我国节能设计标准已普遍采用动态负荷计算方法，以提高准确度。此外，结合农村居住建筑的分室间歇供暖特征，采用8760h 动态负荷计算，以准确表达其围护结构传热及内扰状况。

（2）分别设置常住人房间、非常住人房间供暖期及返乡期的供暖系统运行时间、室内设计温度、照明功率密度、室内人员数量。农村居住建筑在冬季总体具有分室间歇供暖特点。根据调研可知，农户常住人口数量少，多数农户主要供暖房间为 1 间。在返乡期，其他家庭成员才会使用非常住人卧室，且集中在夜间使用，白天农村家庭有聚集生活在老人卧室与起居室的习惯。

对于寒冷地区，需要区别现有居住建筑节能标准中的全室连续供暖能耗计算方法，设定分室间歇供暖工况。因此，考虑寒冷地区农村居住建筑的卧室数量多，但供暖房间少且供暖不连续的现状，一是不采取全部房间供暖，将主要功能房间分为常住人房间（常住人卧室、常用起居室）、非常住人房间（非常住人卧室、非常用起居室、厨房、卫生间），常住人房间供暖期连续供暖，非常住人房间仅在返乡期供暖。其中，非常用起居室是指位于建筑二层或以上的起居室，在返乡期家庭成员普遍会聚集在一层的常用起居室活动，因此非常用起居室的冬季供暖使用率极低，不考虑供暖，而厨房和卫生间使用时间短、供暖条件有限，目前也不供暖，而通过邻室传热和建筑蓄热等方式一般可保障这些房间温度在 5℃以上；二是，寒冷地区除常住人卧室外，常用起居室、非常住人卧室设定间歇供暖运行时间，常用起居室主要在白天供暖，而非常住人卧室仅夜晚供暖。

综合上述信息，寒冷地区农村居住建筑供暖系统日运行时间和供暖房间室内设计温度见表 6-3 和表 6-4。

寒冷地区农村居住建筑供暖系统的日运行时间 表 6-3

房间类别	运行时段	时间											
		1:00	2:00	3:00	4:00	5:00	6:00	7:00	8:00	9:00	10:00	11:00	12:00
常住人卧室	供暖期	1	1	1	1	1	1	1	1	1	1	1	1
常用起居室	供暖期	0	0	0	0	0	0	0	1	1	1	1	1
非常用起居室、厨房、卫生间	供暖期	0	0	0	0	0	0	0	0	0	0	0	0
车库、农机具间	供暖期	0	0	0	0	0	0	0	0	0	0	0	0
非常住人卧室	返乡期	1	1	1	1	1	1	1	1	0	0	0	0

房间类别	运行时段	时间											
		13:00	14:00	15:00	16:00	17:00	18:00	19:00	20:00	21:00	22:00	23:00	24:00
常住人卧室	供暖期	1	1	1	1	1	1	1	1	1	1	1	1
常用起居室	供暖期	1	1	1	1	1	1	1	0	0	0	0	0
非常用起居室、厨房、卫生间	供暖期	0	0	0	0	0	0	0	0	0	0	0	0
车库、农机具间	供暖期	0	0	0	0	0	0	0	0	0	0	0	0
非常住人卧室	返乡期	0	0	0	0	0	0	0	1	1	1	1	1

注："1"表示运行，"0"表示不运行。

寒冷地区农村居住建筑供暖房间室内设计温度（单位：℃） 表 6-4

房间类别	运行时段	时间											
		1:00	2:00	3:00	4:00	5:00	6:00	7:00	8:00	9:00	10:00	11:00	12:00
常住人卧室	供暖期	18	18	18	18	18	18	18	18	18	18	18	18
常用起居室	供暖期	5	5	5	5	5	5	5	18	18	18	18	18
非常用起居室、厨房、卫生间	供暖期	5	5	5	5	5	5	5	5	5	5	5	5
车库、农机具间	供暖期	—	—	—	—	—	—	—	—	—	—	—	—
非常住人卧室	返乡期	18	18	18	18	18	18	18	5	5	5	5	5

续表

房间类别	运行时段	时间											
		13:00	14:00	15:00	16:00	17:00	18:00	19:00	20:00	21:00	22:00	23:00	24:00
常住人卧室	供暖期	18	18	18	18	18	18	18	18	18	18	18	18
常用起居室	供暖期	18	18	18	18	18	18	18	18	5	5	5	5
非常用起居室、厨房、卫生间	供暖期	5	5	5	5	5	5	5	5	5	5	5	5
车库、农机具间	供暖期	—	—	—	—	—	—	—	—	—	—	—	—
非常住人卧室	返乡期	5	5	5	5	5	5	5	5	18	18	18	18

根据《民用建筑供暖通风与空气调节设计规范》GB 50736—2012附录A中"日平均温度≤5℃的起止日期"确定不同地区农村供暖期。农村居民春节返乡期普遍在15d左右，且一般会在春节前提前3~5d返乡，最终结合图6-2的多年春节时间分布，寒冷地区农村返乡期设定为2月1日~2月15日。以陕西省寒冷地区为例，各地市供暖期及返乡期设定情况见表6-5。

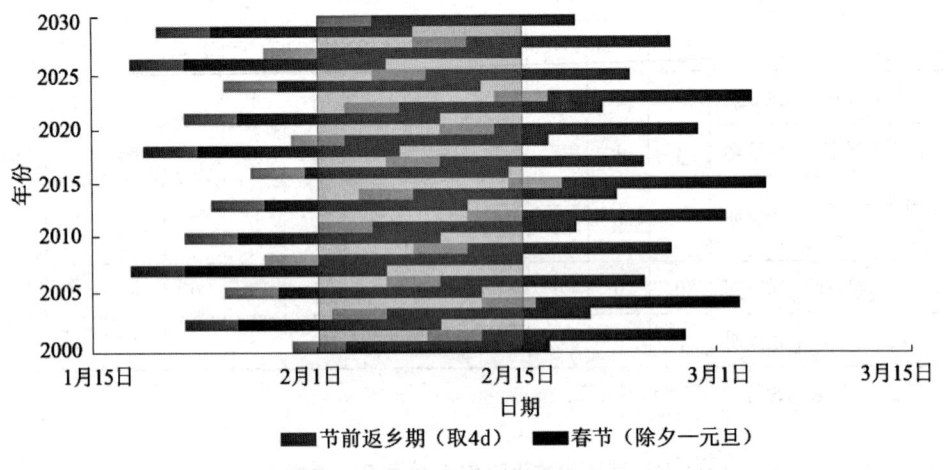

图 6-2　2000~2030 年春节时间分布

陕西省寒冷地区供暖期及返乡期设定		表 6-5
城市	供暖期	返乡期
西安	11月23日~次年3月2日	2月1日~2月15日
咸阳	11月23日~次年3月3日	2月1日~2月15日
渭南	11月23日~次年3月2日	2月1日~2月15日
宝鸡	11月23日~次年3月3日	2月1日~2月15日
铜川	11月10日~次年3月17日	2月1日~2月15日

续表

城市	供暖期	返乡期
延安	11月6日～次年3月18日	2月1日～2月15日
榆林	1月27日～次年3月28日	2月1日～2月15日
商洛	11月25日～次年3月4日	2月1日～2月15日

以西安市为例，供暖期及返乡期的房间供暖运行情况见图6-3。

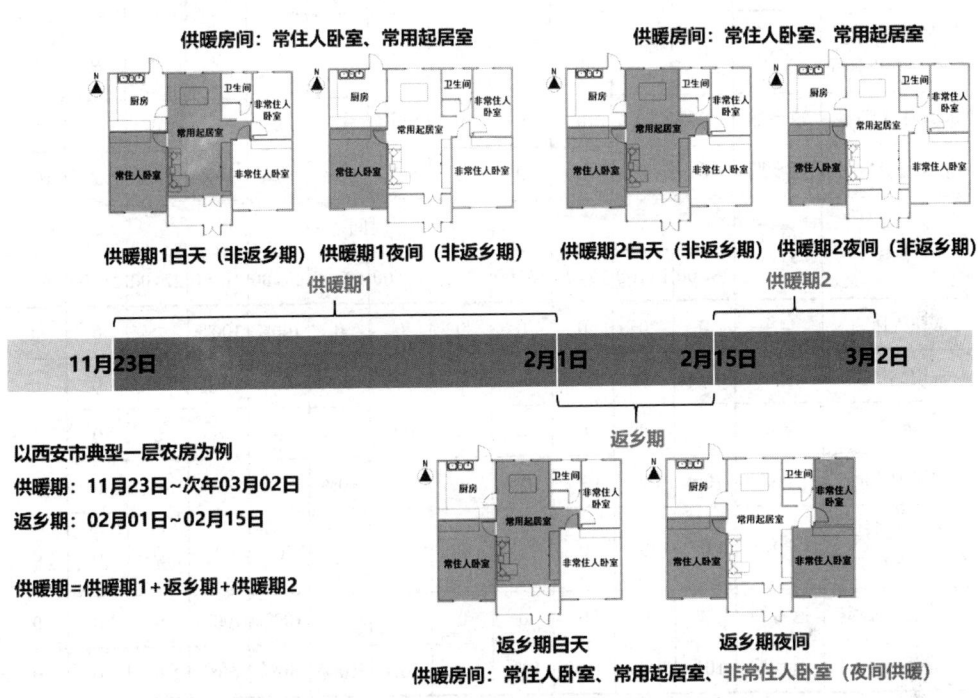

图6-3 供暖期与返乡期的房间供暖运行情况（以西安市为例）

（3）供暖能耗计算时考虑换气次数、围护结构热惰性、供暖系统间歇运行对负荷计算的影响。农村供暖房间少且间歇供暖，与相邻房间的温差普遍在5℃以上，需要计算通过隔墙或楼板的传热量，并计算围护结构耗热量的间歇附加。

（4）人员密度、照明功率密度的设置。卧室2人，起居室2人，厨房1人，卫生间1人，车库、农机具间0人。照明功率密度，与现行标准保持一致，取5.0W/m²。各房间人员在室率和照明使用率结合农村生活习惯设定。农村居住建筑面积普遍较大，家用电器使用量少，因此不考虑室内设备功率。照明使用率和房间人员逐时在室率分别见表6-6和表6-7。

（5）室外计算参数按照《建筑节能气象参数标准》JGJ/T 346—2014中典型气象年取值。

照明使用率 表 6-6

房间类别	运行时段	时间											
		1:00	2:00	3:00	4:00	5:00	6:00	7:00	8:00	9:00	10:00	11:00	12:00
常住人卧室	全年	0	0	0	0	0	100%	50%	0	0	0	0	0
常用起居室	全年	0	0	0	0	0	50%	100%	0	0	0	0	0
厨房	全年	0	0	0	0	0	0	100%	0	0	0	0	0
常用卫生间	全年	0	0	0	0	0	50%	50%	10%	10%	10%	10%	10%
非常用起居室、车库、农机具间	全年	0	0	0	0	0	0	0	0	0	0	0	0
非常住人卧室	返乡期	0	0	0	0	0	100%	50%	0	0	0	0	0
非常用卫生间	返乡期	0	0	0	0	0	50%	50%	10%	10%	10%	10%	10%

房间类别	运行时段	时间											
		13:00	14:00	15:00	16:00	17:00	18:00	19:00	20:00	21:00	22:00	23:00	24:00
常住人卧室	全年	0	0	0	0	0	0	0	100%	100%	0	0	0
常用起居室	全年	0	0	0	0	0	0	100%	100%	50%	0	0	0
厨房	全年	0	0	0	0	0	100%	0	0	0	0	0	0
常用卫生间	全年	10%	10%	10%	10%	10%	10%	10%	50%	50%	0	0	0
非常用起居室、车库、农机具间	全年	0	0	0	0	0	0	0	0	0	0	0	0
非常住人卧室	返乡期	0	0	0	0	0	0	0	100%	100%	0	0	0
非常用卫生间	返乡期	10%	10%	10%	10%	10%	10%	10%	50%	50%	0	0	0

房间人员逐时在室率 表 6-7

房间类别	运行时段	时间											
		1:00	2:00	3:00	4:00	5:00	6:00	7:00	8:00	9:00	10:00	11:00	12:00
常住人卧室	供暖期	100%	100%	100%	100%	100%	100%	50%	50%	50%	50%	50%	50%
常用起居室	供暖期	0	0	0	0	0	0	50%	50%	100%	100%	100%	100%
厨房	供暖期	0	0	0	0	0	0	100%	0	0	0	0	100%
常用卫生间	供暖期	0	0	0	0	0	50%	50%	10%	10%	10%	10%	10%
非常用起居室、车库、农机具间	供暖期	0	0	0	0	0	0	0	0	0	0	0	0
非常住人卧室	返乡期	100%	100%	100%	100%	100%	100%	50%	0	0	0	0	0
非常用卫生间	返乡期	0	0	0	0	0	50%	50%	10%	10%	10%	10%	10%

房间类别	运行时段	时间											
		13:00	14:00	15:00	16:00	17:00	18:00	19:00	20:00	21:00	22:00	23:00	24:00
常住人卧室	供暖期	50%	50%	50%	50%	50%	50%	50%	50%	50%	100%	100%	100%
常用起居室	供暖期	100%	100%	100%	100%	100%	100%	100%	100%	50%	0	0	0
厨房	供暖期	0	0	0	0	0	100%	0	0	0	0	0	0
常用卫生间	供暖期	10%	10%	10%	10%	10%	10%	10%	50%	50%	0	0	0
非常用起居室、车库、农机具间	供暖期	0	0	0	0	0	0	0	0	0	0	0	0
非常住人卧室	返乡期	0	0	0	0	0	0	0	0	50%	100%	100%	100%
非常用卫生间	返乡期	10%	10%	10%	10%	10%	10%	10%	50%	50%	0	0	0

6.3.4 分室间歇供暖节能率

表6-8和表6-9分别为寒冷A区（代表城市榆林）和寒冷B区（代表城市西安）典型农村居住建筑在全室连续供暖、分室间歇供暖模式下的耗热量指标，表6-10为分室间歇供暖相对于全室连续供暖的节能率。其中，典型农村居住建筑为本书3.4.3节所述的1层、2层和3层标准模型。

全室连续供暖能耗算法下，农村居住建筑在现状（不节能）、GB/T 50824—2013（节能率50%）、GB/T 50824修订稿（节能率65%）三种节能水平下的平均耗热量指标，寒冷A区耗热量指标平均值分别为234.22kWh/(m²·a)、103.93kWh/(m²·a)和64.77kWh/(m²·a)，寒冷B区耗热量指标平均值分别为130.34kWh/(m²·a)、56.96kWh/(m²·a)和35.04kWh/(m²·a)；在分室间歇供暖能耗算法下，寒冷A区耗热量指标平均值分别为91.79kWh/(m²·a)、34.46kWh/(m²·a)和25.67kWh/(m²·a)，寒冷B区耗热量指标平均值分别为53.27kWh/(m²·a)、19.34kWh/(m²·a)、14.85kWh/(m²·a)，均较全室连续供暖能耗算法减少了60%左右，尤其是面积大但常住人房间面积小的2层和3层农村居住建筑，在现状条件下的耗热量指标平均值还低于全室连续供暖能耗算法下执行GB/T 50824—2013的农村居住建筑。

这主要是因为分室间歇供暖能耗计算方法考虑了农户常住人口少、供暖房间少且非连续供暖的现状，从而使实际供暖面积减小、累计供暖时间缩短，其计算值较全室连续供暖能耗算法的计算结果明显降低，该结果能够更为合理地反映现阶段农村的实际供暖需求，可以更为准确地指导农村清洁供暖。

寒冷 A 区典型农村居住建筑耗热量指标［单位: $kWh/(m^2 \cdot a)$］ **表 6-8**

模型	全室连续供暖能耗算法			分室间歇供暖能耗算法		
	现状	GB/T 50824—2013	GB/T 50824 修订稿	现状	GB/T 50824—2013	GB/T 50824 修订稿
1 层建筑	307.28	119.89	76.81	160.70	53.80	38.91
2 层建筑	199.52	87.88	42.60	59.70	29.40	22.46
3 层建筑	195.85	104.03	74.89	54.97	20.18	15.65
平均值	234.22	103.93	64.77	91.79	34.46	25.67

寒冷 B 区典型农村居住建筑耗热量指标［单位: $kWh/(m^2 \cdot a)$］ **表 6-9**

模型	全室连续供暖能耗算法			分室间歇供暖能耗算法		
	现状	GB/T 50824—2013	GB/T 50824 修订稿	现状	GB/T 50824—2013	GB/T 50824 修订稿
1 层建筑	169.79	64.42	39.93	91.66	29.76	22.04
2 层建筑	111.44	48.20	23.34	35.75	16.60	13.11
3 层建筑	109.79	58.27	41.86	32.39	11.66	9.41
平均值	130.34	56.96	35.04	53.27	19.34	14.85

分室间歇相对于全室连续供暖的节能率 **表 6-10**

模型	寒冷 A 区（代表城市榆林）			寒冷 B 区（代表城市西安）		
	现状	GB/T 50824—2013	GB/T 50824 修订稿	现状	GB/T 50824—2013	GB/T 50824 修订稿
1 层建筑	47.70%	55.13%	49.34%	46.02%	53.80%	44.80%
2 层建筑	70.08%	66.55%	47.28%	67.92%	65.56%	43.83%
3 层建筑	71.93%	80.60%	79.10%	70.50%	79.99%	77.52%
平均值	60.81%	66.84%	60.37%	59.13%	66.05%	57.62%

6.4 农村居住建筑运行碳排放计算方法

根据《建筑碳排放计算标准》GB/T 51366—2019，运行碳排放的定义为：建筑在运行期间产生的二氧化碳排放量，包括供暖空调、照明、生活热水、可再生能源及建筑碳汇。即农村居住建筑运行阶段碳排放计算范围应包括供暖空调、照明、生活热水、可再生能源、建筑碳汇系统在建筑运行期间的碳排放。

根据上述定义，农村居住建筑碳汇主要来源于建设工程规划许可范围内的绿化植被对二氧化碳的吸收，其减碳效果应该在碳排放计算结果中扣减。另外，由于变配电、家用电器、炊事等受农村居民的使用方式影响较大，其碳排放不确定性大，国际上通用做法是建筑碳排放计算不纳入家用电器、炊事等的碳排放，该做法也不影响对设计阶段建筑方案碳排放强度优劣的判断。

碳排放计算中采用的建筑设计寿命按 50 年计算或按设计文件的规定。建筑碳排放量应为建设工程规划许可范围内能源消耗产生的碳排放量和可再生能源及碳汇系统的减碳量。碳排放计算范围是指输送到位于建设工程规划许可范围边界，为该建筑提供服务的能量转换与输送系统（如各种形式的发电系统）的燃煤、燃气等能源所产生的碳排放。

农村居住建筑碳排放计算方法如下：

（1）农村居住建筑运行碳排放应根据各系统不同类型能源消耗量和不同类型能源的碳排放因子确定，运行阶段碳排放强度（C_M）应按下列公式计算：

$$C_M = \frac{\left[\sum_{i=1}^{n} (E_i EF_i) - C_p \right] y}{A} \tag{6-1}$$

$$E_i = \sum_{j=1}^{n} (E_{i,j} - ER_{i,j}) \tag{6-2}$$

式中　C_M——农村居住建筑运行阶段碳排放强度，$kgCO_2/m^2$；

E_i——建筑第 i 类能源年消耗量，单位 /a；

EF_i——第 i 类能源的碳排放因子，按现行国家标准《建筑碳排放计算标准》GB/T 51366 取值；

$E_{i,j}$——第 j 类系统的第 i 类能源消耗量，单位 /a；

$ER_{i,j}$——第 j 类系统消耗由可再生能源系统提供的第 i 类能源量，单位 /a；

i——建筑消耗终端能源类型，包括电力、燃气等；

j——建筑用能系统类型，包括供暖空调、照明、生活热水系统等；

C_p——建筑绿地碳汇系统的年减碳量，$kgCO_2/a$；

y——建筑设计寿命，a；

A——建筑面积，m^2。

（2）供暖空调系统中由于制冷剂使用而产生的碳排放强度，应按下式计算：

$$C_r = \frac{m_r GWP_r}{y_e} \tag{6-3}$$

式中　C_r——建筑使用制冷剂产生的碳排放强度，$kgCO_2/a$；

r——制冷剂类型；

m_r——设备的制冷剂充注量，kg；

y_e——设备使用寿命，a；

GWP_r——制冷剂 r 的全球变暖潜值。

（3）供暖空调系统的年能耗应按下式计算：

$$E_H = \frac{Q_H}{B}$$ （6-4）

式中　E_H——供暖空调系统的年能耗，kWh/a；

　　　Q_H——全年累计耗能量，kWh；

　　　B——供暖空调系统能效（应与设计文件一致，当设计文件不能提供时，可参照表 6-11 取值）。

农村居住建筑供暖空调系统能效参考值　　　　表 6-11

供暖空调系统类型	能效参考值	能效参考值来源
地源热泵系统	2 级能效	《热泵和冷水机组能效限定值及能效等级》GB 19577—2024
低环境温度空气源热泵（冷水）机组	2 级能效	《低环境温度空气源热泵（冷水）机组能效限定值及能效等级》GB 37480—2019
热泵型房间空气调节器	2 级能效	《房间空气调节器能效限定值及能效等级》GB 21455—2019
低环境温度空气源热泵热风机	2 级能效	《房间空气调节器能效限定值及能效等级》GB 21455—2019
电加热直接供暖系统	90%	—
燃气壁挂锅炉供暖系统	2 级能效	《家用燃气快速热水器和燃气采暖热水炉能效限定值及能效等级》GB 20665—2015

（4）照明系统的年能耗可按下式计算：

$$E_1 = \frac{\sum_{j=1}^{365}\sum_i P_{i,j}A_iT_{i,j}}{1000}$$ （6-5）

式中　E_1——照明系统的年能耗，kWh/a；

　　　$P_{i,j}$——第 j 日第 i 个房间的照明功率密度，W/m²；

　　　A_i——第 i 个房间照明面积，m²；

　　　$T_{i,j}$——第 j 日第 i 个房间的照明时间，h，按表 6-6 计算。

（5）农村居住建筑生活热水的年耗热量应结合建筑物的实际运行情况按下列公式计算：

$$Q_{rp} = mq_rc\rho_r(t_r - t_1)$$ （6-6）

$$Q_r = \frac{T_rQ_{rp}}{3600}$$ （6-7）

式中 Q_r——生活热水的年耗热量，kWh/a；

$\quad Q_{rp}$——生活热水的日平均耗热量，kJ/d；

$\quad T_r$——年生活热水使用天数，d/a；

$\quad m$——常住人口数量，人；

$\quad q_r$——热水用水定额，按 $30\sim60$L/（人·d）取值；

$\quad c$——水的定压比热容，按 4.187kJ/（kg·℃）取值；

$\quad \rho_r$——热水密度，kg/L；

$\quad t_r$——设计热水温度，℃；

$\quad t_1$——设计冷水温度，℃。

（6）农村居住建筑生活热水系统的年能耗应按下式计算：

$$E_w = \frac{\dfrac{Q_r}{\eta_r} - Q_s}{\eta_w} \tag{6-8}$$

式中 E_w——生活热水系统的年能耗，kWh/a；

$\quad Q_s$——太阳能热水系统的年供热量，kWh/a；

$\quad \eta_r$——生活热水输配效率，包括热水系统的输配能耗、管道热损失、生活
热水二次循环及储存的热损失，%；

$\quad \eta_w$——生活热水系统热源年平均效率，%。

（7）太阳能热水系统的年供能量可按下式计算：

$$Q_s = \frac{A_c J_T (1 - \eta_L) \eta_{cd}}{3.6} \tag{6-9}$$

式中 Q_s——太阳能热水系统的年供能量，MJ；

$\quad A_c$——太阳能集热器面积，m^2；

$\quad J_T$——太阳能集热器采光面上的年平均太阳辐照量，MJ/m^2；

$\quad \eta_L$——管路和储能装置的热损失率，%；

$\quad \eta_{cd}$——基于总面积的太阳能集热器平均集热效率，%。

（8）太阳能光伏发电系统的年发电量可按下式计算：

$$E_{pv} = IK_E(1 - K_s)A_p \tag{6-10}$$

式中 E_{pv}——太阳能光伏发电系统的年发电量，kWh/a；

$\quad I$——光伏电池表面年太阳能辐射照度，kWh/m^2；

$\quad K_E$——光伏电池转换效率，%；

$\quad K_s$——光伏发电系统损失效率，%；

$\quad A_p$——光伏发电系统光伏电池净面积，m^2。

6.5　寒冷地区农村居住建筑供暖能耗指标

根据调研，现状农村居住建筑普遍未采取任何保温措施。《农村居住建筑节能设计标准》GB/T 50824—2013（简称 GB/T 50824—2013）于 2013 年 5 月 1 日开始实施，《农村居住建筑节能设计标准》GB/T 50824（局部修订征求意见稿）（简称 GB/T 50824 修订稿）由住房和城乡建设部于 2023 年 8 月 1 日发布。据此设定三种不同节能水平的围护结构做法，见表 6-12 的工况 1、工况 3 和工况 5，其围护结构热工性能分别达到现状、GB/T 50824—2013 及 GB/T 50824 修订稿的节能水平。

此外，考虑分室间歇供暖能耗算法中供暖房间内围护结构需要承担负荷，其热工性能对供暖能耗存在影响，因此在前三种围护结构做法的基础上，供暖房间内围护结构增加保温措施，将供暖房间常规的 240mm 厚黏土砖隔墙双侧抹 20mm 保温砂浆，普通混凝土楼板下喷涂 30mm 无机纤维，使隔墙和楼板传热系数降低至 $1.00W/(m^2 \cdot K)$。现状＋内围护结构保温、GB/T 50824—2013＋内围护结构保温和 GB/T 50824 修订稿＋内围护结构保温的做法见表 6-12 的工况 2、工况 4 和工况 6。

因此，共计六种不同节能水平的围护结构工况，分别为现状、现状＋内围护结构保温、GB/T 50824—2013、GB/T 50824—2013＋内围护结构保温、GB/T 50824 修订稿和 GB/T 50824 修订稿＋内围护结构保温，如表 6-12 所示。模拟计算软件采用 BESI 软件进行典型户型能耗模拟，软件计算核心为 DOE-2，支持国内主要城市室外气象参数选择、房间属性及日运行参数设置和 8760h 逐时负荷计算。

农村居住建筑的围护结构工况　　　　　　　　　　　　表 6-12

工况	模型工况	模型设置
1	执行现状不节能做法的农村居住建筑（简称"现状"）	调研现状下的围护结构做法，无保温砖混结构
2	执行现状＋供暖房间内围护结构保温的农村居住建筑（简称"现状＋内围护结构保温"）	在现状的基础上增加供暖房间内围护结构保温
3	执行 GB/T 50824—2013 的农村居住建筑（简称"执行 GB/T 50824—2013"）	围护结构满足 GB/T 50824—2013 的要求
4	执行 GB/T 50824—2013＋供暖房间内围护结构保温的农村居住建筑（简称"执行 GB/T 50824—2013＋内围护结构保温"）	在 GB/T 50824—2013 的基础上增加供暖房间内围护结构保温
5	执行 GB/T 50824 修订稿的农村居住建筑（简称"执行 GB/T 50824 修订稿"）	围护结构满足 GB/T 50824 修订稿的要求
6	执行 GB/T 50824 修订稿＋供暖房间内围护结构保温的农村居住建筑（简称"执行 GB/T 50824 修订稿＋内围护结构保温"）	在 GB/T 50824 修订稿的基础上增加供暖房间内围护结构保温

6.5.1 现状寒冷地区农村居住建筑供暖能耗

现状寒冷地区农村居住建筑围护结构基本无保温措施，尤其是供暖房间内围护结构无任何保温措施，典型围护结构做法如表 6-13 所示。

现状寒冷地区农村居住建筑围护结构做法及传热系数 表 6-13

部位	围护结构做法	传热系数 [W/(m² · K)]
屋顶	20mm 水泥砂浆＋120mm 钢筋混凝土＋20mm 石灰砂浆	3.77
外墙	20mm 水泥砂浆＋240mm 普通黏土砖＋20mm 石灰砂浆	2.03
内墙	20mm 石灰砂浆＋240mm 普通黏土砖＋20mm 石灰砂浆	1.78
楼板	20mm 水泥砂浆＋120mm 钢筋混凝土＋20mm 石灰砂浆	2.98
外窗	木框单层玻璃窗	4.70
外门、内门	单层实体木门	2.50
地面保温层	混凝土地板无保温层	—

按照分室间歇供暖能耗计算方法，现状寒冷地区农村居住建筑供暖能耗见表 6-14，可以看到，寒冷 A 区和寒冷 B 区农村居住建筑耗热量指标平均值分别为 91.79kWh/(m² · a) 和 53.27kWh/(m² · a)。

现状寒冷地区农村居住建筑供暖能耗 表 6-14

模型	建筑面积 (m²)	寒冷 A 区（代表城市榆林）		寒冷 B 区（代表城市西安）	
		耗热量指标 [kWh/(m² · a)]	供暖能耗 （kWh）	耗热量指标 [kWh/(m² · a)]	供暖能耗 （kWh）
1 层建筑	92.83	160.70	14917.78	91.66	8508.80
2 层建筑	196.24	59.70	11715.53	35.75	7015.58
3 层建筑	260.17	54.97	14301.54	32.39	8426.91
平均值	—	91.79	13644.95	53.27	7983.76

6.5.2 执行 GB/T 50824—2013 的寒冷地区农村居住建筑供暖能耗

根据《农村居住建筑节能设计标准》GB/T 50824—2013 的规定，寒冷地区的围护结构热工性能见表 6-15。

《农村居住建筑节能设计标准》GB/T 50824—2013 规定的围护结构热工性能　表 6-15

围护结构部位	保温措施	传热系数 [W/(m²·K)]
屋顶	有	0.50
外墙	有	0.65
普通内墙	无	1.78
供暖房间内墙	无	1.78
普通楼板	无	2.98
供暖房间楼板	无	2.98
外窗	有	南向 2.80/ 其他朝向 2.50
外门	有	2.50
地面保温层	无	—

　　按照分室间歇供暖能耗计算方法，执行 GB/T 50824—2013 的寒冷地区农村居住建筑供暖能耗见表 6-16，寒冷 A 区和寒冷 B 区农村居住建筑耗热量指标平均值分别为 34.46kWh/(m²·a) 和 19.34kWh/(m²·a)。执行 GB/T 50824—2013 的寒冷地区农村居住建筑较现状的节能率平均值，寒冷 A 区为 62.46%，寒冷 B 区为 63.69%，寒冷地区整体相对节能率平均值为 63.08%，能够满足《农村居住建筑节能设计标准》GB/T 50824—2013 中节能率 50% 的要求。

执行 GB/T 50824—2013 的寒冷地区农村居住建筑供暖能耗　　表 6-16

模型	建筑面积 （m²）	耗热量指标 [kWh/(m²·a)]	供暖能耗 （kWh）	较现状的建筑节能率 （%）
寒冷 A 区（代表城市榆林）				
1 层建筑	92.83	53.80	4994.25	66.52
2 层建筑	196.24	29.40	5769.46	50.75
3 层建筑	260.17	20.18	5250.23	63.29
平均值	—	34.46	5337.98	62.46
寒冷 B 区（代表城市西安）				
1 层建筑	92.83	29.76	2762.62	67.53
2 层建筑	196.24	16.60	3257.58	53.57
3 层建筑	260.17	11.66	3033.58	64.00
平均值	—	19.34	3017.93	63.69

6.5.3 执行 GB/T 50824 修订稿的寒冷地区农村居住建筑供暖能耗

《农村居住建筑节能设计标准》GB/T 50824（局部修订征求意见稿）在 GB/T 50824—2013 的基础上主要提升了外围护结构热工性能。根据 GB/T 50824 修订稿的规定，执行 GB/T 50824 修订稿的寒冷地区农村居住建筑围护结构热工性能见表 6-17。

执行 GB/T 50824 修订稿的寒冷地区农村居住建筑围护结构热工性能　表 6-17

围护结构部位	保温措施	传热系数［W/(m²·K)］
屋顶	有	0.30
外墙	有	0.45
普通内墙	无	1.78
供暖房间内墙	无	1.78
普通楼板	无	2.98
供暖房间楼板	无	2.98
外窗	有	2.50
外门	有	2.50
地面保温层	有	热阻 0.91（m²·K）/W

按照分室间歇供暖能耗计算方法，执行 GB/T 50824 修订稿的寒冷地区农村居住建筑供暖能耗见表 6-18，寒冷 A 区和寒冷 B 区农村居住建筑耗热量指标平均值分别为 25.67kWh/(m²·a) 和 14.85kWh/(m²·a)，较执行 GB/T 50824—2013 的相对节能率平均值分别为 25.51% 和 23.22%，寒冷地区整体节能率平均值为 24.37%。

GB/T 50824—2013 与 GB/T 50824 修订稿都侧重于农村居住建筑外围护结构热工性能的提升，在全室连续供暖能耗算法下，居住空间的内围护结构不承担热负荷，外围护结构负荷占主体，上述措施能够有效实现节能率目标。而在分室间歇供暖能耗算法下，供暖房间内围护结构需要承担分室供暖、间歇供暖的热负荷，因此还应加强供暖房间内围护结构保温，减少邻室传热，以保障节能率目标的实现。

执行 GB/T 50824 修订稿的寒冷地区农村居住建筑供暖能耗　表 6-18

模型	建筑面积（m²）	耗热量指标［kWh/(m²·a)］	供暖能耗（kWh）	较执行 GB/T 50824—2013 的相对节能率（%）
寒冷 A 区（代表城市榆林）				
1 层建筑	92.83	38.91	3612.02	27.68

续表

模型	建筑面积 （m²）	耗热量指标 ［kWh/（m²·a）］	供暖能耗 （kWh）	较执行GB/T 50824—2013 的相对节能率（%）
2层建筑	196.24	22.46	4407.55	23.61
3层建筑	260.17	15.65	4071.66	22.45
平均值	—	25.67	4030.41	25.51
寒冷B区（代表城市西安）				
1层建筑	92.83	22.04	2045.97	25.94
2层建筑	196.24	13.11	2572.71	21.02
3层建筑	260.17	9.41	2448.20	19.30
平均值	—	14.85	2355.63	23.22

按照分室间歇供暖能耗计算方法，执行GB/T 50824修订稿的寒冷地区农村居住建筑的供暖房间内围护结构增加保温后的供暖能耗见表6-19，寒冷A区和寒冷B区农村居住建筑耗热量指标平均值分别为20.43kWh/（m²·a）和11.79kWh/（m²·a），较执行GB/T 50824—2013的相对节能率平均值分别为40.71%和39.04%，寒冷地区整体节能率平均值为39.88%，可满足GB/T 50824修订稿相对于GB/T 50824—2013的节能率提升30%的目标要求。

执行 GB/T 50824 修订稿＋内围护结构保温的
寒冷地区农村居住建筑供暖能耗　　　　　　表 6-19

模型	建筑面积 （m²）	耗热量指标 ［kWh/（m²·a）］	供暖能耗 （kWh）	较执行GB/T 50824—2013 的相对节能率（%）
寒冷A区（代表城市榆林）				
1层建筑	92.83	33.91	3147.87	36.97
2层建筑	196.24	15.45	3031.91	47.45
3层建筑	260.17	11.94	3106.43	40.83
平均值	—	20.43	3095.40	40.71
寒冷B区（代表城市西安）				
1层建筑	92.83	19.18	1780.48	35.55
2层建筑	196.24	9.00	1766.16	45.78
3层建筑	260.17	7.18	1868.02	38.42
平均值	—	11.79	1804.89	39.04

6.6 寒冷地区农村居住建筑节能设计指标

6.6.1 发展背景

北方地区清洁供暖和城乡建设绿色低碳高质量发展目标，对寒冷地区农村居住建筑节能设计提出更高要求。《农村居住建筑节能设计标准》GB/T 50824—2013 已实施较长时间，并未限定清洁供暖方式，在建筑节能潜力方面，仍需进一步结合寒冷地区农村居住建筑特征与生活习惯进行深度挖掘。

笔者团队积极落实农村清洁供暖和绿色乡村建设要求，完成了团体标准《寒冷地区农村居住建筑节能设计标准》T/CECA 20039—2023 的编制工作，旨在立足寒冷地区农村基本现状，推广适宜的建筑节能技术，改善寒冷地区农村居住建筑室内热环境，提高能源资源利用效率，推动可再生能源利用，降低建筑能耗和碳排放，推动寒冷地区农村建筑节能与清洁供暖的规范化发展。

6.6.2 节能设计目标

执行《寒冷地区农村居住建筑节能设计标准》T/CECA 20039—2023 的寒冷地区新建农村居住建筑能耗水平应在《农村居住建筑节能设计标准》GB/T 50824—2013 的基础上降低 40% 以上，平均节能率达到 70% 以上。

6.6.3 室内设计参数

室内设计参数分析过程见本书 6.2 节。在总结国内农村建筑节能设计标准中室内设计参数要求和分析农村供暖需求的基础上，将寒冷地区农村居住建筑的冬季供暖室内设计温度设定为 18℃，换气次数设定为 0.5h^{-1}。

6.6.4 围护结构热工指标测算思路

相比于《农村居住建筑节能设计标准》GB/T 50824—2013，《寒冷地区农村居住建筑节能设计标准》T/CECA 20039—2023 通过提高围护结构热工性能，使能耗水平降低 40% 以上。为实现该目标，通过对寒冷地区典型农村居住建筑模型的供暖能耗计算分析，从而确定寒冷地区农村居住建筑的外围护结构、与邻室运行温差大于 5℃的内围护结构热工性能参数限值。

围护结构热工指标测算思路如图 6-4 所示。具体为，选择寒冷地区典型城市为模拟地点，选择寒冷地区农村居住建筑典型户型构建物理模型，并采用分室间歇供暖能耗计算方法，在《农村居住建筑节能设计标准》GB/T 50824—2013 围护结构热工性能参数限值的基础上进行合理提升，当围护结构热工性能提升后的建筑供暖能耗比基准建筑降低 40% 以上时，即相当于节能率达到 70% 以上。冬季地面温度较低，地面耗热量较大，因此在提高屋面、外墙和外窗等围护结构热工性能的同时，还应强化地面保温性能。

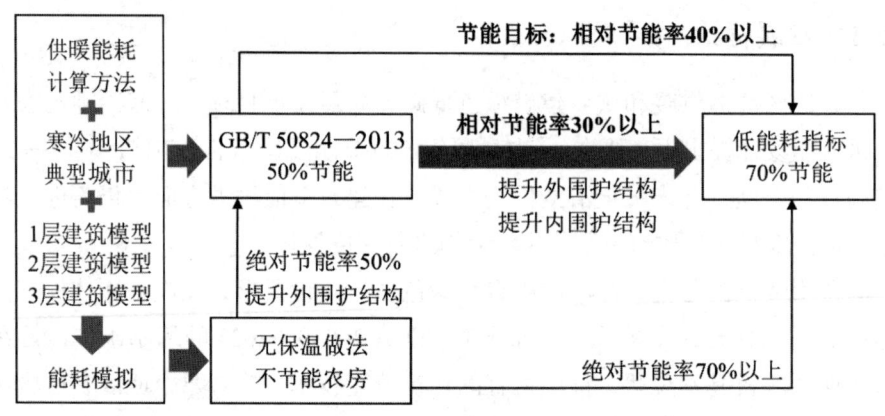

图 6-4 寒冷地区农村居住建筑热工指标测算思路

6.6.5 围护结构热工指标

基于围护结构指标测算思路，给出了寒冷地区不同节能水平的农村居住建筑围护结构热工指标，见表 6-20。与《农村居住建筑节能设计标准》GB/T 50824—2013 相比，表 6-20 给出的围护结构热工指标要求更高，且增加了与邻室运行温差大于 5℃的隔墙和楼板等内围护结构热工要求。

寒冷地区不同节能水平的农村居住建筑围护结构热工指标 表 6-20

围护结构部位		传热系数［W/(m²·K)］				较 GB/T 50824—2013 的提升幅度（%）
		现状	GB/T 50824—2013	GB/T 50824修订稿	T/CECA 20039—2023	
屋顶		3.77	0.50	0.30	0.30	40
外墙		2.03	0.65	0.45	0.45	31
外挑楼板		3.77	0.65	0.45	0.45	31
外窗	南向	4.70	2.80	2.50	2.20	21
	其他向	4.70	2.50	2.50	2.20	12
地面/热阻（m²·K/W）		0	0	0.91	1.00	增加项
外门		2.50	2.50	2.50	2.00	20
与邻室运行温差大于 5℃的内墙		1.78	1.78（无保温）	1.78（无保温）	1.00	增加项
与邻室运行温差大于 5℃的楼板		2.98	2.98（无保温）	2.98（无保温）	1.00	增加项

按照分室间歇供暖能耗计算方法，执行《寒冷地区农村居住建筑节能设计标准》T/CECA 20039—2023 的寒冷地区农村居住建筑的供暖能耗见表 6-21，寒冷 A 区和寒冷 B 区农村居住建筑的耗热量指标平均值分别为 19.21kWh/（m²·a）和 11.04kWh/（m²·a）。较 GB/T 50824—2013 的相对节能率平均值，寒冷 A 区和寒冷 B 区分别为 44.23% 和 42.92%，均能够达到寒冷地区农村居住建筑相对节能率 40% 的要求，较现状的节能率也均超过 70%。

执行《寒冷地区农村居住建筑节能设计标准》T/CECA 20039—2023 的
寒冷地区农村居住建筑的供暖能耗 　　　　表 6-21

模型	建筑面积（m²）	耗热量指标[kWh/(m²·a)]	供暖能耗（kWh）	较现状的节能率（%）	较 GB/T 50824—2013 的相对节能率（%）
寒冷 A 区（代表城市榆林）					
1 层建筑	92.83	32.02	2972.42	80.07	40.48
2 层建筑	196.24	14.41	2827.82	75.86	50.99
3 层建筑	260.17	11.21	2916.51	79.61	44.45
平均值	—	19.21	2905.58	79.06	44.23
寒冷 B 区（代表城市西安）					
1 层建筑	92.83	18.10	1680.22	80.25	39.18
2 层建筑	196.24	8.29	1626.83	76.81	50.06
3 层建筑	260.17	6.73	1750.94	79.22	42.28
平均值	—	11.04	1686.00	79.27	42.92

采用本书 6.4 节所述农村居住建筑运行阶段碳排放计算方法，综合考虑供暖、照明与生活热水用能而产生的碳排放，以各部分能耗为基础，分别测算执行《农村居住建筑节能设计标准》GB/T 50824—2013 和执行《寒冷地区农村居住建筑节能设计标准》T/CECA 20039—2023 的寒冷地区农村居住建筑运行碳排放。经计算，执行《寒冷地区农村居住建筑节能设计标准》T/CECA 20039—2023 的寒冷地区新建农村居住建筑碳排放量，在《农村居住建筑节能设计标准》GB/T 50824—2013 的基础上平均降低 40%，碳排放强度平均降低 2.0kgCO₂/（m²·a）以上。

6.7 农村超低能耗居住建筑节能设计指标

6.7.1 发展背景

2018 年农村被动式低能耗建筑技术座谈会在陕西省咸阳市召开，会议提出了农村被动式低能耗建筑的基本设计原则，要求适当提高起点，合理控制增量，显著降低能耗。但我国农村建筑节能标准化的起步较晚，基础较为薄弱。《农村居住建筑节能设计标准》GB/T 50824—2013提出了寒冷地区农村居住建筑节能设计指标，但其对外围护结构热工要求较低且对内围护结构热工无要求，农村居住建筑的节能潜力依然有待挖掘。

在推进城市建筑节能设计标准化方面，我国建筑节能已全面完成了"三步"发展目标，新建居住建筑节能率均达到了65%以上，其中，严寒和寒冷地区居住建筑节能率已达到了75%。根据《农村居住建筑节能设计标准》GB/T 50824—2013的编制解读，寒冷地区农村居住建筑节能率在50%左右。因此，农村居住建筑节能设计标准已落后于城市两代（两次30%的节能率提升）。随着城乡建设领域"双碳"目标的提出和乡村现代化建设的不断推进，以及农村居民对现代化高品质生活需求的不断增长，要求农村居住建筑达到更高的热舒适和节能水平。

2019年，国家标准《近零能耗建筑技术标准》GB/T 51350—2019发布，在国内首次界定了超低能耗、近零能耗和零能耗建筑的定义和节能设计指标。在此基础上，陕西、河北、湖南和黑龙江等地又相继发布了超低能耗居住建筑节能设计的地方标准，进一步结合气候和地域特征细化了超低能耗居住建筑设计的技术要求。但上述标准均是基于城市居住建筑特征而制定的。

《"十四五"建筑节能与绿色建筑发展规划》要求加快绿色低碳农房设计建造水平，推动农村超低能耗建筑建设。2020年，中国工程建设标准化协会团体标准《超低能耗农宅技术规程》T/CECS 739—2020和河北省《农村低能耗居住建筑节能设计标准》DB13（J）/T 8374—2020发布，前者将农村超低能耗居住建筑定义为能耗水平比《农村居住建筑节能设计标准》GB/T 50824—2013降低50%以上的农村居住建筑，而后者则将相对节能率提高到60%。也有学者将其定义为能耗水平较现状不节能农房降低75%以上的农村居住建筑。

《近零能耗建筑技术标准》GB/T 51350—2019和《超低能耗农宅技术规程》T/CECS 739—2020均规定采用性能化设计方法，即必须通过全年动态能耗模拟确定节能实施方案，设计难度大，节能指标要求高，且二者均要求采用全室连续供暖空调能耗计算方法。而寒冷地区农村家庭常住人口少，但户均建筑面积较大且居室数量较多，冬季普遍采用分室间歇供暖方式，且夏季空调需求低，主要采取自然通风或者电风扇等提高人体舒适度。即寒冷地区农村居住建筑供暖空调使用习惯与上述标准规定的能耗计算工况明显不符。

因此，在建筑节能设计标准执行基础、建筑节能发展水平、建筑能效指标计算方法规定的供暖空调运行工况等方面，农村居住建筑均与城市存在明显差异。在此背景下，寒冷地区发展农村超低能耗居住建筑，不宜简单套用现行国家标准及团体标准的技术体系，而应立足寒冷地区农村现状，结合不同地区的气候特征、建筑特点和供暖空调使用习惯等确定适宜的寒冷地区农村超低能耗居住建筑节能设计指标。

6.7.2 节能设计目标

《近零能耗建筑技术标准》GB/T 51350—2019 将超低能耗居住建筑定义为：适应气候特征和场地条件，通过被动式建筑设计最大幅度降低建筑供暖、空调、照明需求，通过主动技术措施最大幅度提高能源设备与系统效率，充分利用可再生能源，以最少的能源消耗提供舒适室内环境，且其室内环境参数和能效指标符合本标准规定的建筑，其应在《严寒和寒冷地区居住建筑节能设计标准》JGJ 26—2010、《夏热冬冷地区居住建筑节能设计标准》JGJ 134—2010 的基础上再节能 50% 以上，即寒冷地区超低能耗居住建筑节能率应达到 83% 以上。

2023 年，《农村居住建筑节能设计标准》GB/T 50824（局部修订征求意见稿）在原标准基础上提升了围护结构热工性能要求，其能耗水平较原标准降低 30% 以上。按照我国建筑节能标准的分阶段提升规律，之后的每一阶段均在上一阶段能耗水平的基础上再节能 30%。

因此研究认为农村超低能耗居住建筑应在《农村居住建筑节能设计标准》GB/T 50824（局部修订征求意见稿）的基础上再节能 30% 以上，即相当于在《农村居住建筑节能设计标准》GB/T 50824—2013 基础上再节能 50% 以上。此外，参考《近零能耗建筑技术标准》GB/T 51350—2019 的定义，规定农村超低能耗居住建筑能耗水平应比《农村居住建筑节能设计标准》GB/T 50824—2013 降低 50% 以上，即节能率应达到 75% 以上，虽然比《近零能耗建筑技术标准》GB/T 51350—2019 落后一代，但这与农村建筑节能起步晚、经济水平与建设水平较低的现状相适应。

6.7.3 节能设计方法

当前，我国现行标准的超低能耗居住建筑节能设计均采用双指标，首先是性能化指标，包括约束性的综合能耗、建筑气密性、供暖与供冷耗热量指标；其次是规定性指标，包括约束性的室内参数、围护结构热工参数、供暖空调及热水制取设备能效等级。前者的能效指标要求采用标准规定的能效计算方法进行模拟测算，要综合考虑供暖空调、照明和生活热水等各项能耗，而建筑气密性指标则需要在土建工程竣工后通过现场测试验证，设计与建造难度大、复杂程度高，因此当前超低能耗居住建筑测评普遍采用专家评审和专业检测的方式。

寒冷地区农村居住建筑节能设计的专业化基础薄弱，为有效推动农村超低能耗居住建筑建设，必须简化设计方法与流程。因此建议仍执行《农村居住建筑节能设计标准》GB/T 50824—2013 的节能设计指标体系，采用规定性指标设计方法，规定适宜的室内温度、换气次数、门窗气密性、围护结构热工指标和建筑设备能效指标，其中围护结构热工指标基于不同气候区典型地点与典型农村居住建筑的能耗模拟测算获得。

6.7.4　室内设计参数与气密性指标

农村居民有在室内外走动习惯，冬季着装比城市居民更厚一些。因此本书的农村超低能耗居住建筑冬季供暖室内设计温度取 18℃（分析过程见 6.2.2 节），能够满足农村居民的热舒适需求，而不是沿用《近零能耗建筑技术标准》GB/T 51350—2019 规定的冬季供暖温度需达到 20℃以上的要求。寒冷地区农村超低能耗居住建筑的冬季室内换气次数为 0.5h^{-1}，该参数与相关居住建筑节能设计标准保持一致。

《近零能耗建筑技术标准》GB/T 51350—2019 规定的能效指标还有建筑气密性（换气次数 N_{50}），其要求在室内外压差为 50Pa 的情况下，居住建筑换气次数 ≤ 0.6h^{-1}，外窗气密性需要达到 8 级且外围护结构全部设气密层才能实现。同时，该指标必须通过检测才能得到认可，在农村实施难度过高。因此，建议按常规节能设计标准做法，对门窗气密性进行限定。根据测算，外窗气密性为 4 级时，门窗紧闭可实现室内换气次数为 0.5h^{-1}，考虑到农村居民时常进出的习惯，会放大换气次数，在保障合理换气次数和节能要求下，应将《农村居住建筑节能设计标准》GB/T 50824—2013 限定的 4 级提升至 6 级。

6.7.5　设备能效指标

随着农村居民生活水平的不断提高，大部分农村地区采购绿色智能家电的便捷程度与城市基本无异，特别在"家电下乡"和"清洁供暖"等政策扶持下，进一步推动了农村节能家电的使用。《近零能耗建筑技术标准》GB/T 51350—2019 要求超低能耗居住建筑采用 1 级能效产品，但考虑到 1 级能效产品价格比 2 级能效产品明显提高且市面上可选择类型很少，因此要求农村超低能耗居住建筑的供暖空调及生活热水设备、照明灯具应采用 2 级能效及以上产品，比《近零能耗建筑技术标准》GB/T 51350—2019 适度降低，但达到了《建筑节能与可再生能源利用通用规范》GB 55015—2021 的要求。

6.7.6　围护结构热工指标测算思路

采用分室间歇供暖能耗计算工况，首先模拟测算了寒冷 A 区和寒冷 B 区典型农村居住建筑模型分别在现状、GB/T 50824—2013 和 GB/T 50824 修订稿三种节能水平下的供暖能耗。按照农村超低能耗居住建筑节能设计目标，其能耗水平应在 GB/T 50824—2013 的基础上降低 50% 以上，即等同于在 GB/T 50824 修订稿的基础上降低 30% 以上，寒冷地区农村超低能耗居住建筑的绝对节能率达到 75% 以上（等同于较现状的相对节能率）。据此设定寒冷地区农村超低能耗居住建筑围护结构热工指标测算思路，如图 6-5 所示。

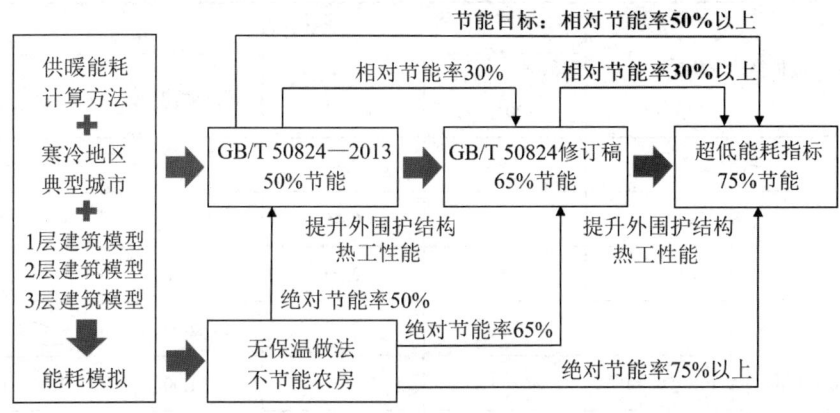

图 6-5　寒冷地区农村超低能耗居住建筑热工指标测算思路

基于上述测算思路，在 GB/T 50824 修订稿规定的围护结构热工限值的基础上进行优化提升，并确定适宜的寒冷地区农村超低能耗居住建筑热工指标，同时确保其具有较优的经济性。在围护结构提升策略方面，有研究对寒冷地区农村居住建筑开展了不同围护结构部位热工敏感性和全生命周期经济性分析，发现屋面是影响能耗的最大因素且能够带来较大节能收益，其次为外墙，即应优先提升非透光围护结构的热工性能。

此外，通过对目前市场上常用门窗参数和采购成本的调研，农村居住建筑经济性较好的外窗为塑钢中空玻璃窗 6Low-E＋12A＋6，高于此规格的外窗成本将明显上升且不便于采购，此规格下的外窗传热系数低值为 $1.94W/(m^2 \cdot K)$，因此将寒冷地区农村超低能耗居住建筑外窗传热系数下限要求为 $2.00W/(m^2 \cdot K)$。

在分室间歇供暖模式下，供暖房间与邻室将产生明显温差，因此加强内围护结构保温能够有效降低供暖能耗。研究表明，供暖房间内围护结构增加保温后的节能率可达 13% 以上，且随着建筑外围护结构热工性能的提升，内围护结构增加保温后的节能作用愈发突出。因此，还需要增加与邻室运行温差大于 5℃ 的内围护结构热工指标要求。

6.7.7　围护结构热工指标

基于围护结构指标测算思路，给出了寒冷地区不同节能水平的农村居住建筑围护结构热工指标，见表 6-22。与 GB/T 50824—2013 和 GB/T 50824 修订稿相比，表 6-22 给出的农村超低能耗居住建筑围护结构热工指标要求更高，且增加了与邻室运行温差大于 5℃的隔墙和楼板等内围护结构热工要求。与《近零能耗建筑技术标准》GB/T 51350—2019（简称 GB/T 51350—2019）的推荐指标相比，表 6-22 给出的寒冷地区农村居住建筑外围护结构超低能耗指标有所降低。

寒冷地区不同节能水平的农村居住建筑围护结构热工指标　　表 6-22

围护结构部位	传热系数［W/（m²·K）］			
	GB/T 50824—2013	GB/T 50824 修订稿	超低能耗指标	GB/T 51350—2019
屋面	0.50	0.30	0.25	0.10～0.20
外墙	0.65	0.45	0.35	0.15～0.20
外窗	2.50	2.50	2.00	≤1.20
外门	2.50	2.50	2.00	≤1.50
与邻室运行温差大于 5℃的隔墙	—	—	1.00	1.20～1.50
与邻室运行温差大于 5℃的楼板	—	—	1.00	0.30～0.50
与邻室运行温差大于 5℃的内门	—	—	2.00	≤1.60
围护结构部位	保温材料层热阻 R［（m²·K）/W］			—
地面	—	0.91	1.60	0.25～0.40

按照分室间歇供暖能耗计算方法，寒冷地区农村超低能耗居住建筑的供暖能耗见表 6-23，寒冷 A 区和寒冷 B 区农村居住建筑的耗热量指标平均值分别为 14.96kWh/（m²·a）和 8.51kWh/（m²·a）。寒冷地区农村超低能耗居住建筑较 GB/T 50824—2013 的相对节能率平均值，寒冷 A 区和寒冷 B 区分别为 56.58% 和 55.98%，均能够达到农村超低能耗居住建筑节能率 50% 的要求，较现状的绝对节能率也均超过 75%。

寒冷地区农村超低能耗居住建筑的供暖能耗　　表 6-23

模型	建筑面积（m²）	耗热量指标［kWh/（m²·a）］	供暖能耗（kWh）	较现状的相对节能率（%）	较 GB/T 50824—2013 的相对节能率（%）
寒冷 A 区（代表城市榆林）					
1 层建筑	92.83	25.23	2342.10	84.30	53.10
2 层建筑	196.24	11.10	2178.26	81.41	62.24
3 层建筑	260.17	8.56	2227.06	84.43	57.58
平均值	—	14.96	2249.14	83.70	56.58

续表

模型	建筑面积（m²）	耗热量指标[kWh/(m²·a)]	供暖能耗（kWh）	较现状的相对节能率（%）	较GB/T 50824—2013的相对节能率（%）
寒冷B区（代表城市西安）					
1层建筑	92.83	14.26	1323.76	84.44	52.08
2层建筑	196.24	6.19	1214.73	82.69	62.71
3层建筑	260.17	5.09	1324.27	84.29	56.35
平均值	—	8.51	1287.58	84.02	55.98

6.7.8 农村超低能耗居住建筑碳排放计算

借鉴《建筑节能与可再生能源利用通用规范》GB 55015—2021的减碳量测算方法，以供暖空调和照明系统的碳排放为比较对象，由于寒冷地区农村居住建筑的夏季空调使用率极低，普遍采用自然通风降温或电风扇等措施改善热环境舒适性，特别是农村家庭以中老年人为主，该部分人群对空调的需求更低，因此在估算减碳量时不考虑空调能耗产生的碳排放，仅比较供暖系统与照明系统碳排放。能耗数据以供暖能耗模拟结果与照明能耗计算结果为依据，其中照明能耗根据供暖能耗计算方法中的照明功率密度和照明使用率计算获得。

农村超低能耗居住建筑要求供暖系统设备达到2级以上能效，由于寒冷地区当前农村清洁供暖中"煤改电"较为普遍，热源为低环境温度空气源热泵热风机，制热季节能效系数按《房间空气调节器能效限定值及能效等级》GB 21455—2019要求的2级能效设定，而《农村居住建筑节能设计标准》GB/T 50824—2013未对供暖设备能效进行限定，按入门级别3级能效设定。农村超低能耗居住建筑要求室内照明功率密度≤4W/m²，《农村居住建筑节能设计标准》GB/T 50824—2013要求室内照明功率密度≤7W/m²。2022年度全国电网平均碳排放因子为0.5703kgCO$_2$/kWh。

执行GB/T 50824—2013的寒冷地区农村居住建筑、寒冷地区农村超低能耗居住建筑的年碳排放量测算结果分别见表6-24和表6-25，寒冷地区农村超低能耗居住建筑的减碳量及减碳率计算结果见表6-26。经测算，寒冷地区农村超低能耗居住建筑平均碳排放强度在《农村居住建筑节能设计标准》GB/T 50824—2013的基础上平均降低约50%，其中寒冷A区和寒冷B区分别平均降低53.24%和49.24%，碳排放强度平均降低2.5kgCO$_2$/(m²·a)以上。

执行 GB/T 50824—2013 的寒冷地区农村居住建筑的年碳排放量 **表 6-24**

模型	建筑面积（m²）	供暖能耗（kWh）	供暖耗电量（kWh）	照明能耗（kWh）	碳排放量（kgCO₂）
寒冷 A 区（代表城市榆林）					
1 层建筑	92.83	4994.25	1664.75	364.93	1157.53
2 层建筑	196.24	5769.46	1923.15	584.33	1430.02
3 层建筑	260.17	5250.23	1750.08	622.44	1353.05
平均值	—	5337.98	1779.33	523.90	1313.53
寒冷 B 区（代表城市西安）					
1 层建筑	92.83	2762.62	920.87	364.93	733.29
2 层建筑	196.24	3257.58	1085.86	584.33	952.51
3 层建筑	260.17	3033.58	1011.19	622.44	931.66
平均值	—	3017.93	1005.98	523.90	872.49

寒冷地区农村超低能耗居住建筑的年碳排放量 **表 6-25**

模型	建筑面积（m²）	供暖能耗（kWh）	供暖耗电量（kWh）	照明能耗（kWh）	碳排放量（kgCO₂）
寒冷 A 区（代表城市榆林）					
1 层建筑	92.83	2342.1	731.91	260.66	566.06
2 层建筑	196.24	2178.26	680.71	417.38	626.24
3 层建筑	260.17	2227.06	695.96	444.60	650.46
平均值	—	2249.14	702.86	374.21	614.25
寒冷 B 区（代表城市西安）					
1 层建筑	92.83	1323.76	413.68	260.66	384.57
2 层建筑	196.24	1214.73	379.60	417.38	454.52
3 层建筑	260.17	1324.27	413.83	444.60	489.57
平均值	—	1287.58	402.37	374.21	442.89

寒冷地区农村超低能耗居住建筑的减碳量及减碳率 **表 6-26**

模型	建筑面积（m²）	寒冷 A 区（代表城市榆林）			寒冷 B 区（代表城市西安）		
		减碳量（kgCO₂）	单位面积减碳量（kgCO₂/m²）	减碳率（%）	减碳量（kgCO₂）	单位面积减碳量（kgCO₂/m²）	减碳率（%）
1 层建筑	92.83	591.46	6.37	51.10	348.72	3.76	47.56
2 层建筑	196.24	803.78	4.10	56.21	497.99	2.54	52.28

续表

模型	建筑面积（m²）	寒冷 A 区（代表城市榆林）			寒冷 B 区（代表城市西安）		
		减碳量（kgCO₂）	单位面积减碳量（kgCO₂/m²）	减碳率（%）	减碳量（kgCO₂）	单位面积减碳量（kgCO₂/m²）	减碳率（%）
3 层建筑	260.17	702.59	2.70	51.93	442.10	1.70	47.45
平均值	183.08	699.28	4.39	53.08	429.60	2.35	49.24

6.8 总结

本章通过对国内农村居住建筑节能设计和清洁供暖技术标准的调研总结，厘清寒冷地区农村居住建筑节能设计要点，明确了寒冷农村居住建筑室内设计参数，提出了与寒冷地区农村居住建筑分室间歇供暖特征相适应的供暖能耗计算方法和内围护结构保温要求，提出了寒冷地区农村居住建筑运行阶段碳排放计算方法。模拟测算了不同节能水平下的寒冷地区农村居住建筑供暖能耗和碳排放，研发了寒冷地区农村居住建筑节能设计指标、寒冷地区农村超低能耗居住建筑节能设计指标。主要结论有：

（1）寒冷地区农户常住人口少，多数农村居住建筑冬季主要供暖房间为 1~2 间，不适宜当前标准中所采用的全室连续供暖能耗计算方法。寒冷地区农村居住建筑宜采用逐时动态负荷计算的分室间歇供暖能耗计算方法，结合使用特征，区别设置常住人房间、非常住人房间在供暖期与返乡期的运行参数。

（2）寒冷地区农村居住建筑采用分室间歇供暖能耗计算方法，在现状、GB/T 50824—2013 和 GB/T 50824 修订稿三种不同节能水平下，平均耗热量指标较全室连续供暖能耗计算方法低 60% 左右，更为合理地反映了农村实际供暖需求。

（3）寒冷地区农村居住建筑采用分室间歇供暖模式，供暖房间内围护结构需承担邻室传热形成的热负荷，寒冷地区农村居住建筑在现状、GB/T 50824—2013 和 GB/T 50824 修订稿三种节能水平下加强内围护结构保温，可再降低供暖能耗约 13%、16% 和 20%，并随着外围护结构节能水平的提高，内围护结构保温效果更加明显。

（4）编制了《寒冷地区农村居住建筑节能设计标准》T/CECA 20039—2023，寒冷地区农村居住建筑能耗水平应在《农村居住建筑节能设计标准》GB/T 50824—2013 的基础上降低 40% 以上，明确了节能设计指标。

（5）提出了寒冷地区农村超低能耗居住建筑的定义、设计方法与节能设计指标。寒冷地区农村超低能耗居住建筑能耗水平应在《农村居住建筑节能设计标准》GB/T 50824—2013 的基础上降低 50% 以上，平均节能率应达到 75% 以上。

（6）提出了寒冷地区农村居住建筑运行阶段碳排放计算方法。经测算，寒冷地区农村超低能耗居住建筑碳排放强度在《农村居住建筑节能设计标准》GB/T 50824—2013 的基础上降低 50% 以上，碳排放强度平均降低 $2.5kgCO_2/(m^2 \cdot a)$ 以上。

本章参考文献

[1] 马倩. 京津冀地区超低能耗农宅设计研究 [D]. 天津：天津大学，2020.

[2] 宋冰，杨柳. 寒冷地区农村住宅建筑能耗影响因素及其经济性分析 [J]. 建筑科学，2020，36（4）：33-38.

[3] 赵民，李杨，康维斌，等. 寒冷地区农村居住建筑供暖能耗计算方法研究 [J]. 暖通空调，2024，54（6）：13-20.

第7章 围护结构节能改造技术评估

围护结构节能改造是推广农村清洁供暖的重要基础。本章在传统围护结构节能改造节能评估指标的基础上，考虑了在"煤改气"和"煤改电"两种典型清洁供暖方式下，围护结构节能改造的运行经济性和环境影响评估指标。测算了寒冷地区农村居住建筑在不同节能水平下的节能、经济和环境效益指标。针对围护结构节能改造设定了正交试验方案，探索在不同改造模式下，寒冷地区农村居住建筑不同围护结构部位的节能改造优先级，提出适宜的围护结构节能改造策略和改造方案。

7.1 围护结构节能改造评估指标

从早期的《民用建筑节能设计标准（采暖居住建筑部分）》JGJ 26—86 到现行的《建筑节能与可再生能源利用通用规范》GB 55015—2021，居住建筑用来评估供暖能耗的指标有年供暖耗热量指标、年供暖耗煤量指标、年供暖耗热量、年供暖耗电量等。在传统能耗指标的基础上，综合考虑农村清洁供暖下"煤改气"和"煤改电"的运行情况，增加了经济及环境效益指标。

7.1.1 节能效益评估指标

（1）年供暖耗热量指标：在供暖期室外温度条件下，为保持室内设计温度，单位建筑面积在单位时间内消耗的、需由室内供暖设备供给的热量，单位为 $kWh/(m^2 \cdot a)$。

该指标可通过供暖期的动态逐时负荷计算获得。其难点在于，构建一套与寒冷地区农村居住建筑供暖特征、室外气象参数相适应的供暖能耗计算方法，明确合理的分室间歇供暖工况、人员在室率和照明使用率等，明确合理的供暖期，区别于现行标准中的城市居住建筑全室连续供暖能耗计算方法，也区别于城市居住建筑的集中供暖期。寒冷地区农村居住建筑分室间歇供暖能耗计算方法在本书 6.3 节已说明。

（2）年供暖耗热量：在供暖期室外温度条件下，为保持室内计算温度，建筑在单位时间内消耗的、需由室内供暖设备供给的热量，单位为 kWh/a。年供暖耗热量 = 年供暖耗热量指标 × 建筑面积。

（3）年供暖节能量：围护结构热工性能提升后，农村居住建筑减少的年供暖耗热量，单位为 kWh/a。年供暖节能量 ＝ 既有农村居住建筑的年供暖耗热量 － 围护结构热工性能提升后农村居住建筑的年供暖耗热量。

（4）围护结构节能率：围护结构热工性能提升后，农村居住建筑年供暖耗热量的减少比例，单位为 %。围护结构节能率 ＝ 年供暖节能量 / 既有农村居住建筑的年供暖耗热量 ×100%。

（5）年供暖耗气量：在供暖期室外温度条件下，为保持室内设计温度，由供暖设备消耗的天然气量，即全年供暖耗热量按一定系数折算后的天然气量，单位为 Nm³/a。当前农村"煤改气"主推的清洁供暖设备为燃气壁挂炉（也叫燃气供暖热水炉），《建筑节能与可再生能源利用通用规范》GB 55015—2021 规定，采用燃气供暖热水炉作为供暖热源的热效率应大于 85%。即热效率按《建筑节能与可再生能源利用通用规范》GB 55015—2021 限值取值。年供暖耗气量 ＝ 年供暖耗热量 / 热效率 ×（860 / 天然气热值），1kWh 等于 860 大卡，天然气热值取 8000 大卡 /Nm³。

（6）年供暖节气量：围护结构热工性能提升后，实施"煤改气"的农村居住建筑减少的年供暖耗气量，单位为 Nm³/a。年供暖节气量 ＝ 既有农村居住建筑的年供暖耗气量 － 围护结构热工性能提升后农村居住建筑的年供暖耗气量。

（7）年供暖耗电量：在供暖期室外温度条件下，为保持室内设计温度，由供暖设备消耗的电量，即年供暖耗热量按一定系数折算后的电量，单位为 kWh/a。

当前农村"煤改电"主推的清洁供暖设备为低环境温度空气源热泵热风机，《房间空气调节器能效限定值及能效等级》GB 21455—2019 规定低环境温度空气源热泵热风机的制热季节性能系数在 2.8～3.4 之间。但空气源热泵机组的制热量受室外空气状态影响显著，考虑室外温度、湿度及结霜、除霜状况后，对机组额定工况下制热性能进行修正后才是机组真实出力。《建筑节能与可再生能源利用通用规范》GB 55015—2021 规定寒冷地区空气源热泵热风机制热性能系数应大于 2.20，该值已考虑对制热量的修正。因此本书中制热效率按《建筑节能与可再生能源利用通用规范》GB 55015—2021 的限值取值。年供暖耗电量 ＝ 年供暖耗热量 / 制热效率。

（8）年供暖节电量：围护结构热工性能提升后，"煤改电"的农村居住建筑减少的年供暖耗热量，单位为 kWh/a。年供暖节能量 ＝ 既有农村居住建筑的年供暖耗电量 － 围护结构热工性能提升后农村居住建筑的年供暖耗电量。

7.1.2 经济效益评估指标

（1）年供暖燃气费："煤改气"的农村居住建筑全年供暖耗气量的支出费用，单位为元 /a。天然气单价按当地收费取值，例如西安市居民生活用天然气单价取 2.18 元 /m³。年供暖燃气费 ＝ 年供暖耗气量 × 天然气单价。

（2）年供暖节气费：围护结构热工性能提升后，"煤改气"的农村居住建筑减少的年供暖燃气费，单位为元 /a。年供暖节气费 = 既有农村居住建筑的年供暖燃气费 − 围护结构热工性能提升后农村居住建筑的年供暖燃气费。

（3）年供暖电费："煤改电"的农村居住建筑年供暖耗电量的支出费用，单位为元 /a。电价按当地收费取值，例如西安市居民生活用电价取 0.50 元/kWh。年供暖电费 = 年供暖耗电量 × 电价。

（4）年供暖节电费：围护结构热工性能提升后，"煤改电"的农村居住建筑减少的年供暖电费，单位为元 /a。年供暖节电费 = 既有农村居住建筑的年供暖电费 − 围护结构热工性能提升后农村居住建筑的年供暖电费。

（5）节能增量投资：围护结构热工性能提升而增加的工程造价，单位为元 / 户。节能增量投资 = 围护结构各部位节能提升面积 × 围护结构各部位单位面积工程单价。

（6）静态回收期：农村居住建筑通过节约供暖运行费抵偿围护结构热工性能提升的节能增量投资所需要的全部时间，单位为 a。"煤改气"的静态回收期 = 节能增量投资 / 年供暖节气费，"煤改电"的静态回收期 = 节能增量投资 / 年供暖节电费。

7.1.3 环境效益评估指标

（1）年碳排放量："煤改气"的农村居住建筑年供暖耗气量所产生的碳排放量，单位为 $kgCO_2/a$。年碳排放量 = 年供暖耗气量 × 天然气碳排放因子，根据《建筑碳排放计算标准》GB/T 51366—2019，天然气碳排放因子为 $1.9763kgCO_2/Nm^3$。

"煤改电"的农村居住建筑年供暖耗电量所产生的碳排放量，单位为 $kgCO_2/a$。年碳排放量 = 年供暖耗电量 × 全国电网平均碳排放因子或已知的当地电网碳排放因子。生态环境部办公厅发布的《关于做好 2023—2025 年发电行业企业温室气体排放报告管理有关工作的通知》中明确了 2022 年度全国电网平均碳排放因子为 $0.5703tCO_2/MWh$，因此电力碳排放因子暂取 $0.5703kgCO_2/kWh$，后续研究可采用最新数据。

（2）年碳减排量：围护结构热工性能提升后，农村居住建筑减少的年碳排放量，单位为 $kgCO_2/a$。年碳减排量 = 既有农村居住建筑的年碳排放量 − 围护结构热工性能提升后农村居住建筑的碳排放量。

（3）碳减排强度：围护结构热工性能提升后，农村居住建筑单位面积减少的年碳排放量，单位为 $kgCO_2/(m^2 \cdot a)$。碳减排强度 = 年碳减排量 / 建筑面积。

（4）碳减排率：围护结构热工性能提升后，年碳减排量占既有农村居住建筑的年碳排放量的百分比。碳减排率 = 年碳减排量 / 既有农村居住建筑的年碳排放量 × 100%。

7.2 围护结构节能改造范围

7.2.1 整体围护结构节能提升

《农村居住建筑节能设计标准》GB/T 50824—2013、《寒冷地区农村居住建筑节能设计标准》T/CECA 20039—2023 等节能设计标准，均要求的是农村居住建筑整体围护结构热工性能。整体围护结构中需要增加保温措施部位，包括所有的外围护结构和运行温差较大的内围护结构，热工性能提升范围如图 7-1 所示，此工况下，当指定提升某个围护结构部位热工性能时，该部位的所有围护结构热工性能均同步提升。

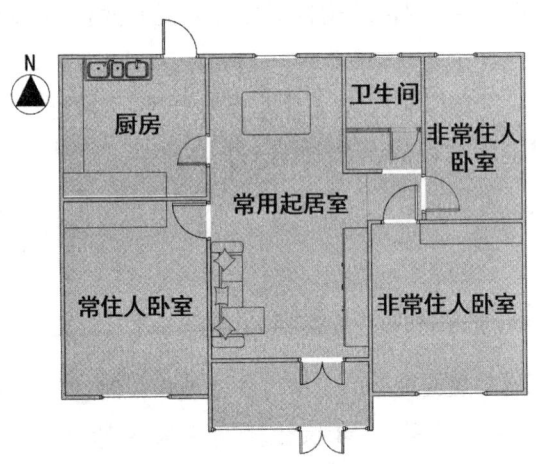

图 7-1 农村居住建筑整体围护结构热工性能提升范围示意

7.2.2 常住人房间围护结构节能提升

《城乡建设领域碳达峰实施方案》要求大力推进北方地区农村清洁供暖，提高常住人房间舒适性。《西安市清洁取暖试点城市建设工作方案》要求按照整村推进、示范带动的原则，实施建筑围护结构综合节能改造，农户依据实际情况实施建筑围护结构局部节能改造。《杨陵区农村既有居住建筑节能和清洁取暖改造试点工作实施方案》要求建筑节能改造针对供暖改造房间实施，对既有居住建筑的一层起居室、卧室外墙、外窗等进行改造。以上政策文件都强调了提升农村居住建筑常住人房间围护结构热工性能，提升范围如图 7-2 所示，此工况下，当指定提升某个围护结构部位热工性能时，仅同步提升常住人房间的该部位所有围护结构热工性能。

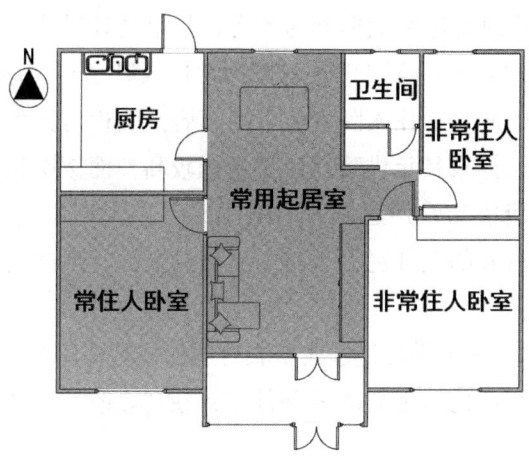

图 7-2 农村居住建筑常住人房间围护结构热工性能提升范围示意

7.3 农村居住建筑在不同节能水平下运行评估

以本书 3.4.3 节所述的 1 层、2 层和 3 层建筑模型为典型农村居住建筑,在"煤改气"和"煤改电"两种模式下,评估上述典型建筑模型在不同节能水平下的年供暖性能。

7.3.1 整体围护结构执行节能标准

表 7-1 为典型农村居住建筑整体围护结构执行不同节能标准的年供暖耗热量指标。其中,不节能的现状农村居住建筑简称"现状",满足国家标准《农村居住建筑节能设计标准》GB/T 50824—2013 的农村节能居住建筑简称"GB/T 50824—2013",满足《农村居住建筑节能设计标准》GB/T 50824(局部修订征求意见稿)的农村节能居住建筑简称"GB/T 50824 修订稿",满足《寒冷地区农村居住建筑节能设计标准》T/CECA 20039—2023 的农村节能居住建筑简称"T/CECA 20039—2023"。

典型农村居住建筑的年供暖耗热量指标（整体围护结构执行不同节能标准）
$$[\text{单位: kWh}/(\text{m}^2 \cdot \text{a})]$$ 表 7-1

地点	寒冷地区（代表城市西安）			
模型	现状	GB/T 50824—2013	GB/T 50824 修订稿	T/CECA 20039—2023
1 层建筑	91.66	29.76	22.04	18.10
2 层建筑	35.75	16.60	13.11	8.29
3 层建筑	32.39	11.66	9.41	6.73
平均值	53.27	19.34	14.85	11.04

随着农村居住建筑整体节能标准的提升，其年供暖耗热量指标降幅明显。由于在分室间歇供暖模式下，主要供暖对象为常住人卧室与常用起居室，1层建筑的房间数量较少，因此其常住人卧室与常用起居室面积占比大，且常住人房间有较大的屋面热损失，导致其年供暖耗热量指标较高，而2层和3层建筑的房间数量较多，其常住人卧室与常用起居室面积占比小，且常住人房间普遍位于一层，一层以上楼层形成有效的缓冲区，减小了屋面热损失，因此其年供暖耗热量指标明显比1层建筑低。

表7-2和表7-3分别为寒冷地区典型农村居住建筑整体在不同节能水平，即所有围护结构均达到相应的节能要求的条件下，在"煤改气"和"煤改电"两种模式下的年供暖性能评估。

"煤改气"模式下寒冷地区典型农村居住建筑年供暖性能评估
（整体围护结构执行不同节能标准） 表7-2

地点		寒冷地区（代表城市西安）			
节能方案	模型	年供暖耗热量 （kWh/a）	年供暖耗气量 （Nm³/a）	年供暖燃气费 （元/a）	年碳排放量 （kgCO₂/a）
现状	1层建筑	8509	1076	2346	2127
	2层建筑	7016	887	1934	1754
	3层建筑	8427	1066	2323	2106
	平均值	7984	1010	2201	1995
GB/T 50824— 2013	1层建筑	2763	349	762	691
	2层建筑	3258	412	898	814
	3层建筑	3034	384	836	758
	平均值	3018	382	832	754
GB/T 50824 修订稿	1层建筑	2046	259	564	511
	2层建筑	2573	325	709	643
	3层建筑	2448	310	675	612
	平均值	2356	298	649	589
T/CECA 20039—2023	1层建筑	1680	212	463	420
	2层建筑	1627	206	449	407
	3层建筑	1751	221	483	438
	平均值	1686	213	465	421

"煤改电"模式下寒冷地区典型农村居住建筑年供暖性能评估
(整体围护结构执行不同节能标准)　　　表 7-3

地点		寒冷地区(代表城市西安)			
节能方案	模型	年供暖耗热量 (kWh/a)	年供暖耗电量 (kWh/a)	年供暖电费 (元/a)	年碳排放量 (kgCO₂/a)
现状	1层建筑	8509	3868	1934	2206
	2层建筑	7016	3189	1594	1819
	3层建筑	8427	3830	1915	2184
	平均值	7984	3629	1814	2070
GB/T 50824—2013	1层建筑	2763	1256	628	716
	2层建筑	3258	1481	740	844
	3层建筑	3034	1379	689	786
	平均值	3018	1372	686	782
GB/T 50824 修订稿	1层建筑	2046	930	465	530
	2层建筑	2573	1169	585	667
	3层建筑	2448	1113	556	635
	平均值	2356	1071	535	611
T/CECA 20039—2023	1层建筑	1680	764	382	436
	2层建筑	1627	739	370	422
	3层建筑	1751	796	398	454
	平均值	1686	766	383	437

　　"煤改气"模式下,寒冷地区农村居住建筑在整体围护结构达到现状、GB/T 50824—2013、GB/T 50824 修订稿和 T/CECA 20039—2023 四种节能水平下,年供暖耗气量平均值分别为 1010Nm³/a、382Nm³/a、298Nm³/a 和 213Nm³/a,年供暖燃气费平均值分别为 2201 元/a、832 元/a、649 元/a 和 465 元/a,年碳排放量平均值分别为 1995kgCO₂/a、754kgCO₂/a、589kgCO₂/a 和 421kgCO₂/a。其中,现状的年供暖耗气量为 887～1076Nm³/a,年供暖燃气费为 1934～2346 元/a,年碳排放量为 1754～2127kgCO₂/a。

　　"煤改电"模式下,寒冷地区农村居住建筑在整体围护结构达到现状、GB/T 50824—2013、GB/T 50824 修订稿和 T/CECA 20039—2023 四种节能水平下,年供暖耗电量平均值分别为 3629kWh/a、1372kWh/a、1071kWh/a 和 766kWh/a,年供暖电费平均值分别为 1814 元/a、686 元/a、535 元/a 和 383 元/a,年碳排放量平均值分别为 2070kgCO$_2$/a、782kgCO$_2$/a、611kgCO$_2$/a 和 437kgCO$_2$/a。其中，现状的年供暖耗电量为 3189～3868kWh/a，年供暖电费为 1594～1934 元 /a，年碳排放量为 1819～2206kgCO$_2$/a。

7.3.2 常住人房间围护结构执行节能标准

表 7-4 为寒冷地区农村居住建筑常住人房间围护结构执行不同节能标准的年供暖耗热量指标。随着常住人房间围护结构节能标准的提升，年供暖耗热量指标降幅明显，但由于仅是常住人房间围护结构热工性能提升，年供暖耗热量指标降幅小于整体围护结构热工性能提升。

寒冷地区农村居住建筑的年供暖耗热量指标（常住人房间执行不同节能标准）

［单位: kWh/（m^2·a）］ 表 7-4

地点	寒冷地区（代表城市西安）			
模型	现状	GB/T 50824—2013	GB/T 50824 修订稿	T/CECA 20039—2023
1 层建筑	91.66	45.32	40.21	30.97
2 层建筑	35.75	29.64	27.02	17.63
3 层建筑	32.39	20.42	18.01	13.79
平均值	53.27	31.79	28.41	20.80

表 7-5 和表 7-6 分别为寒冷地区典型农村居住建筑在常住人房间围护结构达到不同节能水平下，即仅常住人房间围护结构达到相应的节能要求，在"煤改气"和"煤改电"两种模式下的年供暖性能评估。

"煤改气"模式下寒冷地区典型农村居住建筑年供暖性能评估

（常住人房间执行不同节能标准） 表 7-5

地点		寒冷地区（代表城市西安）			
节能方案	模型	年供暖耗热量（kWh/a）	年供暖耗气量（Nm^3/a）	年供暖燃气费（元 /a）	年碳排放量（kgCO$_2$/a）
现状	1 层建筑	8509	1076	2346	2127
	2 层建筑	7016	887	1934	1754
	3 层建筑	8427	1066	2323	2106
	平均值	7984	1010	2201	1995
GB/T 50824—2013	1 层建筑	4207	532	1160	1052
	2 层建筑	5817	736	1604	1454

地点		寒冷地区（代表城市西安）			
节能方案	模型	年供暖耗热量（kWh/a）	年供暖耗气量（Nm³/a）	年供暖燃气费（元/a）	年碳排放量（kgCO₂/a）
GB/T 50824—2013	3层建筑	5313	672	1465	1328
	平均值	5112	647	1409	1278
GB/T 50824修订稿	1层建筑	3733	472	1029	933
	2层建筑	5302	671	1462	1325
	3层建筑	4686	593	1292	1171
	平均值	4574	578	1261	1143
T/CECA 20039—2023	1层建筑	2875	364	793	719
	2层建筑	3460	438	954	865
	3层建筑	3588	454	989	897
	平均值	3307	418	912	827

"煤改电"模式下寒冷地区典型农村居住建筑年供暖性能评估
（常住人房间执行不同节能标准） 表 7-6

地点		寒冷地区（代表城市西安）			
节能方案	模型	年供暖耗热量（kWh/a）	年供暖耗电量（kWh/a）	年供暖电费（元/a）	年碳排放量（kgCO₂/a）
现状	1层建筑	8509	3868	1934	2206
	2层建筑	7016	3189	1594	1819
	3层建筑	8427	3830	1915	2184
	平均值	7984	3629	1814	2070
GB/T 50824—2013	1层建筑	4207	1912	956	1091
	2层建筑	5817	2644	1322	1508
	3层建筑	5313	2415	1207	1377
	平均值	5112	2324	1162	1325
GB/T 50824修订稿	1层建筑	3733	1697	848	968
	2层建筑	5302	2410	1205	1375
	3层建筑	4686	2130	1065	1215
	平均值	4574	2079	1039	1186
T/CECA 20039—2023	1层建筑	2875	1307	653	745
	2层建筑	3460	1573	786	897

地点		寒冷地区（代表城市西安）			
节能方案	模型	年供暖耗热量（kWh/a）	年供暖耗电量（kWh/a）	年供暖电费（元/a）	年碳排放量（kgCO$_2$/a）
T/CECA 20039—2023	3层建筑	3588	1631	815	930
	平均值	3307	1503	752	857

　　"煤改气"模式下，寒冷地区农村居住建筑在常住人房间围护结构达到现状、GB/T 50824—2013、GB/T 50824修订稿和T/CECA 20039—2023四种节能水平下，年供暖耗气量平均值分别为1010Nm^3/a、647Nm^3/a、578Nm^3/a和418Nm^3/a，年供暖燃气费平均值分别为2201元/a、1409元/a、1261元/a和912元/a，年碳排放量平均值分别为1995kgCO$_2$/a、1278kgCO$_2$/a、1143kgCO$_2$/a和827kgCO$_2$/a。其中，现状的年供暖耗气量为887～1076Nm^3/a，年供暖燃气费为1934～2346元/a，年碳排放量为1754～2127kgCO$_2$/a。

　　"煤改电"模式下，寒冷地区农村居住建筑在常住人房间围护结构达到现状、GB/T 50824—2013、GB/T 50824修订稿和T/CECA 20039—2023四种节能水平下，年供暖耗电量平均值分别为3629kWh/a、2324kWh/a、2079kWh/a和1503kWh/a，年供暖电费平均值分别为1814元/a、1162元/a、1039元/a和752元/a，年碳排放量平均值分别为2070kgCO$_2$/a、1325kgCO$_2$/a、1186kgCO$_2$/a和857kgCO$_2$/a。其中，现状的年供暖耗电量为3189～3868kWh/a，年供暖电费为1594～1934元/a，年碳排放量为1819～2206kgCO$_2$/a。

7.4　围护结构节能改造技术评估

7.4.1　建筑整体围护结构热工性能提升

　　表7-7为寒冷地区典型农村居住建筑整体围护结构热工性能提升后相对于现状的节能率，该节能率计算依据为本书7.3.1节的年供暖耗热量指标。可以看到，建筑整体围护结构在GB/T 50824—2013、GB/T 50824修订稿和T/CECA 20039—2023三种节能水平下，相对于现状的节能率平均值分别是63.69%、72.12%和79.28%。

建筑整体围护结构热工性能提升后相对于现状的节能率 表 7-7

地点	寒冷地区（代表城市西安）		
模型	GB/T 50824—2013	GB/T 50824 修订稿	T/CECA 20039—2023
1 层建筑	67.53%	75.95%	80.25%
2 层建筑	53.57%	63.33%	76.81%
3 层建筑	64.00%	70.95%	79.22%
平均值	63.69%	72.12%	79.28%

表 7-8 和表 7-9 分别为寒冷地区典型农村居住建筑整体围护结构在不同节能水平下，即所有围护结构热工性能均达到相应的节能要求时，在"煤改气"和"煤改电"两种模式下的年供暖效益评估。

建筑整体围护结构热工性能提升后"煤改气"模式下
寒冷地区农村居住建筑年供暖效益评估 表 7-8

地点		寒冷地区（代表城市西安）					
节能水平	模型	年供暖节能量（kWh/a）	年供暖节气量（Nm³/a）	年供暖节气费（元/a）	年碳减排量（kgCO₂/a）	节能增量投资（元/户）	静态回收期（a）
GB/T 50824—2013	1 层建筑	5746	727	1584	1436	15952	10
	2 层建筑	3758	475	1036	939	24933	24
	3 层建筑	5393	682	1487	1348	33607	23
	平均值	4966	628	1369	1241	24830	18
GB/T 50824 修订稿	1 层建筑	6463	817	1782	1615	20477	11
	2 层建筑	4443	562	1225	1110	31055	25
	3 层建筑	5979	756	1648	1494	40837	25
	平均值	5628	712	1552	1407	30790	20
T/CECA 20039—2023	1 层建筑	6829	864	1883	1707	23038	12
	2 层建筑	5389	682	1486	1347	36067	24
	3 层建筑	6676	844	1841	1669	45976	25
	平均值	6298	796	1736	1574	35027	20

建筑整体围护结构热工性能提升后"煤改电"模式下
寒冷地区农村居住建筑年供暖效益评估 表 7-9

地点		寒冷地区（代表城市西安）					
节能水平	模型	年供暖节能量（kWh/a）	年供暖节电量（kWh/a）	年供暖节电费（元/a）	年碳减排量（kgCO$_2$/a）	节能增量投资（元/户）	静态回收期（a）
GB/T 50824—2013	1层建筑	5746	2612	1306	1490	15952	12
	2层建筑	3758	1708	854	974	24933	29
	3层建筑	5393	2452	1226	1398	33607	27
	平均值	4966	2257	1129	1287	24830	22
GB/T 50824 修订稿	1层建筑	6463	2938	1469	1675	20477	14
	2层建筑	4443	2019	1010	1152	31055	31
	3层建筑	5979	2718	1359	1550	40837	30
	平均值	5628	2558	1279	1459	30790	24
T/CECA 20039—2023	1层建筑	6829	3104	1552	1770	23038	15
	2层建筑	5389	2449	1225	1397	36067	29
	3层建筑	6676	3035	1517	1731	45976	30
	平均值	6298	2863	1431	1633	35027	24

以现状为基准，建筑整体围护结构在 GB/T 50824—2013、GB/T 50824 修订稿和 T/CECA 20039—2023 三种节能水平下，年供暖节能量平均值分别为 4966kWh/a、5628kWh/a 和 6298kWh/a，节能增量投资平均值分别为 24830 元/户、30790 元/户和 35027 元/户。其中，建筑整体围护结构热工性能达到 GB/T 50824—2013 的要求时，年供暖节能量为 3758～5746kWh/a，节能增量投资为 15952～33607 元/户，不同层数的建筑差异较大，1 层建筑供暖节能量最大，但节能增量投资最小。

"煤改气"模式下，以现状为基准，建筑整体围护结构在 GB/T 50824—2013、GB/T 50824 修订稿和 T/CECA 20039—2023 三种节能水平下，年供暖节气量平均值分别为 628Nm^3/a、712Nm^3/a 和 796Nm^3/a，年供暖节气费平均值分别为 1369 元/a、1552 元/a 和 1736 元/a，年碳减排量平均值分别为 1241kgCO$_2$/a、1407kgCO$_2$/a 和 1574kgCO$_2$/a，静态回收期平均值分别为 18a、20a 和 20a。其中，GB/T 50824—2013 的年供暖节气量为 475～727Nm^3/a，年供暖节气费为 1036～1584 元/a，年碳减排量为 939～1436kgCO$_2$/a，静态回收期为 10～24a。

"煤改电"模式下，以现状为基准，建筑整体围护结构在 GB/T 50824—2013、

GB/T 50824 修订稿和 T/CECA 20039—2023 三种节能水平下，年供暖节电量平均值分别为 2257kWh/a、2558kWh/a 和 2863kWh/a，年供暖节电费平均值分别为 1129 元/a、1279 元/a 和 1431 元/a，年碳排放量平均值分别为 1287kgCO$_2$/a、1459kgCO$_2$/a 和 1633kgCO$_2$/a，静态回收期平均值分别为 22a、24a 和 24a。其中，GB/T 50824—2013 的年供暖节电量为 1708~2612kWh/a，年供暖节电费为 854~1306 元/a，年碳减排量为 974~1490kgCO$_2$/a，静态回收期为 12~29a。

建筑整体围护结构热工性能提升至 GB/T 50824—2013，1 层、2 层和 3 层建筑的节能增量投资分别为 15952 元/户、24933 元/户和 33607 元/户，"煤改气"模式下，静态回收期分别为 10a、24a 和 23a；"煤改电"模式下，静态回收期分别为 12a、29a 和 27a。随着节能水平的提升，节能增量投资增加明显，但静态回收期变化不大。从经济性角度考虑，1 层建筑较适宜整体围护结构热工性能提升，可优选执行 GB/T 50824—2013，节能增量投资最小，静态回收期最短，而 2 层和 3 层建筑不适宜整体围护结构热工性能提升，其节能增量投资和静态回收期均较高。

7.4.2　常住人房间围护结构热工性能提升

表 7-10 为寒冷地区典型农村居住建筑常住人房间围护结构热工性能提升后相对于现状的节能率，该节能率计算依据为本书 7.3.2 节的年供暖耗热量指标。可以看到，在常住人房间围护结构在 GB/T 50824—2013、GB/T 50824 修订稿和 T/CECA 20039—2023 三种节能水平时，相对于现状的节能率平均值分别是 40.32%、46.67% 和 60.95%。

常住人房间围护结构热工性能提升后相对于现状的节能率　　表 7-10

地点	寒冷地区（代表城市西安）		
模型	GB/T 50824—2013	GB/T 50824 修订稿	T/CECA 20039—2023
1 层建筑	50.56%	56.13%	66.21%
2 层建筑	17.09%	24.42%	50.69%
3 层建筑	36.96%	44.40%	57.43%
平均值	40.32%	46.67%	60.95%

表 7-11 和表 7-12 分别为寒冷地区典型农村居住建筑常住人房间围护结构达到不同节能水平，即仅常住人房间围护结构热工性能达到相应的节能要求，在"煤改气"和"煤改电"两种模式下的年供暖效益评估。

常住人房间围护结构热工性能提升后"煤改气"模式下
寒冷地区农村居住建筑年供暖效益评估 表 7-11

地点		寒冷地区（代表城市西安）					
节能水平	模型	年供暖节能量（kWh/a）	年供暖节气量（Nm³/a）	年供暖节气费（元/a）	年碳减排量（kgCO₂/a）	节能增量投资（元/户）	静态回收期（a）
GB/T 50824—2013	1 层建筑	4302	544	1186	1075	5655	5
	2 层建筑	1199	152	331	300	5865	18
	3 层建筑	3114	394	859	778	7862	9
	平均值	2872	363	792	718	6460	8
GB/T 50824 修订稿	1 层建筑	4776	604	1317	1194	7121	5
	2 层建筑	1713	217	472	428	6782	14
	3 层建筑	3741	473	1031	935	9317	9
	平均值	3410	431	940	852	7740	8
T/CECA 20039—2023	1 层建筑	5634	713	1553	1408	9289	6
	2 层建筑	3556	450	980	889	10434	11
	3 层建筑	4839	612	1334	1210	13084	10
	平均值	4676	591	1289	1169	10936	8

常住人房间围护结构热工性能提升后"煤改电"模式下
寒冷地区农村居住建筑年供暖效益评估 表 7-12

地点		寒冷地区（代表城市西安）					
节能水平	模型	年供暖节能量（kWh/a）	年供暖节电量（kWh/a）	年供暖节电费（元/a）	年碳减排量（kgCO₂/a）	节能增量投资（元/户）	静态回收期（a）
GB/T 50824—2013	1 层建筑	4302	1955	978	1115	5655	6
	2 层建筑	1199	545	273	311	5865	21
	3 层建筑	3114	1416	708	807	7862	11
	平均值	2872	1305	653	744	6460	10
GB/T 50824 修订稿	1 层建筑	4776	2171	1085	1238	7121	7
	2 层建筑	1713	779	389	444	6782	17
	3 层建筑	3741	1701	850	970	9317	11
	平均值	3410	1550	775	884	7740	10

续表

地点		寒冷地区（代表城市西安）					
节能水平	模型	年供暖节能量（kWh/a）	年供暖节电量（kWh/a）	年供暖节电费（元/a）	年碳减排量（kgCO$_2$/a）	节能增量投资（元/户）	静态回收期（a）
T/CECA 20039—2023	1层建筑	5634	2561	1280	1460	9289	7
	2层建筑	3556	1616	808	922	10434	13
	3层建筑	4839	2200	1100	1254	13084	12
	平均值	4676	2126	1063	1212	10936	10

"煤改气"模式下，以现状为基准，常住人房间围护结构在GB/T 50824—2013、GB/T 50824修订稿和T/CECA 20039—2023三种节能水平下，年供暖节能量平均值分别为2872kWh/a、3410kWh/a和4676kWh/a，节能增量投资平均值分别为6460元/户、7740元/户和10936元/户。其中，常住人房间围护结构热工性能达到GB/T 50824—2013的要求时，年供暖节能量为1199~4302kWh/a，节能增量投资为5655~7862元/户，不同层数的建筑差异较大。

"煤改气"模式下，以现状为基准，常住人房间围护结构达到GB/T 50824—2013、GB/T 50824修订稿和T/CECA 20039—2023三种节能水平时，年供暖节气量平均值分别为363Nm³/a、431Nm³/a和591Nm³/a，年供暖节气费平均值分别为792元/a、940元/a和1289元/a，年碳减排量平均值分别为718kgCO$_2$/a、852kgCO$_2$/a和1169kgCO$_2$/a，静态回收期平均值均为8a。其中，常住人房间围护结构热工性能达到GB/T 50824—2013的要求时，年供暖节气量为152~544Nm³/a，年供暖节气费为331~1186元/a，年碳减排量为300~1075kgCO$_2$/a，静态回收期为5~18a。

"煤改电"模式下，以现状为基准，常住人房间围护结构在GB/T 50824—2013、GB/T 50824修订稿和T/CECA 20039—2023三种节能水平下，年供暖节电量平均值分别为1305kWh/a、1550kWh/a和2126kWh/a，年供暖节电费平均值分别为653元/a、775元/a和1063元/a，年碳减排放量平均值分别为744kgCO$_2$/a、884kgCO$_2$/a和1212kgCO$_2$/a，静态回收期平均值均为10a。其中，常住人房间围护结构达到GB/T 50824—2013的要求时，年供暖节电量为545~1955kWh/a，年供暖节电费为273~978元/a，年碳减排量为311~1115kgCO$_2$/a，静态回收期为6~21a。

可以看到，常住人房间围护结构热工性能提升至GB/T 50824—2013，1层、2层和3层农村居住建筑的节能增量投资分别为5655元/户、5865元/户和7862元/户，"煤改气"模式下，静态回收期分别为5a、18a和9a；"煤改电"模式下，静态回收期分别为 6a、21a 和 11a。随着节能水平的提升，节能增量投资增加幅度较小，静态回收期变化不大。

从经济性角度考虑，常住人房间围护结构热工性能提升时的静态回收期，总体明显低于整体围护结构热工性能提升，即无论是 1 层、2 层还是 3 层建筑，均适宜常住人房间围护结构节能改造。1 层建筑可优选将常住人房间围护结构热工性能提升至 GB/T 50824—2013 或者 GB/T 50824 修订稿，节能增量投资小，静态回收期短；2 层建筑可优选将常住人房间围护结构热工性能提升至 T/CECA 20039—2023，其静态回收期明显低于将常住人房间围护结构热工性能提升至 GB/T 50824—2013；3 层建筑由于常住人房间有屋面，其特征与 1 层建筑类似。

7.5　供暖房间内围护结构节能改造技术评估

7.5.1　建筑整体内围护结构增加保温

以寒冷地区的代表城市西安为测算地点，采用本书 3.4.3 节的 1 层、2 层和 3 层典型居住建筑模型，针对建筑整体，测算其供暖房间内围护结构增加保温后对农村居住建筑的年供暖节能效益、经济及环境效益。表 7-13 为寒冷地区典型农村居住建筑在不同节能方案下，建筑整体内围护结构增加保温后的供暖耗热量指标，表 7-14 为建筑整体内围护结构增加保温后的相对节能率。

建筑整体内围护结构增加保温后的供暖耗热量指标

[单位: kWh/(m² · a)]　　　　　　　　　　　　　　表 7-13

模型	现状	现状＋内围护结构保温	执行 GB/T 50824—2013	执行 GB/T 50824—2013＋内围护结构保温	执行 GB/T 50824 修订稿	执行 GB/T 50824 修订稿＋内围护结构保温
1 层建筑	91.66	82.11	29.76	26.19	22.04	19.18
2 层建筑	35.75	27.89	16.60	11.95	13.11	9.00
3 层建筑	32.39	28.70	11.66	10.20	9.41	7.18
平均值	53.27	46.23	19.34	16.11	14.85	11.79

建筑整体内围护结构增加保温后的相对节能率　　　　表 7-14

模型	现状＋内围护结构保温	执行 GB/T 50824—2013＋内围护结构保温	执行 GB/T 50824 修订稿＋内围护结构保温
1 层建筑	10.42%	12.00%	12.98%
2 层建筑	21.99%	28.01%	31.35%

续表

模型	现状＋内围护结构保温	执行 GB/T 50824—2013＋内围护结构保温	执行 GB/T 50824 修订稿＋内围护结构保温
3 层建筑	11.39%	12.52%	23.70%
平均值	13.22%	16.70%	20.61%

　　寒冷地区典型农村居住建筑整体内围护结构增加保温后的相对节能率平均值分别为 13.22%、16.70% 和 20.61%。这说明，在建筑整体内围护结构增加保温后，对分室间歇供暖的寒冷地区农村居住建筑节能作用明显，仅在现状基础上就可实现平均节能 13% 以上；随着外围护结构节能水平的提升，建筑整体内围护结构增加保温对降低供暖能耗的作用愈发突出，这表明当外围护结构热工性能提升到一定程度后，总体热负荷水平显著降低，而分室间歇供暖时的内围护结构负荷占比将逐步增加，其对寒冷地区农村居住建筑整体供暖能耗的影响将不可忽视。

　　在现状的基础上，建筑整体内围护结构增加保温后，在"煤改气"和"煤改电"两种模式下的年供暖效益评估，分别见表 7-15 和表 7-16。

建筑整体内围护结构增加保温后"煤改气"模式下
寒冷地区农村居住建筑年供暖效益评估 表 7-15

节能方案	模型	年供暖节能量（kWh/a）	年供暖节气量（Nm³/a）	年供暖节气费（元/a）	年碳减排量（kgCO₂/a）	节能增量投资（元/户）	静态回收期（a）
现状＋内围护结构保温	1 层建筑	887	112	244	222	2561	10
	2 层建筑	1542	195	425	386	5012	12
	3 层建筑	960	121	265	240	5139	19
	平均值	1130	143	311	282	4237	14
执行 GB/T 50824—2013＋内围护结构保温	1 层建筑	331	42	91	83	2561	28
	2 层建筑	913	115	252	228	5012	20
	3 层建筑	380	48	105	95	5139	49
	平均值	541	68	149	135	4237	28
执行 GB/T 50824 修订稿＋内围护结构保温	1 层建筑	265	34	73	66	2561	35
	2 层建筑	807	102	222	202	5012	23
	3 层建筑	580	73	160	145	5139	32
	平均值	551	70	152	138	4237	28

建筑整体内围护结构增加保温后"煤改电"模式下
寒冷地区农村居住建筑年供暖效益评估 　　表 7-16

节能方案	模型	年供暖节能量（kWh/a）	年供暖节电量（kWh/a）	年供暖节电费（元/a）	年碳减排量（kgCO₂/a）	节能增量投资（元/户）	静态回收期（a）
现状＋内围护结构保温	1层建筑	887	403	201	230	2561	13
	2层建筑	1542	701	351	400	5012	14
	3层建筑	960	436	218	249	5139	24
	平均值	1130	513	257	293	4237	16
执行 GB/T 50824—2013＋内围护结构保温	1层建筑	331	151	75	86	2561	34
	2层建筑	913	415	207	237	5012	24
	3层建筑	380	173	86	98	5139	60
	平均值	541	246	123	140	4237	34
执行 GB/T 50824 修订稿＋内围护结构保温	1层建筑	265	121	60	69	2561	43
	2层建筑	807	367	183	209	5012	27
	3层建筑	580	264	132	150	5139	39
	平均值	551	250	125	143	4237	34

"煤改电"模式下，以现状为基准，建筑整体内围护结构增加保温后，在三种节能方案下，年供暖节能量平均值分别为 1130kWh/a、541kWh/a 和 551kWh/a，节能增量投资平均值均为 4237 元。其中，现状＋内围护结构保温节能方案的年供暖节能量为 887～1542kWh/a，节能增量投资为 2561～5139 元/户，不同层数的建筑差异较大，1层建筑无楼板构造，内围护结构面积小，节能增量投资最小，静态回收期最短。

"煤改气"模式下，以现状为基准，建筑整体内围护结构增加保温后，现状＋内围护结构保温节能方案的年供暖节气量平均值为 112～195Nm³/a，年供暖节气费为 244～425 元/a，年碳减排量为 222～386kgCO₂/a，静态回收期为 10～19a。"煤改电"模式下，各指标的评估过程与"煤改气"类似，现状＋内围护结构保温节能方案的年供暖节电量为 403～701kWh/a，年供暖节电费为 201～351 元/a，年碳减排量为 230～400kgCO₂/a，静态回收期为 13～24a。但随着寒冷地区农村居住建筑本身节能水平的提升，其年供暖节能量越来越小，静态回收期越来越长，经济性越来越差。

从经济性角度考虑，现状寒冷地区农村居住建筑的整体内围护结构增加保温后的静态回收期较短。即现状的不节能建筑，适宜整体内围护结构增加保温，而对于节能建筑，其整体内围护结构增加保温，虽然能够带来更大的节能率，但其经济性欠佳。另外，从建筑结构来看，1层建筑的节能增量投资最小，静态投资回收期最短，适宜性更强。

7.5.2 常住人房间内围护结构增加保温

以寒冷地区的代表城市西安为测算地点，采用1层、2层和3层建筑模型，针对常住人房间，测算其内围护结构增加保温后的年供暖效益。表7-17为寒冷地区典型农村居住建筑在不同节能方案下，常住人房间内围护结构增加保温后的供暖耗热量指标，表7-18为常住人房间内围护结构增加保温后的相对节能率。

常住人房间内围护结构增加保温后的供暖耗热量指标

[单位: kWh/(m² · a)]　　　　　　　　　　　**表 7-17**

模型	现状	现状＋内围护结构保温	执行 GB/T 50824—2013	执行 GB/T 50824—2013＋内围护结构保温	执行 GB/T 50824 修订稿	执行 GB/T 50824 修订稿＋内围护结构保温
1 层建筑	91.66	82.11	45.32	37.58	40.21	31.80
2 层建筑	35.75	27.89	29.64	21.83	27.02	19.24
3 层建筑	32.39	28.70	20.42	16.84	18.01	14.22
平均值	53.27	46.23	31.79	25.42	28.41	21.75

常住人房间内围护结构增加保温后的相对节能率　　**表 7-18**

模型	现状＋内围护结构保温	执行 GB/T 50824—2013＋内围护结构保温	执行 GB/T 50824 修订稿＋内围护结构保温
1 层建筑	10.42%	17.08%	20.92%
2 层建筑	21.99%	26.35%	28.79%
3 层建筑	11.39%	17.53%	21.04%
平均值	13.22%	20.04%	23.44%

可以看出，常住人房间内围护结构增加保温后，寒冷地区典型农村居住建筑的节能率平均值分别为13.22%、20.04%和23.44%。同样说明，常住人房间内围护结构增加保温对分室间歇供暖的寒冷地区农村居住建筑节能作用明显，且随着外围护结构节能水平的提升，常住人房间内围护结构增加保温对降低建筑供暖能耗的作用愈发突出，其对整体供暖能耗的影响将不可忽视。

以现状为基准，常住人房间内围护结构增加保温后，在"煤改气"和"煤改电"两种模式下的年供暖效益评估，分别见表7-19和表7-20。

常住人房间内围护结构增加保温后"煤改气"模式下
寒冷地区农村居住建筑年供暖效益评估 表 7-19

节能方案	模型	年供暖节能量（kWh/a）	年供暖节气量（Nm³/a）	年供暖节气费（元/a）	年碳减排量（kgCO₂/a）	节能增量投资（元/户）	静态回收期（a）
现状＋内围护结构保温	1层建筑	887	112	244	222	2167	9
	2层建筑	1542	195	425	386	3651	9
	3层建筑	960	121	265	240	3767	14
	平均值	1130	143	311	282	3195	10
执行 GB/T 50824—2013＋内围护结构保温	1层建筑	719	91	198	180	2167	11
	2层建筑	1533	194	423	383	3651	9
	3层建筑	931	118	257	233	3767	15
	平均值	1061	134	292	265	3195	11
执行 GB/T 50824 修订稿＋内围护结构保温	1层建筑	781	99	215	195	2167	10
	2层建筑	1527	193	421	382	3651	9
	3层建筑	986	125	272	246	3767	14
	平均值	1098	139	303	274	3195	11

常住人房间内围护结构增加保温后"煤改电"模式下
寒冷地区农村居住建筑年供暖效益评估 表 7-20

节能方案	模型	年供暖节能量（kWh/a）	年供暖节电量（kWh/a）	年供暖节电费（元/a）	年碳减排量（kgCO₂/a）	节能增量投资（元/户）	静态回收期（a）
现状＋内围护结构保温	1层建筑	887	403	201	230	2167	11
	2层建筑	1542	701	351	400	3651	10
	3层建筑	960	436	218	249	3767	17
	平均值	1130	513	257	293	3195	12
执行 GB/T 50824—2013＋内围护结构保温	1层建筑	719	327	163	186	2167	13
	2层建筑	1533	697	348	397	3651	10
	3层建筑	931	423	212	241	3767	18
	平均值	1061	482	241	275	3195	13
执行 GB/T 50824 修订稿＋内围护结构保温	1层建筑	781	355	177	202	2167	12
	2层建筑	1527	694	347	396	3651	11
	3层建筑	986	448	224	256	3767	17
	平均值	1098	499	250	285	3195	13

"煤改电"模式下，以现状为基准，常住人房间内围护结构增加保温后，在三种节能方案下，年供暖节能量平均值分别为1130kWh/a、1061kWh/a和1098kWh/a，节能增量投资平均值均为3195元/户。其中，现状＋内围护结构保温节能方案的年供暖节能量为887～1542kWh/a，节能增量投资为2167～3767元/户，不同层数的建筑差异较大，1层建筑无楼板构造，内围护结构面积小，节能增量投资最小，静态回收期短；2层建筑虽然节能增量投资较多，但其节能收益高，静态回收期也较短。

"煤改气"模式下，以现状为基准，在三种节能方案下，常住人房间内围护结构均增加保温后，现状＋内围护结构保温节能方案的年供暖节气量为112～195Nm³/a，年供暖节气费为244～425元/a，年碳减排量为222～386kgCO$_2$/a，静态回收期为9～14a。"煤改电"模式下，各指标的评估过程与"煤改气"类似，现状＋内围护结构保温节能方案的年供暖节电量为403～701kWh/a，年供暖节电费为201～351元/a，年碳减排量为230～400kgCO$_2$/a，静态回收期为10～17a。

对于1层和2层建筑，在三种节能方案下，常住人房间内围护结构增加保温后的静态回收期均在10a左右，经济效益较好；对于3层建筑，虽然节能效益较好，但其内围护结构面积过大，导致静态回收期长，经济效益一般。

从经济性角度考虑，在三种节能方案下，常住人房间内围护结构增加保温后的静态回收期平均值均在15a以内，经济效益较好。即寒冷地区农村居住建筑实施常住人房间节能提升时，在原有节能水平上，均适宜采取常住人房间内围护结构增加保温的措施，节能、经济和环境效益均较好。

7.6　围护结构节能改造正交试验分析

7.6.1　正交试验方案设计

目前，寒冷地区农村居住建筑节能设计可执行《农村居住建筑节能设计标准》GB/T 50824—2013，若将其按一般民用建筑考虑，可执行《建筑节能与可再生能源利用通用规范》GB 55015—2021的居住建筑节能设计要求。

结合前期调研结果可知，寒冷地区既有农村居住建筑普遍未采取保温措施。根据寒冷地区农村居住建筑的建设现状和现行节能标准要求，按传热系数大小对每类围护结构设定4种节能改造做法，改造成本按一般农村施工估计，见表7-21。其中，因素水平1是围护结构现状做法，因素水平3是达到《农村居住建筑节能设计标准》GB/T 50824—2013要求的做法，因素水平5是达到《建筑节能与可再生能源利用通用规范》GB 55015—2021要求的做法。由于现行国家标准中对居住建筑内围护结构热工性能要求均较低，而考虑到寒冷地区农村居住建筑分室间歇供暖特性，内围护结构传热损失明显，因此节能改造做法中对内围护结构热工性能进一步提升，因素水平 5 的隔墙和楼板热工性能高出《建筑节能与可再生能源利用通用规范》GB 55015—2021 的要求较多。因素水平 2 和因素水平 4 的围护结构热工性能介于中间。

围护结构节能改造正交设计方案 表 7-21

围护结构	内容	因素水平				
		1	2	3	4	5
外窗	改造做法	木窗框单层玻璃	塑钢窗框单层Low-E 玻璃	塑钢窗框6＋12A＋6中空玻璃	塑钢窗框6＋12A＋6Low-E中空玻璃	塑钢窗框6＋12Ar＋6＋12Ar＋6 双银Low-E 中空玻璃
	传热系数 $[W/(m^2 \cdot K)]$	4.70	3.50	2.50	2.10	1.50
	太阳得热系数	0.61	0.39	0.51	0.34	0.26
	改造成本（元/m²）	0	260	340	370	550
屋面	改造做法	现状做法＋酚醛防火保温板				
	保温层厚度（mm）	0	30	60	90	120
	传热系数 $[W/(m^2 \cdot K)]$	3.77	0.90	0.50	0.36	0.28
	改造成本（元/m²）	0	34	46	58	70
外墙	改造做法	现状做法＋酚醛防火保温板				
	保温层厚度（mm）	0	30	40	70	90
	传热系数 $[W/(m^2 \cdot K)]$	2.03	0.75	0.62	0.42	0.33
	改造成本（元/m²）	0	31	34	43	49
隔墙	改造做法	现状做法＋膨胀玻化微珠浆料				
	保温层厚度（mm）	0	10	20	40	50
	传热系数 $[W/(m^2 \cdot K)]$	1.78	1.50	1.30	1.00	0.92
	改造成本（元/m²）	0	20	23	29	32
楼板	改造做法	现状做法＋酚醛防火保温板				
	保温层厚度（mm）	0	10	20	25	30
	传热系数 $[W/(m^2 \cdot K)]$	2.98	1.66	1.15	1.00	0.87
	改造成本（元/m²）	0	24	28	30	32

对本书 3.4.3 节所述的 3 种寒冷地区典型农村居住建筑模型，1 层建筑选取了 4 个影响因子，2 层和 3 层建筑选取了 5 个影响因子，每个影响因子又设计了 5 种围护结构节能因素水平，完全试验的方案数量庞大，模拟周期过长且不易操作，并且数据分析难度较大。因此，选用正交试验法进行科学、高效的方案设计，在

保证结论准确的前提下，大大减少了工作量。采用 SPSS 数据分析软件进行正交组合后共得到 25 种方案，如表 7-22 和表 7-23 所示，分别针对 3 种寒冷地区典型农村居住建筑模型进行不同方案的供暖能耗模拟，再基于 SPSS 数据分析软件采用正交试验极差分析法，得出围护结构影响供暖能耗指标和节能增量静态回收期的主次顺序。

正交试验设计表（不同围护结构做法组合）　　　　　表 7-22

编号	不同围护结构部位的因素水平				
	外窗	屋顶	外墙	内墙	楼板
1	1	1	1	1	1
2	1	2	3	4	5
3	1	3	5	2	4
4	1	4	2	5	3
5	1	5	4	3	2
6	2	1	5	4	3
7	2	2	2	2	2
8	2	3	4	5	1
9	2	4	1	3	5
10	2	5	3	1	4
11	3	1	4	2	5
12	3	2	1	5	4
13	3	3	3	3	3
14	3	4	5	1	2
15	3	5	2	4	1
16	4	1	3	5	2
17	4	2	5	3	1
18	4	3	2	1	5
19	4	4	4	4	4
20	4	5	1	2	3
21	5	1	2	3	4
22	5	2	4	1	3
23	5	3	1	4	2
24	5	4	3	2	1
25	5	5	5	5	5

注：因素水平所对应的保温做法见表 7-21。

正交试验设计表（不同围护结构传热系数组合） 表 7-23

编号	不同围护结构部位传热系数 [kW/(m²·K)]				
	外窗	屋顶	外墙	内墙	楼板
1	4.70	3.77	2.03	1.78	2.98
2	4.70	0.90	0.62	1.00	0.87
3	4.70	0.50	0.33	1.50	1.00
4	4.70	0.36	0.75	0.92	1.15
5	4.70	0.28	0.42	1.30	1.66
6	3.50	3.77	0.33	1.00	1.15
7	3.50	0.90	0.75	1.50	1.66
8	3.50	0.50	0.42	0.92	2.98
9	3.50	0.36	2.03	1.30	0.87
10	3.50	0.28	0.62	1.78	1.00
11	2.50	3.77	0.42	1.50	0.87
12	2.50	0.90	2.03	0.92	1.00
13	2.50	0.50	0.62	1.30	1.15
14	2.50	0.36	0.33	1.78	1.66
15	2.50	0.28	0.75	1.00	2.98
16	2.10	3.77	0.62	0.92	1.66
17	2.10	0.90	0.33	1.30	2.98
18	2.10	0.50	0.75	1.78	0.87
19	2.10	0.36	0.42	1.00	1.00
20	2.10	0.28	2.03	1.50	1.15
21	1.50	3.77	0.75	1.30	1.00
22	1.50	0.90	0.42	1.78	1.15
23	1.50	0.50	2.03	1.00	1.66
24	1.50	0.36	0.62	1.50	2.98
25	1.50	0.28	0.33	0.92	0.87

7.6.2 建筑整体围护结构热工性能提升

表 7-24 为寒冷地区农村居住建筑整体节能改造的正交方案下供暖节能及经济效益评估指标，基于本书 3.4 节所述的 1 层、2 层和 3 层典型建筑模型，节能设计

方案采用表 7-23 的围护结构传热系数设定组合，共 25 个方案，模拟地点为寒冷地区（代表城市西安），模拟计算各个方案的年供暖耗热量指标，依据"煤改电"模式，进而计算获得各个节能设计方案相对现状的年供暖节电费、节能增量投资和静态回收期，以此作为建筑整体节能改造正交方案分析的基础数据。

建筑整体节能改造的正交方案下供暖节能及经济效益评估指标 表 7-24

编号	供暖耗热量指标 [kWh/(m²·a)]	节能率 （%）	年供暖节电费 （元/a）	节能增量投资 （元/户）	静态回收期 （a）
1 层建筑					
1	92	0	0	0	0
2	39	58	1225	11510	9
3	33	64	1363	14332	11
4	36	61	1287	13966	11
5	31	66	1406	16329	12
6	59	35	749	14390	19
7	49	47	992	14598	15
8	33	64	1353	18816	14
9	60	35	733	12776	17
10	39	58	1227	17265	14
11	62	32	689	14014	20
12	57	38	801	12257	15
13	33	64	1356	17983	13
14	28	70	1478	19568	13
15	33	64	1363	20704	15
16	60	34	724	14200	20
17	36	61	1293	19451	15
18	44	53	1113	15994	14
19	30	68	1435	21713	15
20	59	36	764	15673	21
21	68	25	537	15953	30
22	41	55	1169	19509	17
23	57	38	809	16824	21
24	35	62	1308	22549	17
25	26	72	1530	27226	18

续表

编号	供暖耗热量指标 [kWh/(m²·a)]	节能率 （%）	年供暖节电费 （元/a）	节能增量投资 （元/户）	静态回收期 （a）
2 层建筑					
1	36	0	0	0	0
2	18	51	891	17107	19
3	17	52	916	20970	23
4	20	44	761	19561	26
5	19	46	796	22613	28
6	20	45	793	24445	31
7	25	30	523	23720	45
8	23	36	628	27331	44
9	28	21	358	20861	58
10	21	41	716	27575	39
11	16	55	959	25229	26
12	25	30	526	21150	40
13	17	51	900	29218	32
14	17	52	913	31580	35
15	22	38	671	30196	45
16	21	41	717	248170	35
17	22	40	696	29923	43
18	21	42	739	27632	37
19	17	53	927	34506	37
20	29	18	316	25534	81
21	21	41	713	29772	42
22	20	45	789	34480	44
23	30	17	298	29035	97
24	24	34	593	35484	60
25	15	58	1016	43880	43
3 层建筑					
1	32	0	0	0	0
2	13	61	1287	19923	15

续表

编号	供暖耗热量指标 [kWh/(m²·a)]	节能率 （%）	年供暖节电费 （元/a）	节能增量投资 （元/户）	静态回收期 （a）
3	13	59	1239	24918	20
4	15	53	1105	21941	20
5	14	57	1202	25872	22
6	19	42	882	33605	38
7	20	39	821	30874	38
8	15	52	1102	35743	32
9	22	32	672	25002	37
10	17	48	1013	34380	34
11	18	45	946	35156	37
12	23	30	634	27070	43
13	14	58	1224	37963	31
14	13	61	1287	41309	32
15	15	53	1118	38705	35
16	20	39	821	34672	42
17	15	54	1125	40850	36
18	17	49	1021	36355	36
19	13	61	1271	44530	35
20	25	23	487	31522	65
21	22	33	686	42437	62
22	16	51	1062	47637	45
23	24	25	519	38607	74
24	16	49	1036	48032	46
25	11	65	1368	57566	42

1. 围护结构传热系数与节能率的极差分析

表 7-25 为建筑整体围护结构传热系数与节能率的极差值 R。以围护结构各部位传热系数为因素水平，以节能率为试验结果，利用 SPSS 数据分析软件采用正交试验极差分析法，计算极差值，通过极差值大小反映各因素对节能率的影响程度以及最佳的因素水平组合。

建筑整体围护结构传热系数与节能率的极差值 *R*   表 7-25

模型	极差值 *R*				
	外窗	屋面	外墙	隔墙	楼板
1 层建筑	5.98	33.88	31.18	6.67	—
2 层建筑	10.88	4.25	32.43	5.62	15.73
3 层建筑	6.85	19.4	34.18	6.60	8.71

    整体围护结构热工性能提升后，对于 1 层建筑，屋面的传热系数变化对节能率的影响最大，外窗的影响最小，按影响强弱排序为：屋面＞外墙＞隔墙＞外窗。对于 2 层建筑，外墙的传热系数变化对节能率的影响最大，屋面的影响最小，按影响强弱排序为：外墙＞楼板＞外窗＞隔墙＞屋面。对于 3 层建筑，外墙的传热系数变化对节能率的影响最大，隔墙的影响最小，按影响强弱排序为：外墙＞屋面＞楼板＞外窗＞隔墙。

    1 层和 3 层建筑具有相似的特征，常住人房间存在屋面，而 2 层建筑的常住人房间均位于首层，其上方为楼板，无屋面。对于 1 层和 3 层建筑，屋面和外墙的传热系数变化对节能率的影响较大，对于 2 层建筑，外墙和楼板的传热系数变化对节能率的影响较大。可以总结为：外墙传热系数对寒冷地区农村居住建筑节能率的影响较大，当常住人房间存在屋面时，屋面对节能率的影响较大，当常住人房间不存在屋面时，楼板对节能率的影响较大；外窗的传热系数对节能率的影响次之；隔墙、非常住人房间屋面的传热系数对节能率的影响一般。以节能率最高为目标的最佳围护结构节能设计方案见表 7-26。

以节能率最高为目标的建筑整体围护结构节能设计方案
（最佳因素水平组合）   表 7-26

模型	围护结构传热系数 $[W/(m^2 \cdot K)]$				
	外窗	屋面	外墙	隔墙	楼板
1 层建筑	2.50	0.28	0.33	0.92	—
2 层建筑	2.50	0.28	0.33	0.92	0.87
3 层建筑	2.50	0.28	0.33	0.92	0.87

    为实现更高的节能率，屋面、外墙、隔墙、楼板等非透光围护结构传热系数越低越好，而透光围护结构外窗的传热系数并非越低越好。最佳因素水平组合下的外窗传热系数为 $2.50W/(m^2 \cdot K)$，而正交试验中设定的最低外窗传热系数为 $1.50W/(m^2 \cdot K)$。这主要是因为不同的外窗构造对供暖能耗的影响，不仅仅体现

在传热系数，还有太阳得热系数 $SHGC$。太阳得热系数也称太阳能总透射比，是指通过透光围护结构的太阳辐射室内得热量与投射到透光围护结构外表面上的太阳辐射量的比值。

为实现更低的外窗传热系数，需要采取增加玻璃和中空层数、增加多层低辐射率镀膜等措施，该类措施会降低外窗太阳得热系数，例如，塑钢窗框 $6+12A+6$ 中空玻璃的 $SHGC$ 为 0.51，而塑钢窗框 $6+12Ar+6+12Ar+6$ 双银 Low-E 中空玻璃的 $SHGC$ 仅为 0.25。根据调研可知，寒冷地区农村居住建筑能耗主要为冬季供暖能耗，因此，外窗的选择应兼顾传热系数及太阳得热系数，冬季充分利用外窗被动得热。

2. 围护结构改造费用与静态回收期的极差分析

表 7-27 为建筑整体围护结构改造费用与静态回收期的极差值 R。以围护结构各部位改造费用为因素水平，以静态回收期为试验结果，利用 SPSS 数据分析软件采用正交试验极差分析法，计算极差值，通过极差值大小反映各因素对静态回收期的影响程度以及最佳的因素水平组合。

建筑整体围护结构改造费用与静态回收期的极差值 R　　　　表 7-27

模型	极差值 R				
	外窗	屋面	外墙	隔墙	楼板
1 层建筑	11.97	3.55	2.25	5.74	—
2 层建筑	37.93	20.46	20.39	16.19	11.93
3 层建筑	38.53	5.26	10.05	11.88	11.63

整体围护结构热工性能提升后，对于 1 层建筑，外窗的改造费用变化对静态回收期的影响最大，外墙的影响最小，按影响强弱排序为：外窗＞隔墙＞屋面＞外墙。对于 2 层建筑，外窗的改造费用变化对静态回收期的影响最大，楼板的影响最小，按影响强弱排序为：外窗＞屋面＞外墙＞隔墙＞楼板。对于 3 层建筑，外窗的改造费用变化对静态回收期的影响最大，屋面的影响最小，按影响强弱排序为：外窗＞隔墙＞楼板＞外墙＞屋面。综合来看，外窗的改造费用对静态回收期的影响均最为明显，主要是因为外窗的改造成本明显比其他围护结构高。

整体围护结构热工性能提升后，以静态回收期最短为目标的最佳围护结构节能改造费用见表 7-28，进一步转化为最佳围护结构节能改造做法，见表 7-29。

以静态回收期最短为目标的建筑整体围护结构节能改造费用
（最佳因素水平组合）

表 7-28

模型	改造费用（元）				
	外窗	屋面	外墙	隔墙	楼板
1 层建筑	0	3754	5196	0	0
2 层建筑	0	0	10844	0	2208
3 层建筑	0	4097	10554	0	0

以静态回收期最短为目标的最佳围护结构节能改造做法　表 7-29

模型	传热系数［W/（m²·K）］				
	外窗	屋面	外墙	隔墙	楼板
1 层建筑	0	0.90（30mm 厚酚醛防火板）	0.62（40mm 厚酚醛防火板）	0	0
2 层建筑	0	0	0.62（40mm 厚酚醛防火板）	0	1.00（25mm 厚酚醛防火板）
3 层建筑	0	0.90（30mm 厚酚醛防火板）	0.62（40mm 厚酚醛防火板）	0	0

可以看到，在静态回收期最短目标下，1 层建筑最佳的围护结构改造部位为屋面和外墙，2 层建筑最佳的局部围护结构改造部位为外墙和楼板，3 层建筑最佳的局部围护结构改造部位为屋面和外墙。其中，屋面的最佳改造做法是贴 30mm 厚酚醛防火保温板，外墙的最佳改造做法是贴 40mm 厚酚醛防火保温板，楼板的最佳改造做法是贴 25mm 厚酚醛防火保温板。外窗改造费用过大，一般不建议采用更换外窗的改造方式，可采用增设保温窗帘和提高外窗气密性等低成本的改造方式。

7.6.3　常住人房间围护结构热工性能提升

表 7-30 为常住人房间节能改造的正交方案下供暖节能及经济效益，方案设计与建筑整体节能改造一致。模拟地点为寒冷地区（代表城市西安），模拟计算各个方案的年供暖耗热量指标，依据"煤改电"模式，进而计算获得各个节能设计方案相对现状的年供暖节电费、节能增量投资和静态回收期，以此作为常住人房间节能改造正交方案分析的基础数据。

常住人房间节能改造的正交方案下供暖节能与经济效益评估指标　表 7-30

编号	供暖耗热量指标 [kWh/(m²·a)]	节能率 (%)	年供暖节电费 (元/a)	节能增量投资 (元/户)	静态回收期 (a)
1 层建筑					
1	92	0	0	0	0
2	44	52	1112	4606	4
3	42	54	1152	4894	4
4	41	55	1175	5655	5
5	39	57	1215	5843	5
6	61	34	719	5901	8
7	53	42	888	5940	7
8	38	59	1244	7698	6
9	62	32	686	6059	9
10	47	49	1035	5932	6
11	66	28	600	5677	9
12	60	35	735	6455	9
13	42	54	1153	7374	6
14	42	55	1160	6615	6
15	40	56	1201	8647	7
16	62	33	693	6518	9
17	43	53	1130	7653	7
18	52	44	931	5798	6
19	37	60	1279	8827	7
20	62	32	680	7188	11
21	70	24	510	7204	14
22	50	46	975	7193	7
23	59	36	758	8394	11
24	44	52	1113	9313	8
25	33	64	1368	11170	8
2 层建筑					
1	36	0	0	0	0
2	21	42	737	6045	8

续表

编号	供暖耗热量指标 [kWh/(m²·a)]	节能率 （%）	年供暖节电费 （元/a）	节能增量投资 （元/户）	静态回收期 （a）
3	21	41	712	6375	9
4	26	28	482	5774	12
5	24	33	576	5777	10
6	22	38	673	9544	14
7	28	23	399	7546	19
8	27	25	433	7554	17
9	30	17	294	6166	21
10	24	32	556	6916	12
11	19	46	798	9698	12
12	27	25	437	7430	17
13	21	40	699	9027	13
14	23	36	632	8383	13
15	27	25	445	7419	17
16	23	34	601	9635	16
17	26	27	477	8573	18
18	24	34	592	8006	14
19	20	43	753	10434	14
20	31	14	244	6895	28
21	23	35	618	11175	18
22	23	35	613	10458	17
23	31	13	235	9091	39
24	28	22	383	9296	24
25	19	48	837	13046	16
3 层建筑					
1	32	0	0	0	0
2	14	56	1186	7246	6
3	15	52	1101	7917	7

续表

编号	供暖耗热量指标 ［kWh/（m²·a）］	节能率 （%）	年供暖节电费 （元/a）	节能增量投资 （元/户）	静态回收期 （a）
4	17	48	1010	7284	7
5	16	51	1075	7587	7
6	20	39	810	11258	14
7	21	36	747	9208	12
8	17	48	1008	10023	10
9	25	24	500	7440	15
10	19	43	900	8719	10
11	19	42	889	11295	13
12	24	27	573	8744	15
13	16	52	1081	11073	10
14	16	52	1095	10588	10
15	17	47	991	10061	10
16	21	36	751	11368	15
17	17	48	1001	11134	11
18	18	43	902	9682	11
19	15	55	1149	12941	11
20	26	21	434	8552	20
21	23	29	613	13051	21
22	18	44	924	12674	14
23	25	23	475	11028	23
24	18	43	910	12188	13
25	13	59	1235	16239	13

1. 常住人房间围护结构传热系数与节能率的极差分析

表 7-31 为常住人房间围护结构传热系数与节能率的极差值。以围护结构各部位传热系数为因素水平，以节能率为试验结果，利用 SPSS 数据分析软件采用正交试验极差分析法，计算极差值，通过极差值大小反映各因素对节能率的影响程度以及最佳的因素水平组合。

常住人房间围护结构传热系数与节能率的极差值 *R*　　　表 7-31

模型	极差值 *R*				
	外窗	屋面	外墙	隔墙	楼板
1 层建筑	2.60	27.97	25.13	10.48	—
2 层建筑	7.49	—	24.26	5.15	17.38
3 层建筑	6.33	15.25	31.06	7.53	7.63

　　常住人房间围护结构热工性能提升后，对于 1 层建筑，屋面的传热系数变化对节能率的影响最大，外窗的影响最小，按影响强弱排序为：屋面＞外墙＞隔墙＞外窗。对于 2 层建筑，外墙的传热系数变化对节能率的影响最大，隔墙的影响最小，按影响强弱排序为：外墙＞楼板＞外窗＞隔墙。对于 3 层建筑，外墙的传热系数变化对节能率的影响最大，外窗的影响最小，按影响强弱排序为：外墙＞屋面＞楼板＞外窗＞隔墙。

　　常住人房间围护结构热工性能提升后，外墙传热系数对节能率的影响较大，当常住人房间存在屋面时，屋面对节能率的影响较大，当常住人房间不存在屋面时，楼板对节能率的影响较大；隔墙对节能率的影响程度次之；外窗的传热系数对节能率的影响一般。以节能率最高为目标的常住人房间围护结构节能设计方案见表 7-32。

以节能率最高为目标的常住人房间围护结构节能设计方案
（最佳因素水平组合）　　　表 7-32

模型	围护结构传热系数 $[W/(m^2 \cdot K)]$				
	外窗	屋面	外墙	隔墙	楼板
1 层建筑	2.50	0.28	0.33	0.92	—
2 层建筑	2.50	—	0.33	0.92	0.87
3 层建筑	2.50	0.28	0.33	0.92	0.87

　　与建筑整体改造的结论一致，为实现更高的节能率，屋面、外墙、隔墙、楼板的围护结构传热系数越低越好，而外窗的传热系数并非越低越好，还应兼顾外窗太阳得热系数、冬季充分利用外窗的被动得热。

2. 常住人房间围护结构改造费用与静态回收期的极差分析

　　表 7-33 为常住人房间围护结构改造费用与静态回收期的极差值。以围护结构各部位改造费用为因素水平，以静态回收期为试验结果，采用 SPSS 数据分析软件采用正交试验极差分析法，计算极差值，通过极差值大小反应各因素对静态回

收期的影响程度主次顺序以及最佳的因素水平组合。可以看到，表 7-33 中各因素对静态回收期的影响与表 7-27 基本一致。

常住人房间围护结构改造费用与静态回收期的极差值 R　　　　表 7-33

模型	极差值 R				
	外窗	屋面	外墙	隔墙	楼板
1 层建筑	6.22	1.48	1.24	3.18	—
2 层建筑	14.90	—	6.98	7.24	5.32
3 层建筑	11.44	1.32	3.71	4.30	4.56

常住人房间围护结构热工性能提升后，以静态回收期最短为目标的最佳围护结构节能改造费用见表 7-34，进一步转化为最佳围护结构节能改造做法，与表 7-29 一致。

以静态回收期最短为目标的常住人房间围护结构节能改造费用
（最佳因素水平组合）　　　　表 7-34

模型	改造费用（元）				
	外窗	屋面	外墙	隔墙	楼板
1 层建筑	0	1310	1628	0	0
2 层建筑	0	0	2267	0	1898
3 层建筑	0	407	2966	0	0

7.7　总结

本章提出寒冷地区农村居住建筑围护结构节能改造评估方法和评估指标，评估了在不同节能水平下的节能、经济和环境效益指标，基于正交试验与多工况的供暖能耗模拟与指标评估，明确了寒冷地区农村居住建筑不同围护结构部位的节能改造优先级，提出了适宜的围护结构节能改造策略。主要结论有：

（1）从经济性角度考虑，寒冷地区农村居住建筑仅常住人房间围护结构节能改造时的静态回收期，明显低于建筑整体围护结构节能改造，即无论是 1 层还是 2 层和 3 层建筑均适宜进行常住人房间围护结构节能改造。1 层建筑可优选节能改造至 GB/T 50824—2013 或者 GB/T 50824 修订稿，此时的节能增量投资小，静态回收期短；2 层以上建筑可优先节能改造至 T/CECA 20039—2023，静态回收期较短。

（2）从节能性角度考虑，当常住人房间普遍位于建筑首层时，对于1层建筑，屋面的传热系数变化对节能率的影响最大，隔墙最小，按影响强弱排序为：屋面＞外墙＞外窗＞隔墙。对于2层建筑，外墙的传热系数变化对节能率的影响最大，隔墙最小，按影响强弱排序为：外墙＞楼板＞外窗＞隔墙。即应优先加强寒冷地区农村居住建筑的非透光外围护结构保温。

第8章　清洁供暖系统改造技术评估

因地制宜选择"煤改气""煤改电"或"煤改可再生能源"等清洁供暖方式，是当前北方地区普遍推行的清洁供暖技术路线。不同供暖方式的安装成本、能耗水平、运行费用和环境影响等差异明显，在多目标约束下，如何选择适宜的供暖方式仍是各地区需持续深化研究的课题。本章提出了供暖系统的节能、经济和环境效益全生命周期性能评估指标，针对现状、执行 GB/T 50824—2013 和执行 T/CECA 20039—2023 三种节能水平下的寒冷地区农村居住建筑[①]，按照常住人房间供暖、整体供暖两种模式，量化不同供暖系统的节能、经济与环境效益指标，并就各指标进行多类型供暖方式的比较，探索具有不同特征的寒冷地区农村居住建筑在不同目标下的供暖方式优先级。

8.1　供暖系统全生命周期评估指标

8.1.1　节能效益评估指标

（1）年供暖耗煤量：年供暖耗热量按一定系数折算后的耗煤量，kg/a。以传统的散煤供暖方式（土暖气）为基准，寒冷地区农村居住建筑所使用的散煤主要是烟煤，低位发热量约 6000 大卡（1kWh 等于 860 大卡），根据《民用水暖煤炉通用技术条件》GB 16154—2018 的规定，民用水暖煤炉热效率应大于 60%，封火能力大于 10h。燃煤炉供暖热效率按《民用水暖煤炉通用技术条件》GB 16154—2018 限值取值。年供暖耗煤量 ＝（年供暖耗热量／热效率）×（860／散煤热值）。

（2）年供暖耗气量：年供暖耗热量按一定系数折算后的耗气量，m³/a。《建筑节能与可再生能源利用通用规范》GB 55015—2021 规定，采用燃气供暖热水炉作为供暖热源的热效率应大于 85%。燃气供暖热效率按《建筑节能与可再生能源利用通用规范》GB 55015—2021 限值取值。天然气热值取 8000 大卡/m³（1kWh 等于 860 大卡）。年供暖耗气量 ＝（年供暖耗热量／热效率）×（860／天然气热值）。

---

① "现状"指现状建筑的节能水平；"执行 GB/T 50824—2013"指达到《农村居住建筑节能设计标准》GB/T 50824—2013 的要求，"执行 T/CECA 20039—2023"指达到《寒冷地区农村居住建筑节能设计标准》T/CECA 20039—2023 的要求。

（3）年供暖耗电量：年供暖耗热量按一定系数折算后的耗电量，kWh/a。

1）空气源热泵热风机。《建筑节能与可再生能源利用通用规范》GB 55015—2021 规定寒冷地区空气源热泵热风机制热性能系数（COP）应大于 2.20，该值已考虑过对制热量的修正。即空气源热泵热风机供暖制热效率按《建筑节能与可再生能源利用通用规范》GB 55015—2021 限值取值。年供暖耗电量 = 年供暖耗热量 / 制热效率。

2）空气源热泵热水机。《建筑节能与可再生能源利用通用规范》GB 55015—2021 规定寒冷地区空气源热泵热水机制热性能系数（COP）应大于 2.40，该值已考虑过对制热量的修正。即空气源热泵热水机供暖制热效率按《建筑节能与可再生能源利用通用规范》GB 55015—2021 限值取值。年供暖耗电量 = 年供暖耗热量 / 制热效率。

3）小型地源热泵机组。《水（地）源热泵机组能效限定值及能效等级》GB 30721—2014 规定地埋管式热泵机组的二级能效（节能评价值）应大于 3.90。即小型地源热泵供暖制热效率按《水（地）源热泵机组能效限定值及能效等级》GB 30721—2014 节能评价值取值。年供暖耗电量 = 年供暖耗热量 / 制热效率。

4）电加热暖风机。为契合寒冷地区农村分室间歇供暖特征，选用响应速度快的电加热暖风机为电加热供暖设备。该设备当前无能效限定要求，考虑电热效率一般均比较高，本书中电热效率取 95%。年供暖耗电量 = 年供暖耗热量 / 电热效率。

（4）年供暖生物质耗量：生物质能供暖系统采用高效燃烧、低排放的直燃型民用生物质固体成型燃料炉，《清洁采暖炉具技术条件》NB/T 34006—2020 规定生物质固体成型燃料采暖炉的热效率应大于 70%。农林废弃物生物质材料加工的固体成型颗粒燃料热值约 4000 大卡（1kWh 等于 860 大卡）。全年供暖耗煤量 =（全年供暖耗热量 / 热效率）×（860 / 生物质热值）。

（5）年供暖能耗：按照各种能源折标准煤系数，将燃煤、天然气、生物质、电力用量转换为标准煤。主要能源折标准煤系数：烟煤为 0.7143kgce/kg，天然气为 1.2150kgce/m³，生物质为 0.4286kgce/kg（按薪柴取值），电力为 0.1229kgce/kWh。年供暖能耗 = 年供暖实物量能耗（年供暖耗煤量、年供暖耗气量、年供暖耗电量、年供暖耗生物质耗量）× 折标准煤系数。

8.1.2 经济效益评估指标

（1）年供暖燃煤费：年供暖耗煤量的支出费用，元/a。燃煤单价按当地市场均价取值，例如西安烟煤单价按当地市场均价取 1.20 元/kg。年供暖燃煤费 = 年供暖耗煤量 × 燃煤单价。

（2）年供暖燃气费：年供暖耗气量的支出费用，元/a。天然气单价按当地收费取值，例如西安居民生活用天然气单价按当地收费取 2.18 元 /m³。年供暖燃气费 = 全年供暖耗气量 × 天然气单价。

（3）年供暖电费：年供暖耗电量的支出费用，元 /a。电价按当地收费取值，例如西安居民生活用电价按当地收费均价取 0.50 元 /kWh。全年供暖电费 = 年供暖耗电量 × 电价。

（4）年供暖生物质费：年供暖生物质耗量的支出费用，元 /a。生物质固体成型颗粒价格按当地取值，例如西安生物质固体成型颗粒按当地市场均价取 1.20 元 /kg。全年供暖生物质费 = 全年供暖生物质耗量 × 生物质固体成型颗粒单价。

（5）投资：供暖系统的工程造价（包括热源、输送管道及末端），元。供暖系统投资 = 热源造价 + 输配管道造价 + 末端造价。

（6）供暖系统全生命周期年均投资：供暖系统投资均摊到全生命周期内各年的费用，元 /a。供暖设备全生命周期均按 15a 考虑。供暖系统全生命周期年均投资 = 供暖系统投资 / 全生命周期。

（7）供暖系统全生命周期成本：供暖系统全生命周期内的总投资和总运行成本，元。供暖系统全生命周期成本 = 供暖系统投资 + 年运行成本（年供暖燃煤费、年供暖燃气费、年供暖电费、年供暖生物质费）× 全生命周期。

（8）全生命周期年均使用成本：供暖系统全生命周期成本均摊到全生命周期，元 /a。全生命周期年均使用成本 = 供暖系统全生命周期年均投资 + 年运行成本（年供暖燃煤费、年供暖燃气费、年供暖电费、年供暖生物质费）。

8.1.3 环境效益评估指标

（1）年碳排放量：因寒冷地区农村居住建筑供暖用燃煤、天然气、电力、生物质燃料等能源而产生的碳排放量，$kgCO_2/a$。

1）燃煤年碳排放量：年供暖耗煤量所产生的碳排放量，$kgCO_2/a$。根据《建筑碳排放计算标准》GB/T 51366—2019，原煤碳排放因子为 $1.9307kgCO_2/m^3$。燃煤年碳排放量 = 年供暖耗煤量 × 原煤碳排放因子。

2）燃气年碳排放量：年供暖耗气量所产生的碳排放量，$kgCO_2/a$。根据《建筑碳排放计算标准》GB/T 51366—2019，天然气碳排放因子为 $1.9763kgCO_2/m^3$。燃气年碳排放量 = 年供暖耗气量 × 天然气碳排放因子。

3）电力年碳排放量：年供暖耗电量所产生的碳排放量，$kgCO_2/a$。生态环境部发布《关于做好 2023—2025 年发电行业企业温室气体排放报告管理有关工作的通知》中明确了 2022 年度全国电网平均碳排放因子为 $0.5703tCO_2/MWh$，即电力碳排放因子暂取 $0.5703kgCO_2/kWh$，后续研究可采用最新数据。电力年碳排放量 = 年供暖耗电量 × 全国电网平均碳排放因子或已知的当地电网碳排放因子。

4）生物质年碳排放量：一般认为生物质为可再生能源，其碳排放因子为 0。

（2）年碳减排量：相对于传统的散煤供暖（土暖气），清洁供暖减少的年碳排放量，$kgCO_2/a$。年碳减排量 = 散煤供暖的年碳排放量 − 清洁供暖的年碳排放量。

（3）碳减排强度：相对于传统的散煤供暖，清洁供暖单位建筑面积减少的年碳排放量，$kgCO_2/(m^2 \cdot a)$。碳减排强度 = 年碳减排量 / 建筑面积。

（4）碳减排率：相对于传统的散煤供暖，清洁供暖全年减少的碳排放量的比例，%。碳减排率 = 年碳减排量 / 散煤供暖年碳排放量。

8.2 供暖系统全生命周期评估

根据本书 5.3 节对寒冷地区农村居住建筑供暖能耗的测算分析，对于 1 层、2 层和 3 层寒冷地区典型农村居住建筑模型，常住人房间的年供暖耗热量均达到了总供暖耗热量的 90% 以上，而非常住人房间的年供暖耗热量较小。从而决定了常住人房间和非常住人房间的供暖系统全生命周期性能表现存在较大差异。因此，针对寒冷地区农村居住建筑的常住人房间和非常住人房间分别设定供暖系统。

以寒冷地区代表城市西安为模拟测算地点，以本书 3.4.3 节的标准模型为 1 层、2 层和 3 层典型建筑，上述典型建筑的常住人房间、非常住人房间、建筑整体的年供暖耗热量分别见表 8-1 和表 8-2，以此作为供暖系统全生命周期性能评估的基础数据。前文总结的热源设计要点：① 单户供暖采用集中热源时，可按照常住人房间热负荷进行热源选型；采用分散热源时，常住人房间应按照其在最冷月的峰值热负荷选型，对于非常住人房间可按照其在返乡期的峰值热负荷选型；② 对于常住人房间，可选用集中热源或者设置分散热源，对于非常住人房间，在常住人房间已经选用集中热源的情况下，则直接增设供暖末端；在常住人房间未选用集中热源的情况下，非常住人房间选用分散热源。

寒冷地区典型农村居住建筑常住人房间、非常住人房间的年供暖耗热量

（单位：kWh/a）　　　　　　　　　　　　表 8-1

地点	寒冷地区（代表城市西安）					
房间类型	常住人房间			非常住人房间		
模型	现状建筑	执行 GB/T 50824—2013 的建筑	执行 T/CECA 20039—2023 的建筑	现状建筑	执行 GB/T 50824—2013 的建筑	执行 T/CECA 20039—2023 的建筑
1 层建筑	7841	2565	1543	668	198	137
2 层建筑	6248	2938	1456	767	318	171
3 层建筑	7627	2753	1569	799	280	182
平均值	7239	2752	1523	745	266	163

寒冷地区典型居住建筑整体的年供暖耗热量（单位：kWh/a）　　表 8-2

模型	现状建筑	执行 GB/T 50824—2013 的建筑	执行 T/CECA 20039—2023 的建筑
1 层建筑	8509	2763	1680
2 层建筑	7016	3257	1627
3 层建筑	8426	3034	1751
平均值	7983	3018	1686

　　根据上述供暖系统热源设计要点设定的供暖系统类型见表 8-3，包括燃煤供暖系统和各类清洁供暖系统。分别针对现状、GB/T 50824—2013 和 T/CECA 20039—2023 三种节能水平下的农村居住建筑，设定各类供暖系统，根据建筑热负荷进行各供暖系统的设备选型，再根据建筑年供暖耗热量进行各供暖系统的节能、经济及环境效益评估。

供暖系统类型　　表 8-3

序号	热源类型	系统类型	
		常住人房间	非常住人房间
1	单户集中热源	燃煤供暖系统（煤炉＋散热器）	
2		燃气炉供暖系统（燃气壁挂炉＋散热器）	
3		生物质能供暖系统（生物质固体成型颗粒燃烧炉＋散热器）	
4		地源热泵供暖系统（小型地源热泵机组＋风机盘管）	
5		空气源热泵热水供暖系统（低环境温度空气源热泵热水机＋风机盘管）	
6	分散热源	低环境温度空气源热泵热风机	低环境温度空气源热泵热风机
7		对流式电供暖器	对流式电供暖器
8		低环境温度空气源热泵热风机	对流式电供暖器
9		对流式电供暖器	低环境温度空气源热泵热风机

　　需要强调的是，燃煤供暖系统（煤炉＋散热器）为非清洁供暖系统，在本章仅用于与各类清洁供暖系统在节能、经济与环境效益方面的比较。寒冷地区普遍执行清洁供暖，新建建筑清洁供暖设计、既有建筑清洁供暖改造均应结合当地能源资源条件与经济条件选用适宜的清洁供暖系统。

8.2.1　现状建筑

1. 燃煤供暖系统（传统非清洁供暖方式）

表8-4为现状建筑采用燃煤供暖系统的效益评估指标。燃煤供暖系统为单户集中热源供暖系统，供暖末端采用散热器，俗称土暖气。保障常住人房间的供暖系统造价平均值为1873元/户，年供暖耗煤量平均值为1729kg/a，年供暖燃煤费平均值为2075元/a，全生命周期年均使用成本平均值为2200元/a，年碳排放量平均值为3339kgCO$_2$/a。保障所有供暖房间的供暖系统造价平均值为2973元/户，年供暖耗煤量平均值为1907kg/a，年供暖燃煤费平均值为2289元/a，全生命周期年均使用成本平均值为2487元/a，年碳排放量平均值为3683kgCO$_2$/a。

现状建筑采用燃煤供暖系统的效益评估指标　　　　表 8-4

模型	热负荷（kW）	热源型号	供暖系统造价（元/户）	年供暖耗煤量（kg/a）	年供暖燃煤费（元/a）	全生命周期年均使用成本（元/a）	年碳排放量（kgCO$_2$/a）
常住人房间							
1层建筑	10.94	60型	1620	1873	2248	2356	3616
2层建筑	11.46	60型	1720	1493	1791	1906	2882
3层建筑	12.08	60型	2280	1822	2186	2338	3518
平均值	—	—	1873	1729	2075	2200	3339
非常住人房间							
1层建筑	—	—	680	160	191	237	308
2层建筑	—	—	1260	183	220	304	354
3层建筑	—	—	1360	191	229	320	369
平均值	—	—	1100	178	214	287	344
常住人房间+非常住人房间							
1层建筑	10.94	60型	2300	2033	2439	2593	3924
2层建筑	11.46	60型	2980	1676	2011	2210	3236
3层建筑	12.08	60型	3640	2013	2415	2658	3887
平均值	—	—	2973	1907	2289	2487	3683

2. 燃气炉供暖系统

表8-5为现状建筑采用燃气炉供暖系统的效益评估指标。燃气炉供暖系统

为单户集中热源供暖系统，供暖末端采用散热器，热源采用燃气壁挂炉。保障常住人房间供暖的供暖系统造价平均值为 5473 元／户，年供暖耗气量平均值为 916Nm³/a，年供暖燃气费平均值为 1996 元／a，全生命周期年均使用成本平均值为 2361 元／a，年碳排放量平均值为 1809kgCO₂/a。保障所有供暖房间的供暖系统造价平均值为 6573 元／户，年供暖耗气量平均值为 1010Nm³/a，年供暖燃气费平均值为 2201 元／a，全生命周期年均使用成本平均值为 2640 元／a，年碳排放量平均值为 1995kgCO₂/a。

现状建筑采用燃气炉供暖系统的效益评估指标　　　　　　表 8-5

模型	热负荷（kW）	热源型号	供暖系统造价（元/户）	年供暖耗气量（Nm³/a）	年供暖燃气费（元/a）	全生命周期年均使用成本（元/a）	年碳排放量（kgCO₂/a）
常住人房间							
1 层建筑	10.94	20kW 型	5120	992	2162	2503	1960
2 层建筑	11.46	20kW 型	5320	790	1723	2077	1562
3 层建筑	12.08	20kW 型	5980	965	2103	2501	1906
平均值	—	—	5473	916	1996	2361	1809
非常住人房间							
1 层建筑	—	—	680	84	184	230	167
2 层建筑	—	—	1260	97	211	295	192
3 层建筑	—	—	1360	101	220	311	200
平均值	—	—	1100	94	205	279	186
常住人房间＋非常住人房间							
1 层建筑	10.94	20kW 型	5800	1076	2346	2733	2127
2 层建筑	11.46	20kW 型	6580	887	1934	2372	1754
3 层建筑	12.08	20kW 型	7340	1066	2323	2812	2106
平均值	—	—	6573	1010	2201	2640	1995

3. 生物质能供暖系统

表 8-6 为现状建筑采用生物质能供暖系统的效益评估指标。生物质能供暖系统为单户集中热源供暖系统，供暖末端采用散热器，热源采用生物质固体成型颗粒燃烧炉。保障常住人房间供暖的供暖系统造价平均值为 3123 元／户，年供暖生物质耗量平均值为 2223kg/a，年供暖生物质费平均值为 2668 元／a，全生命周期

年均使用成本平均值为 2876 元/a，年碳排放量平均值为 0。保障所有供暖房间的供暖系统造价平均值为 4223 元/户，年供暖生物质耗量平均值为 2452kg/a，年供暖生物质费平均值为 2943 元/a，全生命周期年均使用成本平均值为 3224 元/a，年碳排放量平均值为 0。

现状建筑采用生物质能供暖系统的效益评估指标　　表 8-6

模型	热负荷（kW）	热源型号	供暖系统造价（元/户）	年供暖生物质耗量（kg/a）	年供暖生物质费（元/a）	全生命周期年均使用成本（元/a）	年碳排放量（kgCO$_2$/a）
常住人房间							
1 层建筑	10.94	60 型	2870	2408	2890	3081	0
2 层建筑	11.46	60 型	2970	1919	2303	2501	0
3 层建筑	12.08	60 型	3530	2343	2811	3046	0
平均值	—	—	3123	2223	2668	2876	0
非常住人房间							
1 层建筑	—	—	680	205	246	292	0
2 层建筑	—	—	1260	236	283	367	0
3 层建筑	—	—	1360	245	294	385	0
平均值	—	—	1100	229	275	348	0
常住人房间＋非常住人房间							
1 层建筑	10.94	60 型	3550	2613	3136	3373	0
2 层建筑	11.46	60 型	4230	2155	2586	2868	0
3 层建筑	12.08	60 型	4890	2588	3105	3431	0
平均值	—	—	4223	2452	2943	3224	0

4. 地源热泵供暖系统

表 8-7 为现状建筑采用地源热泵供暖系统的效益评估指标。地源热泵供暖系统为单户集中热源供暖系统，供暖末端采用立式明装风机盘管，热源采用小型地源热泵机组。保障常住人房间供暖的供暖系统造价平均值为 31867 元/户，年供暖耗电量平均值为 1856kWh/a，年供暖电费平均值为 928 元/a，全生命周期年均使用成本平均值为 3053 元/a，年碳排放量平均值为 1059kgCO$_2$/a。保障所有供暖房间的供暖系统造价平均值为 33834 元/户，年供暖耗电量平均值为 2047kWh/a，

年供暖电费平均值为 1024 元 /a，全生命周期年均使用成本平均值为 3280 元 /a，年碳排放量平均值为 1168kgCO$_2$/a。

现状建筑采用地源热泵供暖系统的效益评估指标　　　　表 8-7

模型	热负荷（kW）	热源型号	供暖系统造价（元/户）	年供暖耗电量（kWh/a）	年供暖电费（元/a）	全生命周期年均使用成本（元/a）	年碳排放量（kgCO$_2$/a）
常住人房间							
1 层建筑	10.94	MWW-15HCA	31300	2011	1005	3092	1147
2 层建筑	11.46	MWW-15HCA	31900	1602	801	2928	914
3 层建筑	12.08	MWW-15HCA	32400	1956	978	3138	1115
平均值	—	—	31867	1856	928	3053	1059
非常住人房间							
1 层建筑	—	—	1200	171	86	166	98
2 层建筑	—	—	2300	197	98	252	112
3 层建筑	—	—	2400	205	102	262	117
平均值	—	—	1967	191	96	227	109
常住人房间＋非常住人房间							
1 层建筑	10.94	MWW-15HCA	32500	2182	1091	3258	1245
2 层建筑	11.46	MWW-15HCA	34200	1799	899	3180	1026
3 层建筑	12.08	MWW-15HCA	34800	2161	1080	3400	1232
平均值	—	—	33834	2047	1024	3280	1168

5. 空气源热泵热水供暖系统

表 8-8 为现状建筑采用空气源热泵热水供暖系统的效益评估指标。空气源热泵热水供暖系统为单户集中热源供暖系统，供暖末端采用立式明装风机盘管，热源常用低环境温度空气源热泵热水机。保障常住人房间供暖的供暖系统造价平均值为 14367 元 / 户，年供暖耗电量平均值为 3016kWh/a，年供暖电费平均值为 1508 元 /a，全生命周期年均使用成本平均值为 2466 元 /a，年碳排放量平均值为 1720kgCO$_2$/a。保障所有供暖房间的供暖系统造价平均值为 16334 元 / 户，年供暖耗电量平均值为 3326kWh/a，年供暖电费平均值为 1663 元 /a，全生命周期年均使用成本平均值为 2752 元 /a，年碳排放量平均值为 1897kgCO$_2$/a。

现状建筑采用空气源热泵热水供暖系统的效益评估指标　　表 8-8

模型	热负荷（kW）	热源型号	供暖系统造价（元/户）	年供暖耗电量（kWh/a）	年供暖电费（元/a）	全生命周期年均使用成本（元/a）	年碳排放量（kgCO$_2$/a）
常住人房间							
1层建筑	10.94	K-20CWR（6P）	13800	3267	1634	2554	1863
2层建筑	11.46	K-20CWR（6P）	14400	2603	1302	2262	1485
3层建筑	12.08	K-20CWR（6P）	14900	3178	1589	2582	1812
平均值	—	—	14367	3016	1508	2466	1720
非常住人房间							
1层建筑	—	—	1200	278	139	219	159
2层建筑	—	—	2300	320	160	313	182
3层建筑	—	—	2400	333	166	326	190
平均值	—	—	1967	310	155	286	177
常住人房间＋非常住人房间							
1层建筑	10.94	K-20CWR（6P）	15000	3545	1773	2773	2022
2层建筑	11.46	K-20CWR（6P）	16700	2923	1462	2575	1667
3层建筑	12.08	K-20CWR（6P）	17300	3511	1755	2908	2002
平均值	—	—	16334	3326	1663	2752	1897

6. 空气源热泵热风机供暖系统

　　表 8-9 为现状建筑采用空气源热泵热风机供暖系统的效益评估指标。空气源热泵热风机为分散热源供暖系统，供暖热源采用低环境温度空气源热泵热风机。保障常住人房间供暖的供暖系统造价平均值为 11667 元/户，年供暖耗电量平均值为 3290kWh/a，年供暖电费平均值为 1645 元/a，全生命周期年均使用成本平均值为 2423 元/a，年碳排放量平均值为 1877kgCO$_2$/a。保障所有供暖房间的供暖系统造价平均值为 20000 元/户，年供暖耗电量平均值为 3629kWh/a，年供暖电费平均值为 1814 元/a，全生命周期年均使用成本平均值为 3148 元/a，年碳排放量平均值为 2070kgCO$_2$/a。

现状建筑采用空气源热泵热风机供暖系统的效益评估指标 表 8-9

模型	热负荷（kW）	热源型号	供暖系统造价（元/户）	年供暖耗电量（kWh/a）	年供暖电费（元/a）	全生命周期年均使用成本（元/a）	年碳排放量（kgCO$_2$/a）
常住人房间							
1 层建筑	10.94	DTS-RFC-70GW2（3P）×1 DTS-RFC-40GW2（2P）×1	11000	3564	1782	2515	2033
2 层建筑	11.46	DTS-RFC-70GW2（3P）×1 DTS-RFC-40GW2（2P）×1	11000	2840	1420	2153	1620
3 层建筑	12.08	DTS-RFC-70GW2（3P）×1 DTS-RFC-30GW2（1.5P）×2	13000	3467	1733	2600	1977
平均值	—	—	11667	3290	1645	2423	1877
非常住人房间							
1 层建筑	—	DTS-RFC-20GW2（1P）×2	5000	304	152	485	173
2 层建筑	—	DTS-RFC-20GW2（1P）×4	10000	349	174	841	199
3 层建筑	—	DTS-RFC-20GW2（1P）×4	10000	363	182	848	207
平均值	—	—	8333	339	169	725	193
常住人房间＋非常住人房间							
1 层建筑	10.94	DTS-RFC-70GW2（3P）×1 DTS-RFC-40GW2（2P）×1 DTS-RFC-20GW2（1P）×2	16000	3868	1934	3000	2206
2 层建筑	11.46	DTS-RFC-70GW2（3P）×1 DTS-RFC-40GW2（2P）×1 DTS-RFC-20GW2（1P）×4	21000	3189	1594	2994	1819
3 层建筑	12.08	DTS-RFC-70GW2（3P）×1 DTS-RFC-30GW2（1.5P）×2 DTS-RFC-20GW2（1P）×4	23000	3830	1915	3448	2184
平均值	—	—	20000	3629	1814	3148	2070

7. 电加热供暖系统

表 8-10 为现状建筑采用电加热供暖系统的效益评估指标。电加热供暖系统为分散热源供暖系统，热源采用对流式电供暖器。保障常住人房间供暖的供暖系统造价平均值为 3000 元/户，年供暖耗电量平均值为 7620kWh/a，年供暖电费平均值为 3810 元/a，全生命周期年均使用成本平均值为 4010 元/a，年碳排放量平均值为 4346kgCO$_2$/a。保障所有供暖房间的供暖系统造价平均值为 4567 元/户，年

供暖耗电量平均值为 8404kWh/a，年供暖电费平均值为 4202 元/a，全生命周期年均使用成本平均值为 4507 元/a，年碳排放量平均值为 4793kgCO$_2$/a。

现状建筑采用电加热供暖系统的效益评估指标 表 8-10

模型	热负荷（kW）	热源型号	供暖系统造价（元/户）	年供暖耗电量（kWh/a）	年供暖电费（元/a）	全生命周期年均使用成本（元/a）	年碳排放量（kgCO$_2$/a）
常住人房间							
1 层建筑	10.94	JS-3000×4	3000	8254	4127	4327	4707
2 层建筑	11.46	JS-3000×4	3000	6577	3288	3488	3751
3 层建筑	12.08	JS-3000×4	3000	8028	4014	4214	4579
平均值	—		3000	7620	3810	4010	4346
非常住人房间							
1 层建筑	—	JS-2000×2	1100	703	352	425	401
2 层建筑	—	JS-1600×4	1800	807	404	524	460
3 层建筑	—	JS-1600×4	1800	841	421	541	480
平均值	—	—	1567	784	392	497	447
常住人房间＋非常住人房间							
1 层建筑	10.94	JS-3000×4 JS-2000×4	4100	8957	4479	4752	5108
2 层建筑	11.46	JS-3000×4 JS-1600×4	4800	7384	3692	4012	4211
3 层建筑	12.08	JS-3000×4 JS-1600×4	4800	8869	4435	4755	5059
平均值	—	—	4567	8404	4202	4507	4793

8. 空气源热泵热风机（常住人房间）＋电加热（非常住人房间）供暖系统

表 8-11 为现状建筑采用空气源热泵热风机（常住人房间）＋电加热（非常住人房间）供暖系统的效益评估指标。空气源热泵热风机（常住人房间）＋电加热（非常住人房间）供暖系统为分散热源供暖系统，常住人房间供暖末端采用室内机，热源采用低环境温度空气源热泵热风机，非常住人房间热源采用对流式电供暖器。保障常住人房间供暖的供暖系统造价平均值为 11667 元/户，年供暖耗电量平均值为 3290kWh/a，年供暖电费平均值为 1645 元/a，全生命周期年均使用成本平均值为 2423 元/a，年碳排放量平均值为 1877kgCO$_2$/a。保障所有供暖房间

的供暖系统造价平均值为 13233 元/户，年供暖耗电量平均值为 4074kWh/a，年供暖电费平均值为 2037 元/a，全生命周期年均使用成本平均值为 2920 元/a，年碳排放量平均值为 2324kgCO$_2$/a。

现状建筑采用空气源热泵热风机（常住人房间）＋电加热（非常住人房间）
供暖系统的效益评估指标　　　　　表 8-11

模型	热负荷（kW）	热源型号	供暖系统造价（元/户）	年供暖耗电量（kWh/a）	年供暖电费（元/a）	全生命周期年均使用成本（元/a）	年碳排放量（kgCO$_2$/a）
常住人房间							
1 层建筑	10.94	DTS-RFC-70GW2（3P）×1 DTS-RFC-40GW2（2P）×1	11000	3564	1782	2515	2033
2 层建筑	11.46	DTS-RFC-70GW2（3P）×1 DTS-RFC-40GW2（2P）×1	11000	2840	1420	2153	1620
3 层建筑	12.08	DTS-RFC-70GW2（3P）×1 DTS-RFC-30GW2（1.5P）×2	13000	3467	1733	2600	1977
平均值	—	—	11667	3290	1645	2423	1877
非常住人房间							
1 层建筑	—	JS-2000×2	1100	703	352	425	401
2 层建筑	—	JS-1600×4	1800	807	404	524	460
3 层建筑	—	JS-1600×4	1800	841	421	541	480
平均值	—	—	1567	784	392	497	447
常住人房间＋非常住人房间							
1 层建筑	10.94	DTS-RFC-70GW2（3P）×1 DTS-RFC-40GW2（2P）×1 JS-2000×2	12100	4267	2134	2940	2434
2 层建筑	11.46	DTS-RFC-70GW2（3P）×1 DTS-RFC-40GW2（2P）×1 JS-1600×4	12800	3647	1824	2677	2080
3 层建筑	12.08	DTS-RFC-70GW2（3P）×1 DTS-RFC-30GW2（1.5P）×2 JS-1600×4	14800	4308	2154	3141	2457
平均值	—	—	13233	4074	2037	2920	2324

9. 电加热（常住人房间）＋空气源热泵热风机（非常住人房间）供暖系统

表 8-12 为现状建筑采用电加热（常住人房间）＋空气源热泵热风机（非常住人

房间）供暖系统的效益评估指标。电加热＋空气源热泵热风机供暖系统为分散热源供暖系统，常住人房间供暖热源采用对流式电供暖器，非常住人房间供暖末端采用室内机，热源采用低环境温度空气源热泵热风机。保障常住人房间供暖的供暖系统造价平均值为 3000 元/户，年供暖耗电量平均值为 7620kWh/a，年供暖电费平均值为 3810 元/a，全生命周期年均使用成本平均值为 4010 元/a，年碳排放量平均值为 4346kgCO$_2$/a。保障所有供暖房间的供暖系统造价平均值为 11333 元/户，年供暖耗电量平均值为 7959kWh/a，年供暖电费平均值为 3979 元/a，全生命周期年均使用成本平均值为 4735 元/a，年碳排放量平均值为 4539kgCO$_2$/a。

现状建筑采用电加热（常住人房间）＋空气源热泵热风机（非常住人房间）
供暖系统的效益评估指标　　　　　　表 8-12

模型	热负荷（kW）	热源型号	供暖系统造价（元/户）	年供暖耗电量（kWh/a）	年供暖电费（元/a）	全生命周期年均使用成本（元/a）	年碳排放量（kgCO$_2$/a）
常住人房间							
1 层建筑	10.94	JS-3000×4	3000	8254	4127	4327	4707
2 层建筑	11.46	JS-3000×4	3000	6577	3288	3488	3751
3 层建筑	12.08	JS-3000×4	3000	8028	4014	4214	4579
平均值	—	—	3000	7620	3810	4010	4346
非常住人房间							
1 层建筑	—	DTS-RFC-20GW2（1P）×2	5000	304	152	485	173
2 层建筑	—	DTS-RFC-20GW2（1P）×4	10000	349	174	841	199
3 层建筑	—	DTS-RFC-20GW2（1P）×4	10000	363	182	848	207
平均值			8333	339	169	725	193
常住人房间＋非常住人房间							
1 层建筑	10.94	JS-3000×4 DTS-RFC-20GW2（1P）×2	8000	8558	4279	4812	4880
2 层建筑	11.46	JS-3000×4 DTS-RFC-20GW2（1P）×4	13000	6926	3462	4329	3950
3 层建筑	12.08	JS-3000×4 DTS-RFC-20GW2（1P）×4	13000	8391	4196	5062	4786
平均值	—	—	11333	7959	3979	4735	4539

10. 常住人房间在不同供暖系统下的效益评估

表 8-13 为保障现状建筑常住人房间供暖条件下的不同供暖系统效益评估指标。

图 8-1～图 8-5 分别为保障现状建筑常住人房间供暖条件下的不同供暖系统造价、年供暖能耗、年运行费用、全生命周期年均使用成本和年碳排放量。保障现状建筑常住人房间的供暖模式下，各指标排序为：

（1）供暖系统造价：燃煤供暖＜电加热供暖＜生物质能供暖＜燃气炉供暖＜空气源热泵热风机供暖＜空气源热泵热水供暖＜地源热泵供暖；

（2）年供暖能耗：地源热泵供暖＜空气源热泵热水供暖＜空气源热泵热风机供暖＜电加热供暖＜生物质能供暖＜燃气炉供暖＜燃煤供暖；

（3）年运行费用：地源热泵供暖＜空气源热泵热水供暖＜空气源热泵热风机供暖＜燃气炉供暖＜燃煤供暖＜生物质能供暖＜电加热供暖；

（4）全生命周期年均使用成本：燃煤供暖＜燃气炉供暖＜空气源热泵热风机供暖＜空气源热泵热水供暖＜生物质能供暖＜地源热泵供暖＜电加热供暖；

（5）年碳排放量：生物质能供暖＜地源热泵供暖＜空气源热泵热水供暖＜燃气炉供暖＜空气源热泵热风机供暖＜燃煤供暖＜电加热供暖。

保障现状建筑常住人房间供暖条件下的不同供暖系统效益评估　表 8-13

序号	系统类型	供暖系统造价（元/户）	年供暖能耗（kgce/a）	年运行费用（元/a）	全生命周期年均使用成本（元/a）	年碳排放量（kgCO$_2$/a）
1	燃煤供暖	1873	1235	2075	2200	3339
2	燃气炉供暖	5473	1113	1996	2361	1809
3	生物质能供暖	3123	953	2668	2876	0
4	地源热泵供暖	31867	228	928	3053	1059
5	空气源热泵热水供暖	14367	371	1508	2466	1720
6	空气源热泵热风机供暖	11667	404	1645	2423	1877
7	电加热供暖	3000	936	3810	4010	4346

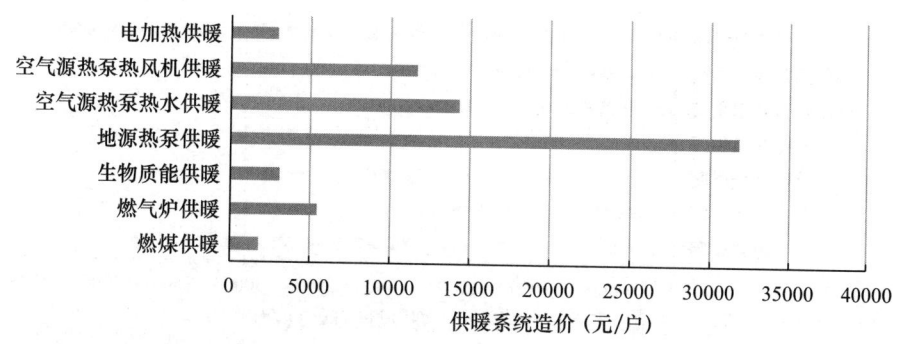

图 8-1　保障现状建筑常住人房间供暖条件下的不同供暖系统造价

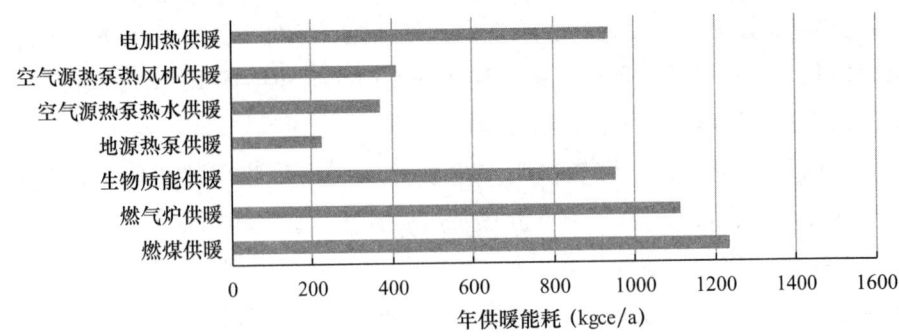

图 8-2　保障现状建筑常住人房间供暖条件下的不同供暖系统年供暖能耗

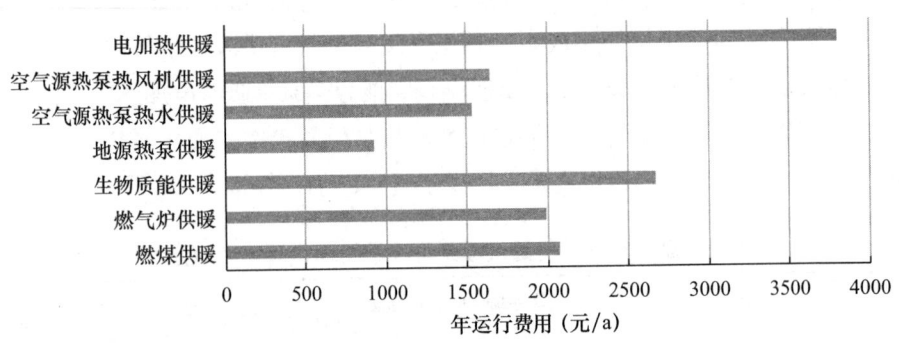

图 8-3　保障现状建筑常住人房间供暖条件下的不同供暖系统年运行费用

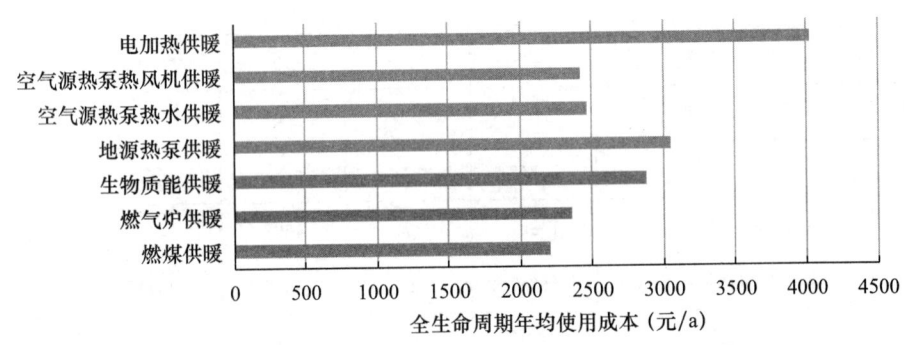

图 8-4　保障现状建筑常住人房间供暖条件下的不同供暖系统全生命周期年均使用成本

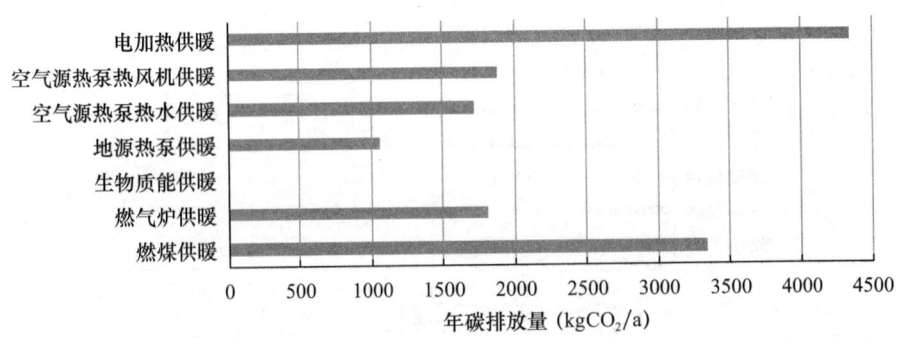

图 8-5　保障现状建筑常住人房间供暖条件下的不同供暖系统年碳排放量

11. 建筑整体在不同供暖系统下的效益评估

表 8-14 为保障现状建筑所有供暖房间条件下不同供暖系统效益评估指标。图 8-6～图 8-10 分别为保障现状建筑所有供暖房间条件下的不同供暖系统造价、年供暖能耗、年运行费用、全生命周期年均使用成本和年碳排放量。保障所有供暖房间的供暖模式下，各指标排序：

（1）供暖系统造价：燃煤供暖＜生物质能供暖＜电加热供暖＜燃气炉供暖＜电加热＋空气源热泵热风机供暖＜空气源热泵热风机＋电加热供暖＜空气源热泵热水供暖＜空气源热泵热风机供暖＜地源热泵供暖；

（2）年供暖能耗：地源热泵供暖＜空气源热泵热水供暖＜空气源热泵热风机供暖＜空气源热泵热风机＋电加热供暖＜电加热＋空气源热泵热风机供暖＜电加热供暖＜生物质能供暖＜燃气炉供暖＜燃煤供暖；

（3）年运行费用：地源热泵供暖＜空气源热泵热水供暖＜空气源热泵热风机供暖＜空气源热泵热风机＋电加热供暖＜燃气炉供暖＜燃煤供暖＜生物质能供暖＜电加热＋空气源热泵热风机供暖＜电加热供暖；

（4）全生命周期年均使用成本：燃煤供暖＜燃气炉供暖＜空气源热泵热水供暖＜空气源热泵热风机＋电加热供暖＜生物质能供暖＜地源热泵供暖＜电加热供暖＜电加热＋空气源热泵热风机供暖；

（5）年碳排放量：生物质能供暖＜地源热泵供暖＜空气源热泵热水供暖＜燃气炉供暖＜空气源热泵热风机供暖＜空气源热泵热风机＋电加热供暖＜燃煤供暖＜电加热＋空气源热泵热风机供暖＜电加热供暖。

保障现状建筑所有供暖房间条件下不同供暖系统效益评估　表 8-14

序号	系统类型	供暖系统造价（元/户）	年供暖能耗（kgce/a）	年运行费用（元/a）	全生命周期年均使用成本（元/a）	年碳排放量（kgCO$_2$/a）
1	燃煤供暖	2973	1362	2289	2487	3683
2	燃气炉供暖	6573	1227	2201	2640	1995
3	生物质能供暖	4223	1051	2943	3224	0
4	地源热泵供暖	33834	252	1024	3280	1168
5	空气源热泵热水供暖	16334	409	1663	2752	1897
6	空气源热泵热风机供暖	20000	446	1814	3148	2070
7	电加热供暖	4567	1033	4202	4507	4793
8	空气源热泵热风机＋电加热供暖	13233	501	2037	2920	2324
9	电加热＋空气源热泵热风机供暖	11333	978	3979	4735	4539

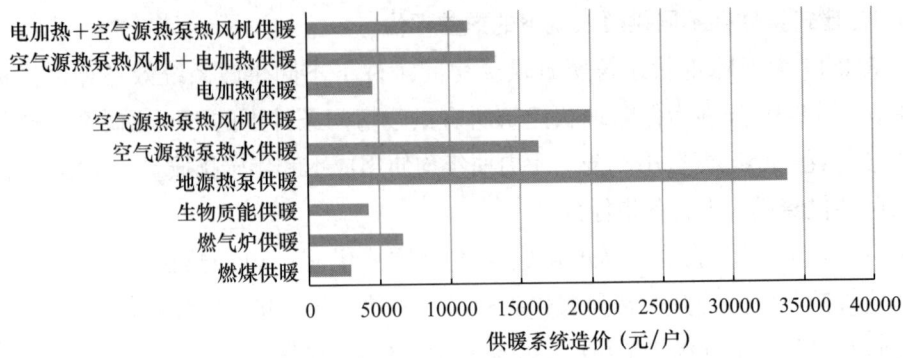

图 8-6 保障现状建筑所有供暖房间条件下不同供暖系统造价

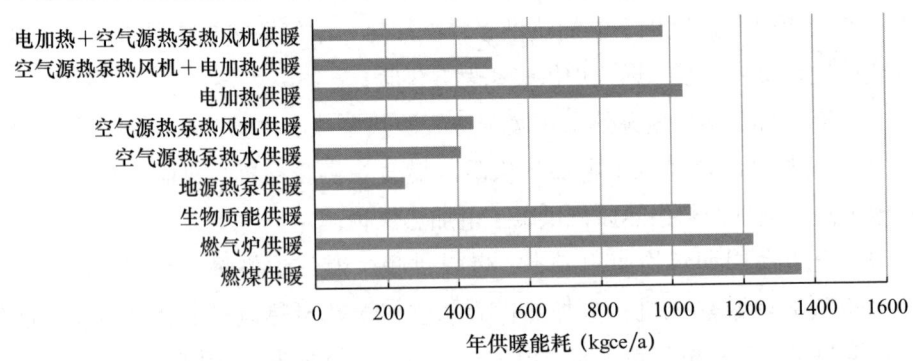

图 8-7 保障现状建筑所有供暖房间条件下不同供暖系统年供暖能耗

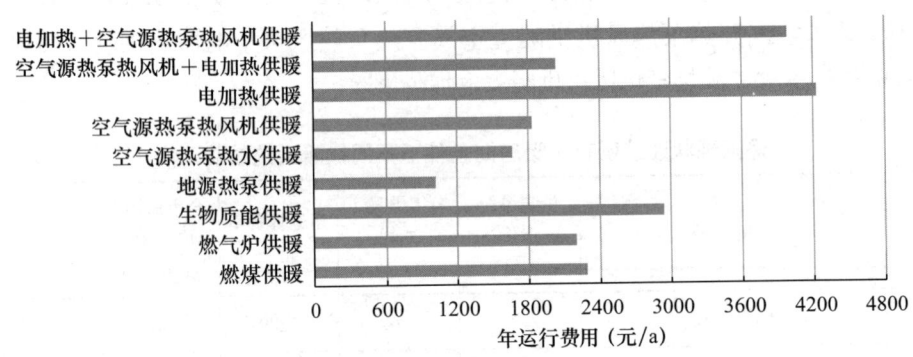

图 8-8 保障现状建筑所有供暖房间条件下不同供暖系统年运行费用

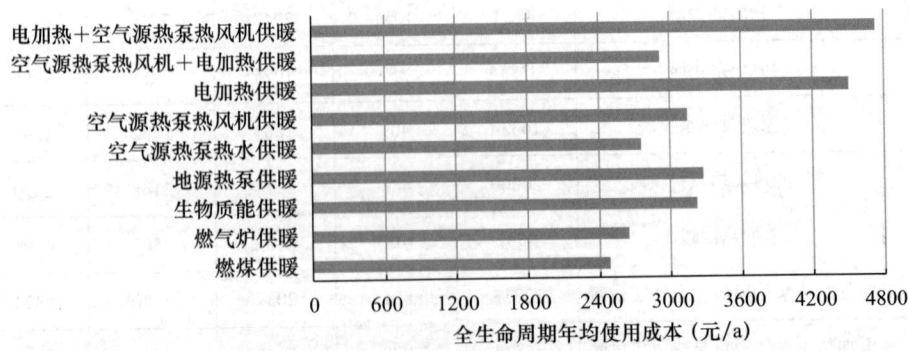

图 8-9 保障现状建筑所有供暖房间条件下不同供暖系统全生命周期年均使用成本

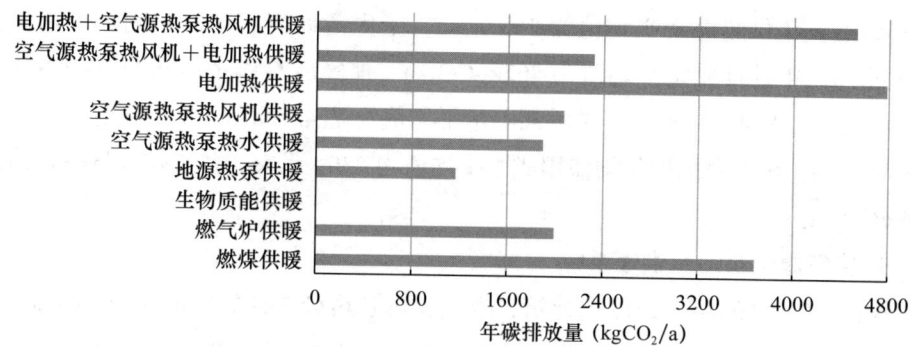

图 8-10 保障现状建筑所有供暖房间条件下不同供暖系统年碳排放量

8.2.2 执行 GB/T 50824—2013 的建筑

1. 燃煤供暖系统（传统非清洁供暖方式）

执行 GB/T 50824—2013 的建筑，燃煤供暖系统效益评估指标：保障常住人房间供暖的供暖系统造价平均值为 1487 元/户，年供暖耗煤量平均值为 657kg/a，年供暖燃煤费平均值为 789 元/a，全生命周期年均使用成本平均值为 888 元/a，年碳排放量平均值为 1269kgCO$_2$/a。保障所有供暖房间的供暖系统造价平均值为 2587 元/户，年供暖耗煤量平均值为 721kg/a，年供暖燃煤费平均值为 865 元/a，全生命周期年均使用成本平均值为 1038 元/a，年碳排放量平均值为 1392kgCO$_2$/a。

2. 燃气炉供暖系统

执行 GB/T 50824—2013 的建筑，燃气炉供暖系统效益评估指标：保障常住人房间供暖的供暖系统造价平均值为 5087 元/户，年供暖耗气量平均值为 348Nm^3/a，年供暖燃气费平均值为 759 元/a，全生命周期年均使用成本平均值为 1098 元/a，年碳排放量平均值为 688kgCO$_2$/a。保障所有供暖房间的供暖系统造价平均值为 6187 元/户，年供暖耗气量平均值为 382Nm^3/a，年供暖燃气费平均值为 832 元/a，全生命周期年均使用成本平均值为 1245 元/a，年碳排放量平均值为 754kgCO$_2$/a。

3. 生物质能供暖系统

执行 GB/T 50824—2013 的建筑，生物质能供暖系统效益评估指标：保障常住人房间供暖的供暖系统造价平均值为 2937 元/户，年供暖生物质耗量平均值为 845kg/a，年供暖生物质费平均值为 1014 元/a，全生命周期年均使用成本平均值为 1210 元/a，年碳排放量平均值为 0。保障所有供暖房间的供暖系统造价平均值为 4037 元/户，年供暖生物质耗量平均值为 927kg/a，年供暖生物质费平均值为 1112 元/a，全生命周期年均使用成本平均值为 1381 元/a，年碳排放量平均值为 0。

4. 地源热泵供暖系统

执行 GB/T 50824—2013 的建筑，地源热泵供暖系统效益评估指标：保障常住人房间供暖的供暖系统造价平均值为 26867 元/户，年供暖耗电量平均值为

706kWh/a，年供暖电费平均值为 353 元/a，全生命周期年均使用成本平均值为2144 元/a，年碳排放量平均值为 402kgCO$_2$/a。保障所有供暖房间的供暖系统造价平均值为 28834 元/户，年供暖耗电量平均值为 774kWh/a，年供暖电费平均值为 387 元/a，全生命周期年均使用成本平均值为 2309 元/a，年碳排放量平均值为441kgCO$_2$/a。

5. 空气源热泵热水供暖系统

执行 GB/T 50824—2013 的建筑，空气源热泵热水供暖系统效益评估指标：保障常住人房间供暖的供暖系统造价平均值为 13367 元/户，年供暖耗电量平均值为 1147kWh/a，年供暖电费平均值为 573 元/a，全生命周期年均使用成本平均值为 1464 元/a，年碳排放量平均值为 654kgCO$_2$/a。保障所有供暖房间的供暖系统造价平均值为 15334 元/户，年供暖耗电量平均值为 1258kWh/a，年供暖电费平均值为 628 元/a，全生命周期年均使用成本平均值为 1651 元/a，年碳排放量平均值为 717kgCO$_2$/a。

6. 空气源热泵热风机供暖系统

执行 GB/T 50824—2013 的建筑，空气源热泵热风机供暖系统的效益评估指标：保障常住人房间供暖的供暖系统造价平均值为 8333 元/户，年供暖耗电量平均值为 1251kWh/a，年供暖电费平均值为 625 元/a，全生命周期年均使用成本平均值为 1181 元/a，年碳排放量平均值为 713kgCO$_2$/a。保障所有供暖房间的供暖系统造价平均值为 16666 元/户，年供暖耗电量平均值为 1372kWh/a，年供暖电费平均值为 685 元/a，全生命周期年均使用成本平均值为 1797 元/a，年碳排放量平均值为 782kgCO$_2$/a。

7. 电加热供暖系统

执行 GB/T 50824—2013 的建筑，电加热供暖系统的效益评估指标：保障常住人房间供暖的供暖系统造价平均值为 2150 元/户，年供暖耗电量平均值为 2897kWh/a，年供暖电费平均值为 1448 元/a，全生命周期年均使用成本平均值为 1592 元/a，年碳排放量平均值为 1652kgCO$_2$/a。保障所有供暖房间的供暖系统造价平均值为 3650 元/户，年供暖耗电量平均值为 3177kWh/a，年供暖电费平均值为 1588 元/a，全生命周期年均使用成本平均值为 1832 元/a，年碳排放量平均值为 1812kgCO$_2$/a。

8. 空气源热泵热风机（常住人房间）+ 电加热（非常住人房间）供暖系统

执行 GB/T 50824—2013 的建筑，空气源热泵热风机（常住人房间）+ 电加热供暖（非常住人房间）供暖系统的效益评估指标：保障常住人房间供暖的供暖系统造价平均值为 8333 元/户，年供暖耗电量平均值为 1251kWh/a，年供暖电费平均值为 625 元/a，全生命周期年均使用成本平均值为 1181 元/a，年碳排放量平均值为 713kgCO$_2$/a。保障所有供暖房间的供暖系统造价平均值为 9833 元/户，年供暖耗电量平均值为 1531kWh/a，年供暖电费平均值为 765 元/a，全生命周期年均使用成本平均值为 1421 元/a，年碳排放量平均值为 873kgCO$_2$/a。

9. 电加热（常住人房间）＋空气源热泵热风机（非常住人房间）供暖系统

执行 GB/T 50824—2013 的建筑，电加热（常住人房间）＋空气源热泵热风机（非常住人房间）供暖系统的效益评估指标：保障常住人房间供暖的供暖系统造价平均值为 2150 元/户，年供暖耗电量平均值为 2897kWh/a，年供暖电费平均值为 1448 元/a，全生命周期年均使用成本平均值为 1592 元/a，年碳排放量平均值为 1652kgCO$_2$/a。保障所有供暖房间的供暖系统造价平均值为 10483 元/户，年供暖耗电量平均值为 3018kWh/a，年供暖电费平均值为 1508 元/a，全生命周期年均使用成本平均值为 2208 元/a，年碳排放量平均值为 1721kgCO$_2$/a。

10. 常住人房间在不同供暖系统下的效益评估

表 8-15 为保障执行 GB/T 50824—2013 的建筑常住人房间供暖条件下不同供暖系统效益评估指标。图 8-11～图 8-15 分别为保障执行 GB/T 50824—2013 的建筑常住人房间供暖条件下不同供暖系统造价、年供暖能耗、年运行费用、全生命周期年均使用成本和年碳排放量。保障常住人房间的供暖模式下，各指标排序为：

（1）供暖系统造价：燃煤供暖＜电加热供暖＜生物质能供暖＜燃气炉供暖＜空气源热泵热风机供暖＜空气源热泵热水供暖＜地源热泵供暖；

（2）年供暖能耗：地源热泵供暖＜空气源热泵热水供暖＜空气源热泵热风机供暖＜电加热供暖＜生物质能供暖＜燃气炉供暖＜燃煤供暖；

（3）年运行费用：地源热泵供暖＜空气源热泵热水供暖＜空气源热泵热风机供暖＜燃气炉供暖＜燃煤供暖＜生物质能供暖＜电加热供暖；

（4）全生命周期年均使用成本：燃煤供暖＜燃气炉供暖＜空气源热泵热风机供暖＜生物质能供暖＜空气源热泵热水供暖＜电加热供暖＜地源热泵供暖；

（5）年碳排放量：生物质能供暖＜地源热泵供暖＜空气源热泵热水供暖＜燃气炉供暖＜空气源热泵热风机供暖＜燃煤供暖＜电加热供暖。

保障执行 GB/T 50824—2013 的建筑常住人房间
供暖条件下不同供暖系统效益评估　　　　　　　　　　表 8-15

序号	系统类型	供暖系统造价（元/户）	年供暖能耗（kgce/a）	年运行费用（元/a）	全生命周期年均使用成本（元/a）	年碳排放量（kgCO$_2$/a）
1	燃煤供暖	1487	469	789	888	1269
2	燃气炉供暖	5087	423	759	1098	688
3	生物质能供暖	2937	362	1014	1210	0

续表

序号	系统类型	供暖系统造价（元/户）	年供暖能耗（kgce/a）	年运行费用（元/a）	全生命周期年均使用成本（元/a）	年碳排放量（kgCO$_2$/a）
4	地源热泵供暖	26867	87	353	2144	402
5	空气源热泵热水供暖	13367	141	573	1464	654
6	空气源热泵热风机供暖	8333	154	625	1181	713
7	电加热供暖	2150	356	1448	1592	1652

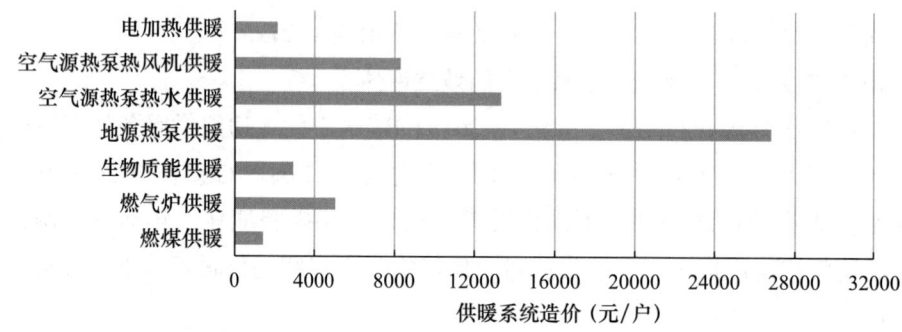

图 8-11　保障执行 GB/T 50824—2013 的建筑常住人房间供暖条件下不同供暖系统造价

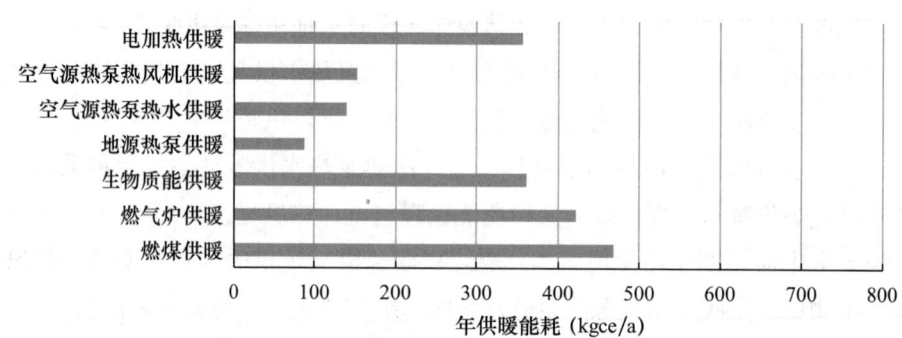

图 8-12　保障执行 GB/T 50824—2013 的建筑常住人房间供暖条件下
不同供暖系统年供暖能耗

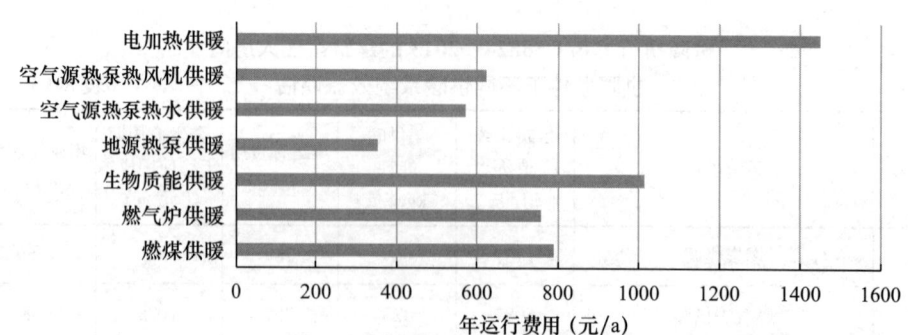

图 8-13　保障执行 GB/T 50824—2013 的建筑常住人房间供暖条件下
不同系统年运行费用

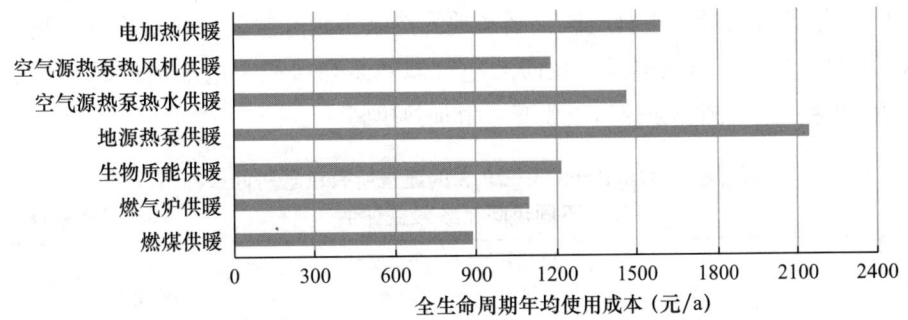

图 8-14　保障执行 GB/T 50824—2013 的建筑常住人房间供暖条件下
不同供暖系统全生命周期年均使用成本

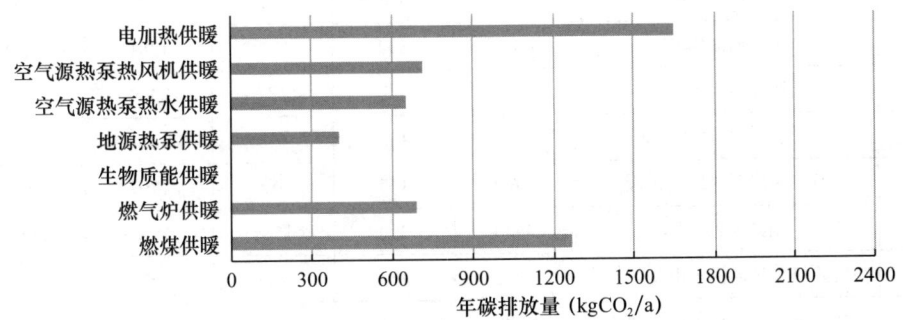

图 8-15　保障执行 GB/T 50824—2013 的建筑常住人房间供暖条件下
不同供暖系统年碳排放量

11. 建筑整体在不同供暖系统下的效益评估

表 8-16 为保障执行 GB/T 50824—2013 的建筑所有供暖房间条件下不同供暖系统效益评估指标。图 8-16～图 8-20 分别为保障执行 GB/T 50824 的建筑所有供暖房间条件下不同供暖系统造价、年供暖能耗、年运行费用、全生命周期年均使用成本和年碳排放量。保障所有供暖房间的供暖模式下，各指标排序为：

（1）供暖系统造价：燃煤供暖＜电加热供暖＜生物质能供暖＜燃气炉供暖＜空气源热泵热风机＋电加热供暖＜电加热＋空气源热泵热风机供暖＜空气源热泵热水供暖＜空气源热泵热风机供暖＜地源热泵供暖；

（2）年供暖能耗：地源热泵供暖＜空气源热泵热水供暖＜空气源热泵热风机供暖＜空气源热泵热风机＋电加热供暖＜电加热＋空气源热泵热风机供暖＜电加热供暖＜生物质能供暖＜燃气炉供暖＜燃煤供暖；

（3）年运行费用：地源热泵供暖＜空气源热泵热水供暖＜空气源热泵热风机供暖＜空气源热泵热风机＋电加热供暖＜燃气炉供暖＜燃煤供暖＜生物质能供暖＜电加热＋空气源热泵热风机供暖＜电加热供暖；

（4）全生命周期年均使用成本：燃煤供暖＜燃气炉供暖＜生物质能供暖＜空气源热泵热风机＋电加热供暖＜空气源热泵热水供暖＜空气源热泵热风机供暖＜电加热供暖＜电加热＋空气源热泵热风机供暖＜地源热泵供暖；

（5）年碳排放量：生物质能供暖＜地源热泵供暖＜空气源热泵热水供暖＜燃气炉供暖＜空气源热泵热风机供暖＜空气源热泵热风机＋电加热供暖＜燃煤供暖＜电加热＋空气源热泵热风机供暖＜电加热供暖。

保障执行 GB/T 50824—2013 的建筑所有供暖房间条件下
不同供暖系统效益评估 表 8-16

序号	系统类型	供暖系统造价（元/户）	年供暖能耗（kgce/a）	年运行费用（元/a）	全生命周期年均使用成本（元/a）	年碳排放量（kgCO$_2$/a）
1	燃煤供暖	2587	515	865	1038	1392
2	燃气炉供暖	6187	464	832	1245	754
3	生物质能供暖	4037	397	1112	1381	0
4	地源热泵供暖	28834	95	387	2309	441
5	空气源热泵热水供暖	15334	155	628	1651	717
6	空气源热泵热风机供暖	16666	169	685	1797	782
7	电加热供暖	3650	390	1588	1832	1812
8	空气源热泵热风机＋电加热供暖	9833	188	765	1421	873
9	电加热＋空气源热泵热风机供暖	10483	371	1508	2208	1721

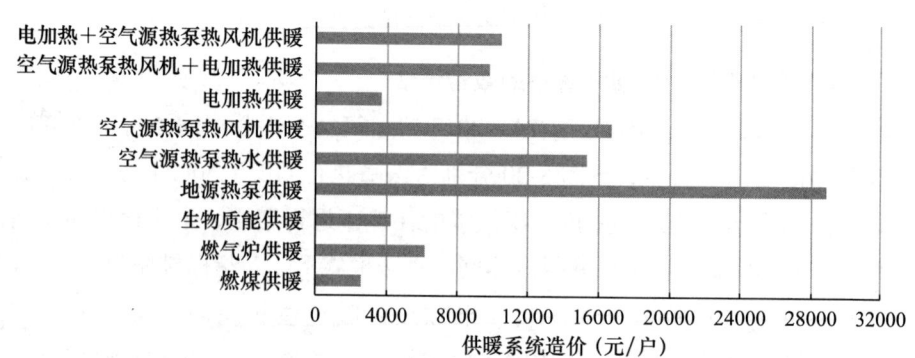

图 8-16　保障执行 GB/T 50824—2013 的建筑所有供暖房间条件下不同供暖系统造价

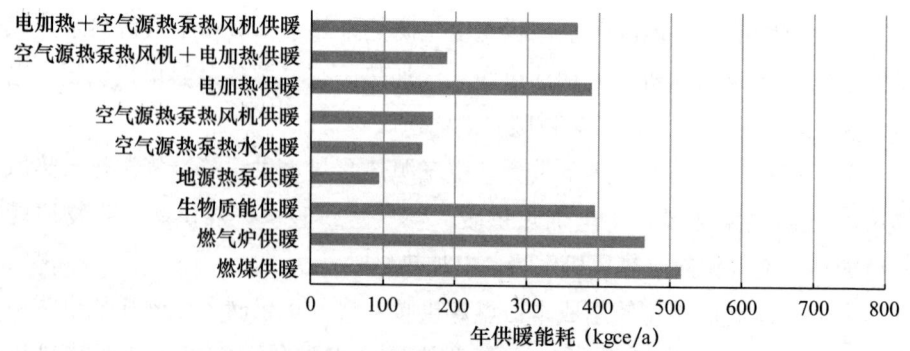

图 8-17　保障执行 GB/T 50824—2013 的建筑所有供暖房间条件下
不同供暖系统年供暖能耗

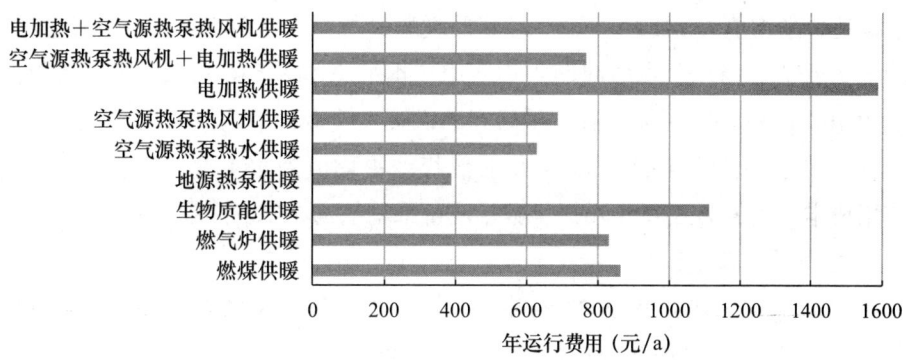

图 8-18 保障执行 GB/T 50824—2013 的建筑所有供暖房间条件下
不同供暖系统年运行费用

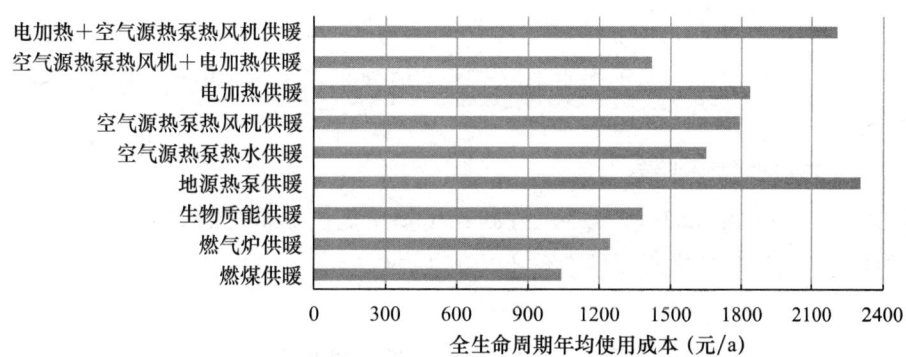

图 8-19 保障执行 GB/T 50824—2013 的建筑所有供暖房间条件下
不同供暖系统全生命周期年均使用成本

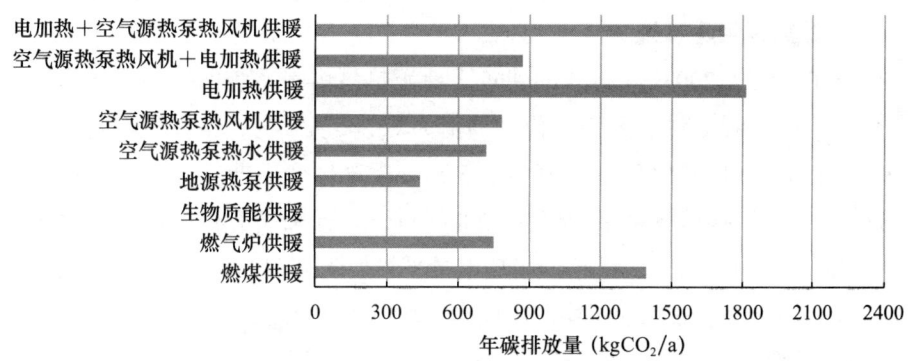

图 8-20 保障执行 GB/T 50824—2013 的建筑所有供暖房间条件下
不同供暖系统年碳排放量

8.2.3 执行 T/CECA 20039—2023 的建筑

1. 燃煤供暖系统（传统非清洁供暖方式）

执行 T/CECA 20039—2023 的建筑，燃煤供暖系统为单户集中热源供暖系统，供暖末端采用散热器，俗称土暖气，其效益评估指标：保障常住人房间供暖的供暖系统造价平均值为 1487 元/户，年供暖耗煤量平均值为 364kg/a，年供暖燃煤费平均值为 437 元/a，全生命周期年均使用成本平均值为 536 元/a，年碳排放量平均值为 702kgCO$_2$/a。保障所有供暖房间的供暖系统造价平均值为 2587 元/户，年供暖耗煤量平均值为 403kg/a，年供暖燃煤费平均值为 484 元/a，全生命周期年均使用成本平均值为 656 元/a，年碳排放量平均值为 777kgCO$_2$/a。

2. 燃气炉供暖系统

执行 T/CECA 20039—2023 的建筑，燃气炉供暖系统的效益评估指标：保障常住人房间供暖的供暖系统造价平均值为 5087 元/户，年供暖耗气量平均值为 193Nm^3/a，年供暖燃气费平均值为 420 元/a，全生命周期年均使用成本平均值为 759 元/a，年碳排放量平均值为 381kgCO$_2$/a。保障所有供暖房间的供暖系统造价平均值为 6187 元/户，年供暖耗气量平均值为 214Nm^3/a，年供暖燃气费平均值为 465 元/a，全生命周期年均使用成本平均值为 877 元/a，年碳排放量平均值为 422kgCO$_2$/a。

3. 生物质能供暖系统

执行 T/CECA 20039—2023 的建筑，生物质能供暖系统的效益评估指标：保障常住人房间供暖的供暖系统造价平均值为 2937 元/户，年供暖生物质耗量平均值为 468kg/a，年供暖生物质费平均值为 561 元/a，全生命周期年均使用成本平均值为 757 元/a，年碳排放量平均值为 0。保障所有供暖房间的供暖系统造价平均值为 4037 元/户，年供暖生物质耗量平均值为 518kg/a，年供暖生物质费平均值为 621 元/a，全生命周期年均使用成本平均值为 890 元/a，年碳排放量平均值为 0。

4. 地源热泵供暖系统

执行 T/CECA 20039—2023 的建筑，地源热泵供暖系统的效益评估指标：保障常住人房间供暖的供暖系统造价平均值为 25200 元/户，年供暖耗电量平均值为 391kWh/a，年供暖电费平均值为 195 元/a，全生命周期年均使用成本平均值为 1875 元/a，年碳排放量平均值为 223kgCO$_2$/a。保障所有供暖房间的供暖系统造价平均值为 27167 元/户，年供暖耗电量平均值为 433kWh/a，年供暖电费平均值为 216 元/a，全生命周期年均使用成本平均值为 2027 元/a，年碳排放量平均值为 247kgCO$_2$/a。

5. 空气源热泵热水供暖系统

执行 T/CECA 20039—2023 的建筑，空气源热泵热水供暖系统的效益评估指标：保障常住人房间供暖的供暖系统造价平均值为 12467 元/户，年供暖耗电量平均值为 635kWh/a，年供暖电费平均值为 317 元/a，全生命周期年均使用成本平均值为 1148 元/a，年碳排放量平均值为 362kgCO$_2$/a。保障所有供暖房间的供暖系统造价平均值为 14434 元/户，年供暖耗电量平均值为 703kWh/a，年供暖电费平均值为 351 元/a，全生命周期年均使用成本平均值为 1313 元/a，年碳排放量平均值为 401kgCO$_2$/a。

6. 空气源热泵热风机供暖系统

执行 T/CECA 20039—2023 的建筑，空气源热泵热风机供暖系统的效益评估指标：保障常住人房间供暖的供暖系统造价平均值为 8333 元/户，年供暖耗电量平均值为 692kWh/a，年供暖电费平均值为 1346 元/a，全生命周期年均使用成本平均值为 2902 元/a，年碳排放量平均值为 1395kgCO$_2$/a。保障所有供暖房间的供暖系统造价平均值为 16666 元/户，年供暖耗电量平均值为 766kWh/a，年供暖电费平均值为 383 元/a，全生命周期年均使用成本平均值为 1495 元/a，年碳排放量平均值为 437kgCO$_2$/a。

7. 电加热供暖系统

执行 T/CECA 20039—2023 的建筑，电加热供暖系统的效益评估指标：保障常住人房间供暖的供暖系统造价平均值为 1783 元/户，年供暖耗电量平均值为 1603kWh/a，年供暖电费平均值为 802 元/a，全生命周期年均使用成本平均值为 920 元/a，年碳排放量平均值为 914kgCO$_2$/a。保障所有供暖房间的供暖系统造价平均值为 3283 元/户，年供暖耗电量平均值为 1775kWh/a，年供暖电费平均值为 888 元/a，全生命周期年均使用成本平均值为 1106 元/a，年碳排放量平均值为 1012kgCO$_2$/a。

8. 空气源热泵热风机（常住人房间）＋电加热（非常住人房间）供暖系统

执行 T/CECA 20039—2023 的建筑，空气源热泵热风机（常住人房间）＋电加热（非常住人房间）供暖系统的效益评估指标：保障常住人房间供暖的供暖系统造价平均值为 8333 元/户，年供暖耗电量平均值为 692kWh/a，年供暖电费平均值为 346 元/a，全生命周期年均使用成本平均值为 902 元/a，年碳排放量平均值为 395kgCO$_2$/a。保障所有供暖房间的供暖系统造价平均值为 9833 元/户，年供暖耗电量平均值为 864kWh/a，年供暖电费平均值为 432 元/a，全生命周期年均使用成本平均值为 1088 元/a，年碳排放量平均值为 493kgCO$_2$/a。

9. 电加热（常住人房间）＋空气源热泵热风机（非常住人房间）供暖系统

执行 T/CECA 20039—2023 的建筑，电加热（常住人房间）＋空气源热泵热风机（非常住人房间）供暖系统的效益评估指标：保障常住人房间供暖的供暖系统造价平均值为 1783 元/户，年供暖耗电量平均值为 1603kWh/a，年供暖电费平均值为 802 元/a，全生命周期年均使用成本平均值为 920 元/a，年碳排放量平均值为 914kgCO$_2$/a。保障所有供暖房间的供暖系统造价平均值为 10116 元/户，年供暖耗电量平均值为 1677kWh/a，年供暖电费平均值为 839 元/a，全生命周期年均使用成本平均值为 1513 元/a，年碳排放量平均值为 956kgCO$_2$/a。

10. 常住人房间在不同供暖系统下的效益评估

表 8-17 为保障执行 T/CECA 20039—2023 的建筑常住人房间供暖条件下不同

供暖系统效益评估指标。图 8-21～图 8-22 分别为保障执行 T/CECA 20039—2023 的建筑常住人房间供暖条件下不同供暖系统造价、年供暖能耗、年运行费用、全生命周期年均使用成本和年碳排放量。保障常住人房间的供暖模式下，各指标排序为：

（1）供暖系统造价：燃煤供暖＜电加热供暖＜生物质能供暖＜燃气炉供暖＜空气源热泵热风机供暖＜空气源热泵热水供暖＜地源热泵供暖；

（2）年供暖能耗：地源热泵供暖＜空气源热泵热水供暖＜空气源热泵热风机供暖＜电加热供暖＜生物质能供暖＜燃气炉供暖＜燃煤供暖；

（3）年运行费用：地源热泵供暖＜空气源热泵热水供暖＜空气源热泵热风机供暖＜燃气炉供暖＜燃煤供暖＜生物质能供暖＜电加热供暖；

（4）全生命周期年均使用成本：燃煤供暖＜生物质能供暖＜燃气炉供暖＜空气源热泵热风机供暖＜电加热供暖＜空气源热泵热水供暖＜地源热泵供暖；

（5）年碳排放量：生物质能供暖＜地源热泵供暖＜空气源热泵热水供暖＜燃气炉供暖＜空气源热泵热风机供暖＜燃煤供暖＜电加热供暖。

保障执行 **T/CECA 20039—2023** 的建筑常住人房间供暖条件下
不同供暖系统效益评估　　　　　　　　　　　表 8-17

序号	系统类型	供暖系统造价（元/户）	年供暖能耗（kgce/a）	年运行费用（元/a）	全生命周期年均使用成本（元/a）	年碳排放量（kgCO$_2$/a）
1	燃煤供暖	1487	260	437	536	702
2	燃气炉供暖	5087	234	420	759	381
3	生物质能供暖	2937	201	561	757	0
4	地源热泵供暖	25200	48	195	1875	223
5	空气源热泵热水供暖	12467	78	317	1148	362
6	空气源热泵热风机供暖	8333	85	346	902	395
7	电加热供暖	1783	197	802	920	914

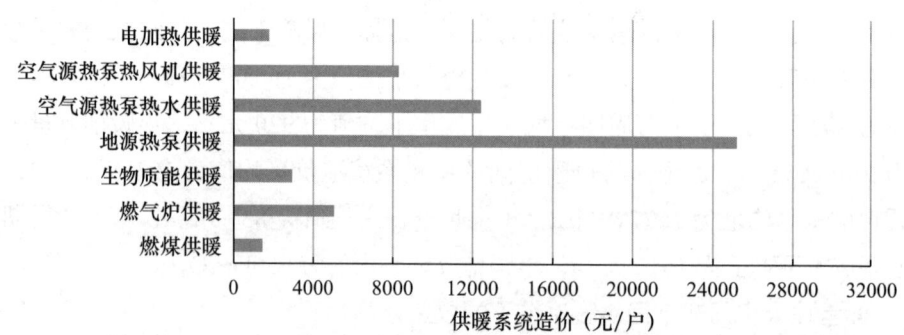

图 8-21　保障执行 T/CECA 20039—2023 的建筑常住人房间供暖条件下不同供暖系统造价

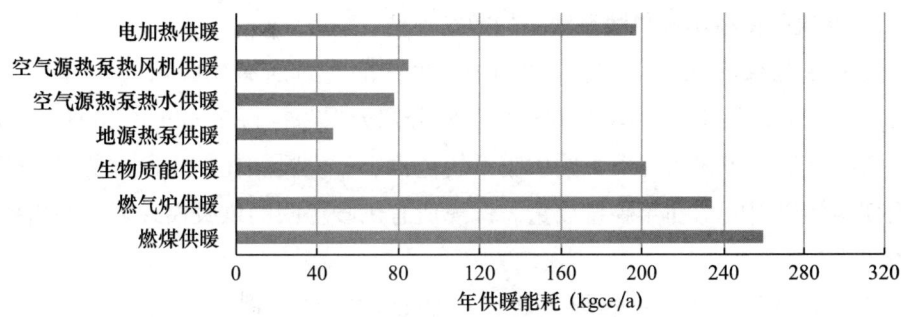

图 8-22 保障执行 T/CECA 20039—2023 的建筑常住人房间供暖条件下
不同供暖系统年供暖能耗

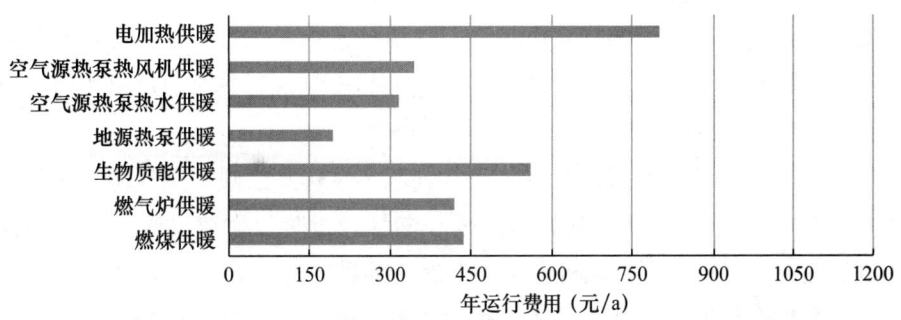

图 8-23 保障执行 T/CECA 20039—2023 的建筑常住人房间供暖条件下
不同供暖系统年运行费用

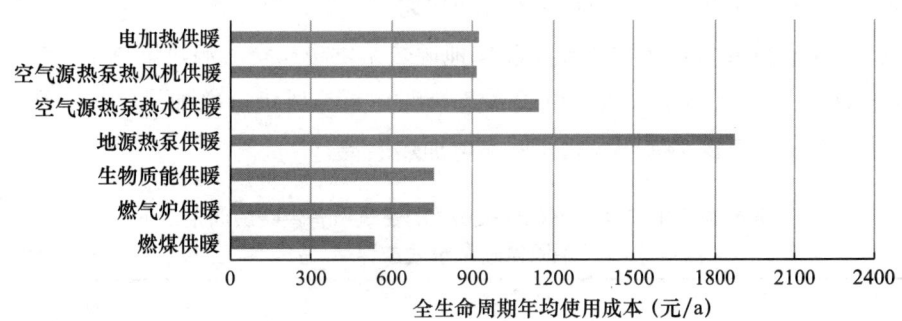

图 8-24 保障执行 T/CECA 20039—2023 的建筑常住人房间供暖条件下
不同供暖系统全生命周期年均使用成本

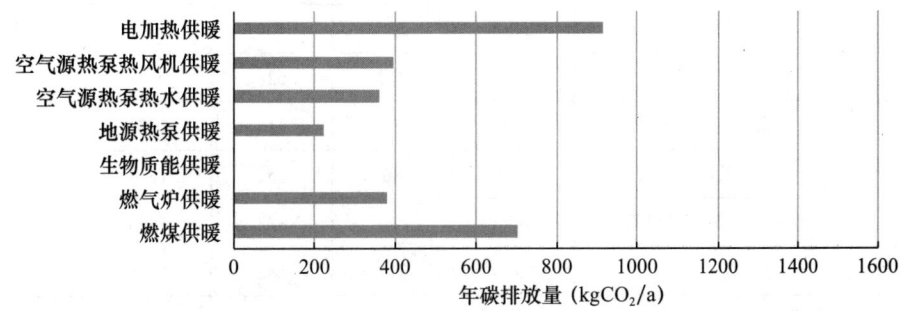

图 8-25 保障执行 T/CECA 20039—2023 的建筑常住人房间供暖条件下
不同供暖系统年碳排放量

11. 建筑整体在不同供暖系统下的效益评估

表 8-18 为保障执行 T/CECA 20039—2023 的建筑所有供暖房间条件下不同供暖系统效益评估指标。图 8-26～图 8-30 分别为保障执行 T/CECA 20039—2023 的建筑所有供暖房间条件下不同供暖系统造价、年供暖能耗、年运行费用、全生命周期年均使用成本和年碳排放量。保障所有供暖房间的供暖模式下，各指标排序为：

（1）供暖系统造价：燃煤供暖＜电加热供暖＜生物质能供暖＜燃气炉供暖＜空气源热泵热风机＋电加热供暖＜电加热＋空气源热泵热风机供暖＜空气源热泵热水供暖＜空气源热泵热风机供暖＜地源热泵供暖；

（2）年供暖能耗：地源热泵供暖＜空气源热泵热水供暖＜空气源热泵热风机供暖＜空气源热泵热风机＋电加热供暖＜电加热＋空气源热泵热风机供暖＜电加热供暖＜生物质能供暖＜燃气炉供暖＜燃煤供暖；

（3）年运行费用：地源热泵供暖＜空气源热泵热水供暖＜空气源热泵热风机供暖＜空气源热泵热风机＋电加热供暖＜燃气炉供暖＜燃煤供暖＜生物质能供暖＜电加热＋空气源热泵热风机供暖＜电加热供暖；

（4）全生命周期年均使用成本：燃煤供暖＜燃气炉供暖＜生物质能供暖＜空气源热泵热风机＋电加热供暖＜电加热供暖＜空气源热泵热水供暖＜空气源热泵热风机供暖＜电加热＋空气源热泵热风机供暖＜地源热泵供暖；

（5）年碳排放量：生物质能供暖＜地源热泵供暖＜空气源热泵热水供暖＜燃气炉供暖＜空气源热泵热风机供暖＜空气源热泵热风机＋电加热供暖＜燃煤供暖＜电加热＋空气源热泵热风机供暖＜电加热供暖。

保障执行 T/CECA 20039—2023 的建筑所有供暖房间条件下
不同供暖系统效益评估 表 8-18

序号	系统类型	供暖系统造价（元/户）	年供暖能耗（kgce/a）	年运行费用（元/a）	全生命周期年均使用成本（元/a）	年碳排放量（kgCO$_2$/a）
1	燃煤供暖	2587	288	484	656	777
2	燃气炉供暖	6187	260	465	877	422
3	生物质能供暖	4037	222	621	890	0
4	地源热泵供暖	27167	53	216	2027	247
5	空气源热泵热水供暖	14434	86	351	1313	401
6	空气源热泵热风机供暖	16666	94	383	1495	437
7	电加热供暖	3283	218	888	1106	1012
8	空气源热泵热风机＋电加热供暖	9833	106	432	1088	493
9	电加热＋空气源热泵热风机供暖	10116	206	839	1513	956

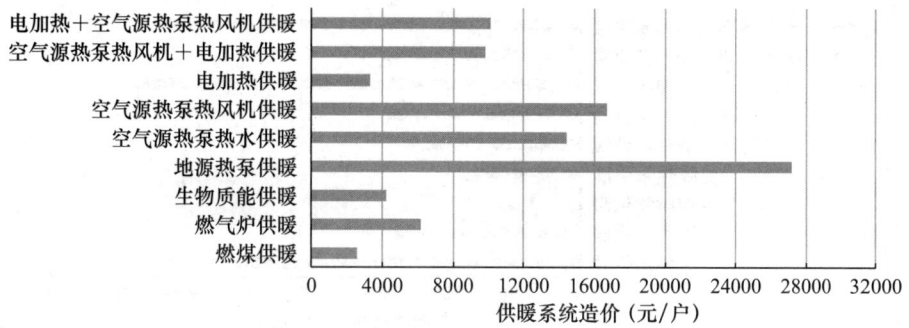

图 8-26　保障执行 T/CECA 20039—2023 的建筑所有供暖房间条件下不同供暖系统造价

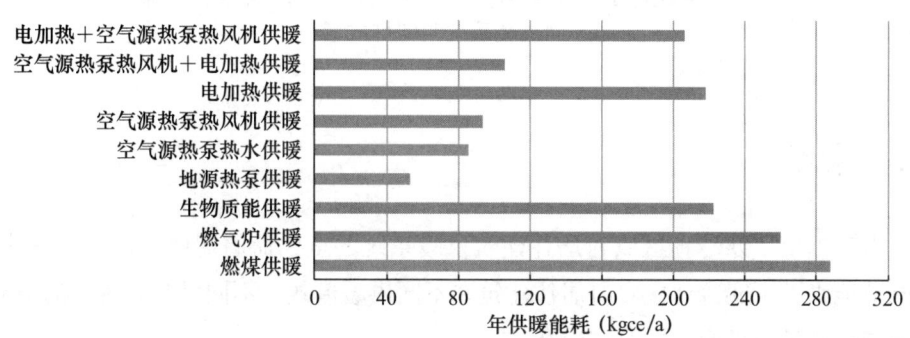

图 8-27　保障执行 T/CECA 20039—2023 的建筑所有供暖房间条件下
不同供暖系统年供暖能耗

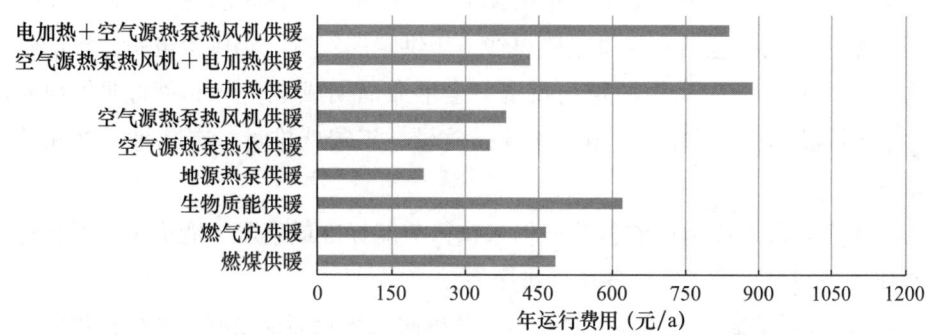

图 8-28　保障所有供暖房间条件下不同供暖系统年运行费用

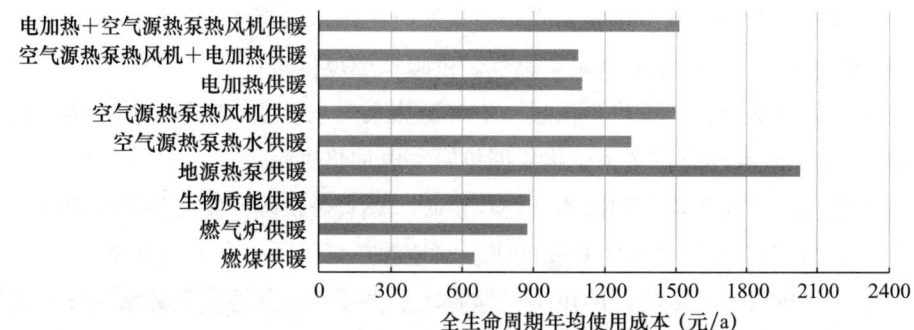

图 8-29　保障执行 T/CECA 20039—2023 的建筑所有供暖房间条件下
不同供暖系统全生命周期年均使用成本

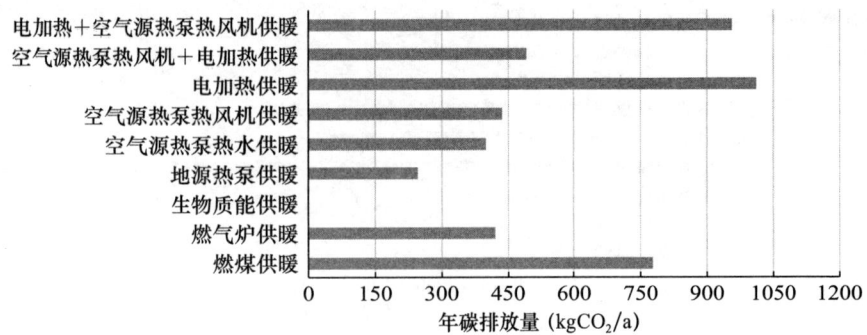

图 8-30 保障执行 T/CECA 20039—2023 的建筑所有供暖房间条件下
不同供暖系统年碳排放量

8.3 总结

本章提出了寒冷地区农村居住建筑供暖系统的全生命周期评估指标，评估了不同节能水平下寒冷地区农村居住建筑在不同供暖模式、不同供暖系统下的节能、经济与环境效益指标。主要结论有：

（1）寒冷地区农村居住建筑供暖的节能效益评估指标包括：年供暖耗煤量、年供暖耗气量、年供暖耗电量、年供暖生物质耗量、年供暖能耗（折算标准煤）；经济效益评估指标包括：年供暖燃煤费、年供暖燃气费、年供暖电费、年供暖生物质费、投资、全生命周期年均投资、全生命周期成本、全生命周期年均使用成本；环境效益评估指标包括：年碳排放量、年碳减排量、碳减排强度和碳减排率。

（2）现阶段寒冷地区农村普遍仍未执行节能标准或采取节能措施，现状建筑在常住人房间供暖模式下，各指标排序为：

1）供暖系统造价：燃煤供暖＜电加热供暖＜生物质能供暖＜燃气炉供暖＜空气源热泵热风机供暖＜空气源热泵热水供暖＜地源热泵供暖；

2）年供暖能耗：地源热泵供暖＜空气源热泵热水供暖＜空气源热泵热风机供暖＜电加热供暖＜生物质能供暖＜燃气炉供暖＜燃煤供暖；

3）年运行费用：地源热泵供暖＜空气源热泵热水供暖＜空气源热泵热风机供暖＜燃气炉供暖＜燃煤供暖＜生物质能供暖＜电加热供暖；

4）全生命周期年均使用成本：燃煤供暖＜燃气炉供暖＜空气源热泵热风机供暖＜空气源热泵热水供暖＜生物质能供暖＜地源热泵供暖＜电加热供暖；

5）年碳排放量：生物质能供暖＜地源热泵供暖＜空气源热泵热水供暖＜燃气炉供暖＜空气源热泵热风机供暖＜燃煤供暖＜电加热供暖。

（3）现状建筑供暖能耗高，现阶段燃煤供暖的全生命周期成本较低，仍需通过采取节能措施进一步降低供暖需求，通过技术进步提升清洁供暖系统能效，通过采取政策措施减轻清洁供暖系统使用成本，使供暖能耗和支出维持在较低水平。清洁供暖系统的使用成本低于或接近燃煤供暖，才能有效避免散煤复燃现象。

第9章 寒冷地区农村居住建筑节能
与清洁供暖设计案例

本章给出了寒冷地区农村居住建筑节能与清洁能源利用技术清单，通过咸阳市白村低能耗农房和日照市褚家坡村绿色民宿的典型设计案例，示范寒冷地区农村居住建筑的围护结构保温、被动式太阳房、自然通风采光优化和夏季遮阳等建筑本体节能技术措施，太阳能光伏发电、太阳能热水、地源热泵、空气源热泵等清洁能源利用技术措施，节能照明与控制、雨水回用等资源节约利用技术措施。

9.1 寒冷地区农村居住建筑节能与清洁能源利用技术清单

通过梳理寒冷地区农村居住建筑节能与清洁能源利用适宜技术特点，结合农村调研成果、研究成果与工程实践经验，针对寒冷地区农村居住建筑节能与暖通空调工程设计，提出了适用的外窗选型和绿色技术清单，包括技术简介、相关技术标准和适用特点。技术清单便于设计师和农村居民因地制宜选用，加快推进农村现代化建设，提升居住质量。其中，外窗选型及热工性能见本书附录5，被动式建筑节能技术清单见本书附录6，清洁能源利用技术清单见本书附录7，资源节约利用技术清单见本书附录8。

9.2 咸阳市白村低能耗农房设计案例

9.2.1 项目概况

咸阳市白村低能耗农房示范项目位于礼泉县城以东15km，西张堡镇白村村委会南侧。规划用地面积11929m²，总建筑面积5960m²，容积率0.50，建筑基底面积3732m²，建筑密度31.29%，共建设新型社区农房26户，主要有3种户型，形成农房组团，包括7户A户型（建筑面积252m²）、9户B户型（建筑面积208m²）、10户C户型（建筑面积233m²）。

以寒冷地区农村居住建筑节能与清洁供暖技术应用示范为核心，以打造低能耗农房和农村能源清洁利用为出发点，选择礼泉县白村新型社区二期建设项目为考察调研、规划设计、节能技术应用和工程示范对象。该项目节能设计达到《农村居住建筑节能设计标准》GB/T 50824—2013 的要求，采用了常住人房间内围护结构保温强化、可调节遮阳、绿化遮阳、附加阳光间式太阳房等被动技术措施，采用了太阳能热水、太阳能水暖毯、小型地源热泵系统、低环境温度空气源热泵热风机、生物质能清洁燃烧炉等可再生能源利用措施，还采用了雨水回收利用、节水器具、节能照明灯具、室外智能照明等绿色低碳技术措施。

9.2.2 规划与建筑设计

1. 规划设计

白村所在的关中平原，地势平坦，聚落空间结构相对完整，多为组团化分布，层次鲜明。关中传统村落的空间形态以合院式村落空间为主，通常由尺度较小的民居院落构成，建筑高度一般为 1～2 层，采用坡屋顶，有单坡和双坡两种形式，以具有渭北民居特色的单坡屋顶最为常见。总平面布局采用了"自然生长＋组团模式＋传统院落"的规划理念，将传统的关中四合院进行空间转换，形成多种居住模式，通过几种模式相互组合，最终呈现出丰富有机的组团院落式布局，每个完整的组团院落包括 6 户农宅，中间为公共活动区。这种围合式院落不仅适应西北地区冬季寒冷多风的气候特点，而且有利于民居自身小环境的形成（图 9-1～图 9-3）。

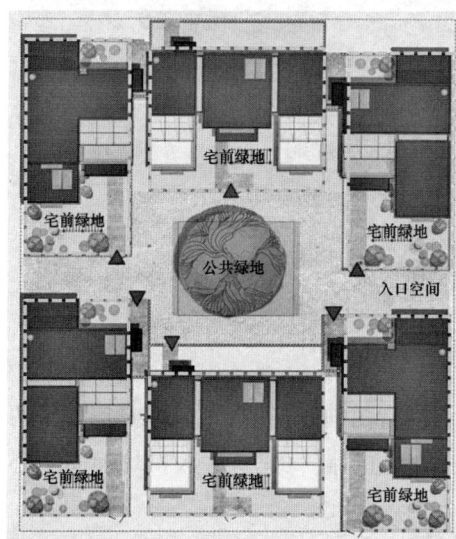

图 9-1 农房组团院落式布局

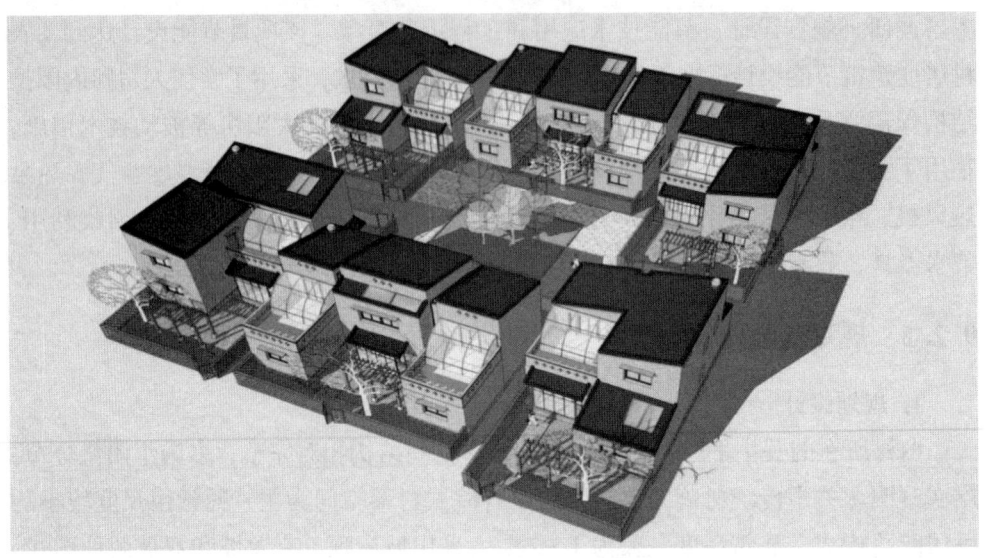

图 9-2 农房组团东南向鸟瞰效果图

图 9-3 农房组团西北向鸟瞰效果图

总平面布局以传统的组团院落式，在场地内自西向东排开，共计 26 户，呈两排、五组布置，两排建筑之间的多组广场兼作消防道路，建筑主入口均面向中心广场开门，总平面图如图 9-4 所示。

景观设计总体采用一轴多点的结构体系，充分考虑地域化材料应用，合理利用白村当地的农林废弃资源进行景观小品装饰，还原质朴村落特色，注重体现关中传统建筑特征和图案，与建筑单体风格有机衔接（图 9-5）。

图 9-4 总平面图

图 9-5 景观效果图

2. 建筑设计

建筑方案仍然以组团院落为设计单元，共设计户型 3 种，分别是 A 户型（建筑面积 252m²）、B 户型（建筑面积 208m²）和 C 户型（建筑面积 233m²），3 种户型总体以组团的形式有机分布、错落有致（图 9-6）。

建筑设计保留南北院落的布局，保留了传统坡屋面的设计风格，以自然生长为基本要求。在组团院落式布局规划的基础上，提炼渭北民居的地域文化特色，将传统文化特征明显的"房子半边盖"和"土坯墙"等关中地区地方特色元素融入建筑造型和外观设计中，体现了传统文化在建筑中的传承。在形成自然生长、错落有致的村庄规划时，局部不完全按照组团布局，以满足乡土生态、绿色自然的要求，使得空间层次分明。

图 9-6 农房组团户型图

各户型农房均为地上 2 层，设有南院和北院，屋面采用单坡屋顶。一层设置 2 间卧室和 1 间起居室，南向布置为主；配套卫生间、厨房，北向布置为主。一层老人卧室采用无障碍卫生间，并配有安全抓杆，本层主要为老年人提供生活起居场所，前院日照绿化条件好，可进行简单的种植、养殖。二层设置 2~3 间卧室，南向布置为主，配套卫生间及公共走廊，露台设置 2 处简易太阳房，本层主要为中青年提供生活起居场所。首层南向常住人卧室外窗设置双摆臂遮阳板（图 9-7）。

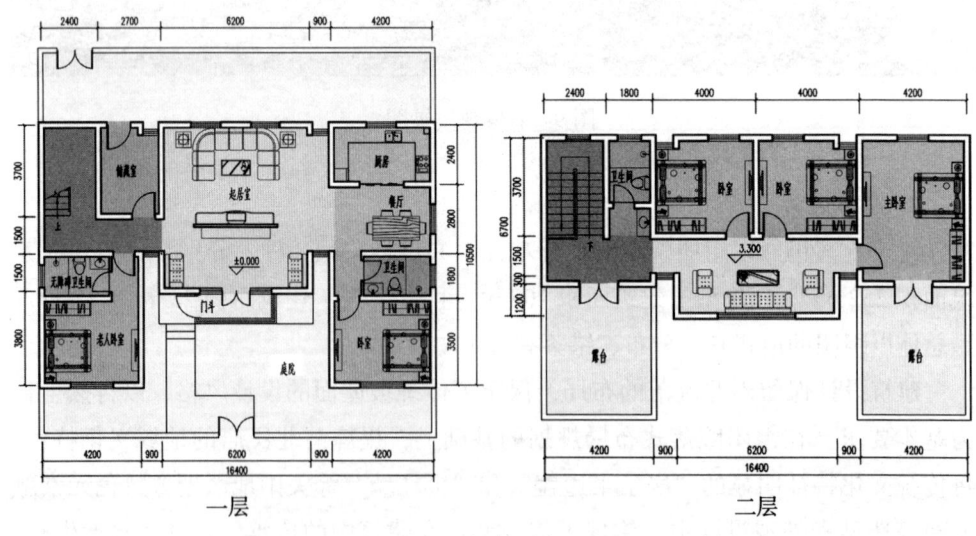

一层　　　　　　　　　　　　　　　二层

（a）

图 9-7 农房平面图

（a）A 户型

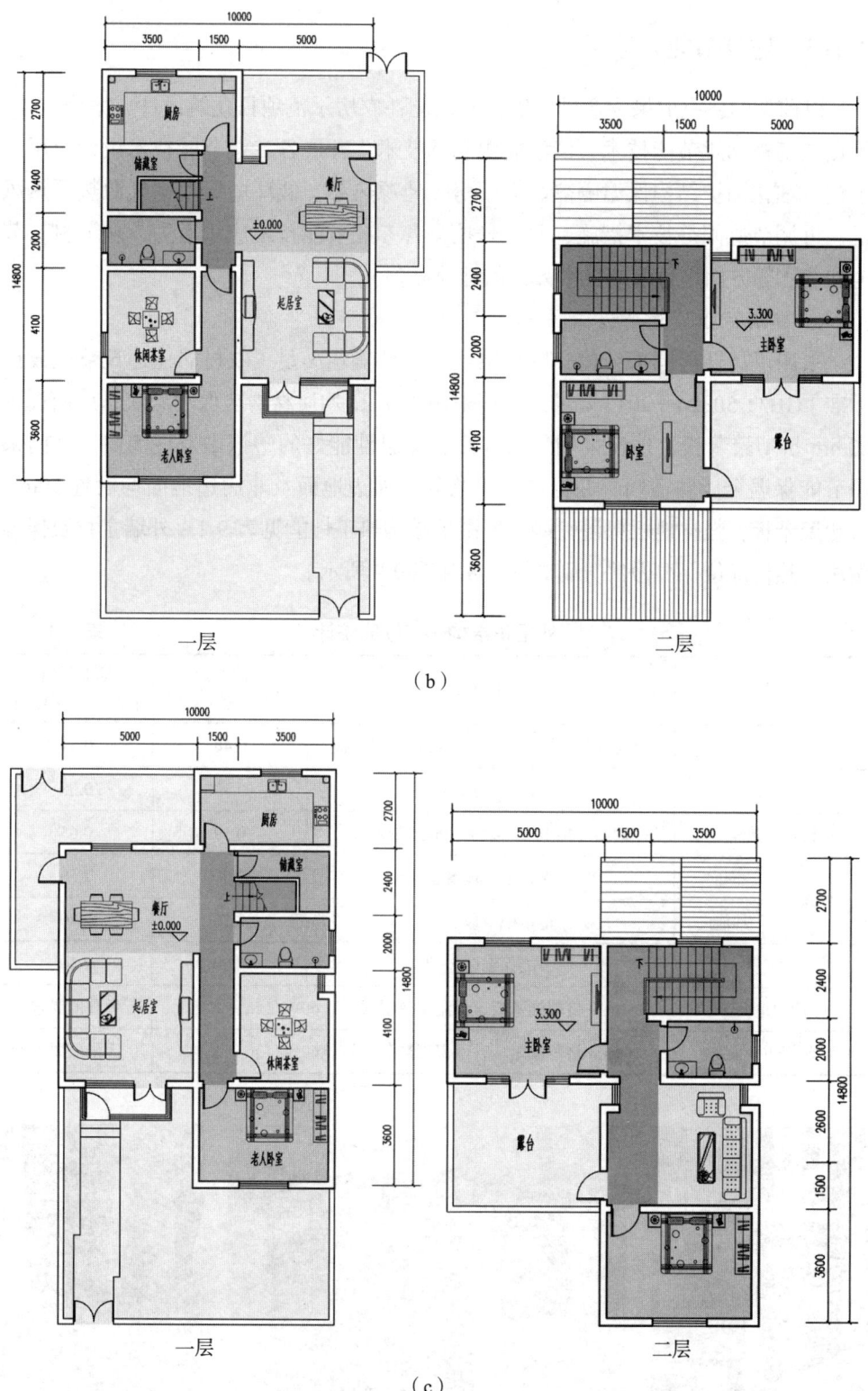

图 9-7 农房平面图（续）

（b）B 户型；（c）C 户型

9.2.3 建筑节能设计

以前期的研究成果为基础，以白村低能耗农房示范项目建筑设计方案为载体，重点围绕被动式节能技术、清洁能源利用技术，开展各专业节能技术设计应用及示范，细化围护结构保温隔热、太阳房、地源热泵、低环境温度空气源热泵热风机、可调节遮阳等技术措施，并充分挖掘各专业节能技术应用潜力，从节材、节电和节水等方面进行节能技术方案的补充完善。

1. 建筑专业节能措施

采用了高性能围护结构，围护结构热工性能均满足《农村居住建筑节能设计标准》GB/T 50824—2013 要求，外墙采用 300mm 均质材料自保温砌块，屋面设置60mm 挤塑聚苯板，外窗采用气密性高、保温性能好的塑钢中空玻璃窗，外门采用节能保温金属防盗门。在标准要求之外，周边地面及非周边地面均设置 50mm 挤塑聚苯板，强化地板保温性能。外围护结构热工性能见表 9-1。外墙主材及保温做法、热桥部位保温做法分别如图 9-8 和图 9-9 所示。

外围护结构热工性能统计　　　　　　　　　　　　　　表 9-1

部位		节能做法	传热系数 [W/(m²·K)]	标准限值 [W/(m²·K)]
屋面		钢筋混凝土屋面板＋60mm 挤塑聚苯板	0.48	0.50
外墙		300mm 自保温砌块	0.39	0.65
热桥柱/热桥梁		钢筋混凝土柱/梁＋80mm 聚苯板	0.39	0.65
外窗	南向	塑钢中空玻璃窗	2.50	2.50
	其他向	塑钢中空玻璃窗	2.50	2.80
外门		节能保温防盗门	2.00	2.50
周边地面		50mm 挤塑聚苯板，保温层热阻 R＝1.60W/(m²·K)		无限值要求
非周边地面		50mm 挤塑聚苯板，保温层热阻 R＝1.60W/(m²·K)		无限值要求

图 9-8　外墙主材及保温做法

图 9-9 热桥部位保温做法

加强常住人房间内围护结构保温，一层常住人房间隔墙采用 300mm 均质材料自保温砌块，上方楼板面层增加 30mmEPS 保温板，以降低农房实际供暖负荷。由于《农村居住建筑节能设计标准》GB/T 50824—2013 并对内围护结构未作要求，其热工性能限值参考团体标准《寒冷地区农村居住建筑节能设计标准》T/CECA 20039—2023。常住人房间内围护结构热工性能见表 9-2。

常住人房间内围护结构热工性能　　　　　　　　　　表 9-2

部位	节能做法	传热系数 $[W/(m^2 \cdot K)]$	标准限值 $[W/(m^2 \cdot K)]$
隔墙	300mm 自保温砌块	0.40	1.50
楼板	钢筋混凝土楼板＋30mmEPS 保温板	1.00	1.50
内门	保温门	2.00	无限值要求
周边地面	50mm 挤塑聚苯板，保温层热阻 $R = 1.60W/(m^2 \cdot K)$		1.50
非周边地面	50mm 挤塑聚苯板，保温层热阻 $R = 1.60W/(m^2 \cdot K)$		1.50

各户型的南向入口处设置玻璃门斗，冬季可作为阳光间聚集热量；露台设置可活动太阳房，该太阳房采用可拆装的轻钢骨架，铺设透明塑料膜，可根据季节使用需求进行快速拆装，夏季可拆除或者铺设遮阳网，以降低太阳得热，安装及使用简单，建造成本低，适宜在农宅中使用。被动式太阳房设计如图 9-10 所示。

各户型的南向常住人卧室外窗设置双摆臂遮阳板，属于可调节遮阳技术，能够在夏季时伸展开，其余季节收缩，有效降低夏季外窗的太阳得热（图 9-11）。此外，各户型的露台太阳房可铺设遮阳网，避免太阳直晒；南向卧室外侧均设有家庭院落，可种植中小型乔木，通过庭院绿化遮阳来降低夏季太阳辐射，减少建筑的热岛效应，提升室外热环境舒适度。

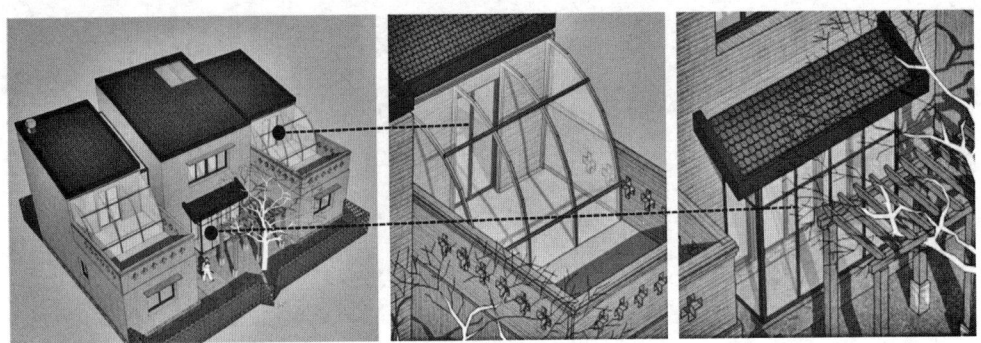

图 9-10　被动式太阳房设计

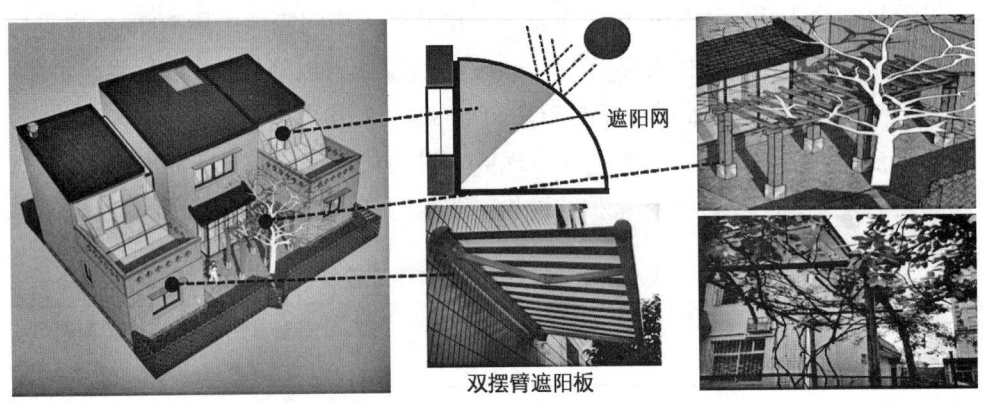

图 9-11　夏季可调节遮阳设计

2. 结构专业节能措施

不采用国家和地方禁止、限制使用的建筑材料及制品，尽可能就地取材或采用当地建筑材料，降低建筑材料运输成本。合理采用高强度建筑材料，钢筋混凝土结构中，梁、柱等纵向受力普通钢筋采用不低于 400MPa 的热轧带肋钢筋。建筑造型简约质朴，无大量装饰性构件，少量外墙装饰性构件采用本地材料。现浇混凝土采用预拌混凝土，砂浆采用预拌砂浆，预拌砂浆满足《预拌砂浆应用技术规程》JGJ/T 223—2010 的相关要求。砌体采用自保温蒸压加气混凝土砌块，强度等级为 A5.0，外墙不需要设置保温层，有效提高面层强度，与农村需求相匹配。

3. 给水排水专业节能措施

建筑给水全部采用市政管网直供，充分利用市政管网压力，末端未设加压泵。采用低水箱两档 3~6L 冲洗阀坐便器，以节约用水；建筑水龙头及阀门采用摩阻系数小、陶瓷芯、旋塞式的优质品。卫生洁具及给水排水配件均采用节水型器具。节水器具用水效率为 2 级，不采用国家和地方淘汰产品。建筑坡屋面及平屋面雨水由室外雨水悬吊管及立管收集，统一收集后存储至雨水储水罐。各户型院内的屋面雨水立管处均预留雨水储水罐位置，底部设置素混凝土支墩。

建筑生活热水由太阳能热水器供应，燃气热水器进行辅助。太阳能集热器设置在南向坡屋面，与建筑一体化设计和施工，太阳能热水器在室内预留管道接口，厨房设置燃气热水器并预留给水管道接口。太阳能热水系统如图 9-12 所示。

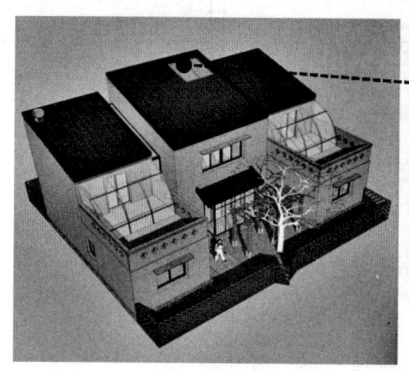

一体承压式太阳能热水器　　　　燃气热水器辅助加热

图 9-12　太阳能热水系统

4. 电气专业节能措施

室内照明采用节能型光源、灯具及附件。庭院照明采用带有太阳能光伏板的 LED 庭院灯。合理设计灯光控制方式，楼梯间休息平台采用双控开关进行控制，其余房间采用翘板开关就地控制，室外照明采用智能照明统一控制。

9.2.4　清洁供暖设计

采用清洁供暖方式满足农宅冬季供暖需求，兼顾夏季空调。根据农村供暖的实际需求，一层主要房间（客厅及老人卧室）设置供暖及空调系统，冷热源采用小型地源热泵机组，高效节能；室内末端采用立式明装风机盘管。该项目地源热泵供暖系统原理如图 9-13 所示，暖通专业主要设备表见表 9-3。

目前，咸阳市礼泉县已建成了固体生物质颗粒加工厂，具备生物质清洁燃料的供应条件。而白村的主要经济作物为苹果和桃，具有大量的农林废弃资源，若在白村附近建成生物质成型燃料加工企业，能够进一步降低生物质清洁燃料的采购和运输成本，此时冬季热源也推荐采用生物质清洁燃烧炉，充分挖掘当地农林资源优势，也是减少农业垃圾和避免薪柴直接燃烧取暖的有效途径。房间也预留了低环境温度空气源热泵热风机安装条件，其室内末端及气流组织按照制热功能优化，送风区域集中在人体主要活动空间，室外机在冬季低环境温度下可高效使用。

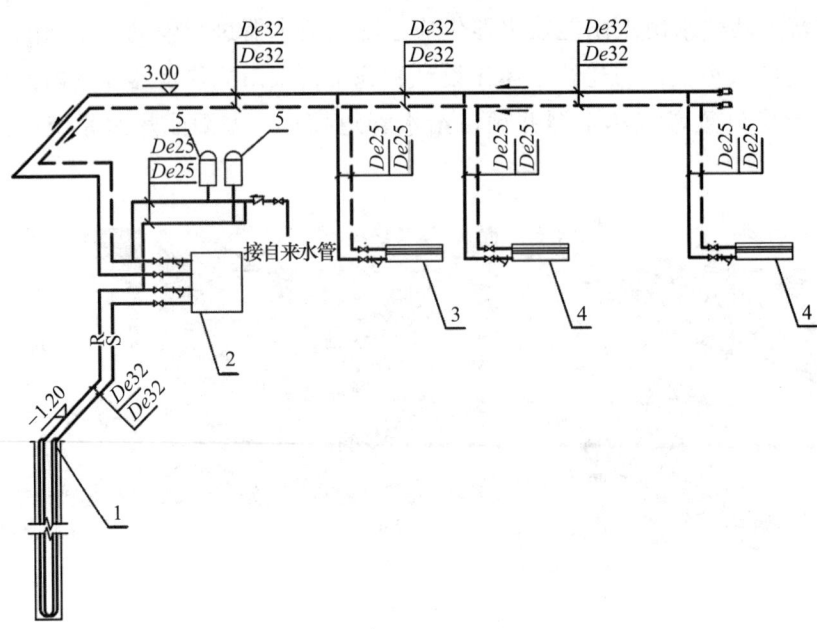

图 9-13 地源热泵供暖系统原理图

注：图中数字对应表 9-3 中的编号。

<table>
<tr><td colspan="6" style="text-align:center">暖通专业主要设备表　　　　　　　　　　　表 9-3</td></tr>
<tr><td>编号</td><td>名称</td><td>型号及参数</td><td></td><td>数量</td><td>备注</td></tr>
<tr><td>1</td><td>地埋管换热器</td><td colspan="2">双 U 形地埋管换热器，PE 管，De32×3mm，埋深 100～120m</td><td>每户 1 套</td><td>钻井位置根据现场条件确定</td></tr>
<tr><td>2</td><td>地源热泵机组</td><td colspan="2">MWW-06HCA 型，制冷量为 5500W，制热量为 5800W，制冷功率为 1.41kW，制热功率为 1.35kW；冬季供 / 回水温度为 45℃/40℃，夏季供 / 回水温度为 7℃/12℃，最大输入功率为 2.2kW，电压为 220V</td><td>每户 1 套</td><td>安装在一层储藏室</td></tr>
<tr><td>3</td><td>立式明装风机盘管</td><td colspan="2">FP-68 型，制冷量为 3328W，制热量为 5460W，输入功率为 72W</td><td>每户 1 台</td><td>安装在一层客厅外窗下</td></tr>
<tr><td>4</td><td>立式明装风机盘管</td><td colspan="2">FP-51 型，制冷量为 2408W，制热量为 3870W，输入功率为 59W</td><td>每户 1 台</td><td>安装在一层老人卧室外窗下</td></tr>
<tr><td>5</td><td>膨胀罐</td><td colspan="2">55505 型，容积为 5L，压力为 0.15MPa</td><td>每户 2 台</td><td></td></tr>
<tr><td>6</td><td>低环境温度空气源热泵热风机</td><td colspan="2">制热量为 4000W（2P）</td><td>—</td><td>业主选择安装</td></tr>
<tr><td>7</td><td>水暖毯</td><td colspan="2">长 × 宽 = 1800mm × 1500mm</td><td>每户 1 套</td><td>安装在一层老人卧室</td></tr>
<tr><td>8</td><td>生物质清洁燃烧热风炉</td><td colspan="2">WSFT350 型风暖家用平推型颗粒取暖炉，功率为 90W，料仓容量为 20kg</td><td>—</td><td>业主选择安装</td></tr>
</table>

采用分室间歇供暖方式，各房间的供暖末端能够独立控制与调节，智能温度感应调控，响应速度快，能够短时间内显著提升人体主要活动区域的温度。供暖

系统末端采用"全室＋局部"的布局，在常住人房间采用全室供暖和局部供暖方式，局部供暖采用太阳能水暖毯系统，白天以全室供暖为主，夜间则可以降低全室供暖温度2～4℃，供暖初期和末期则可以关闭全室供暖，以基于床的局部供暖方式为主。通过"全室＋局部"布局方式，在满足住户基本热舒适性需求的同时降低供暖能耗。太阳能水暖毯局部供暖系统原理如图9-14所示。

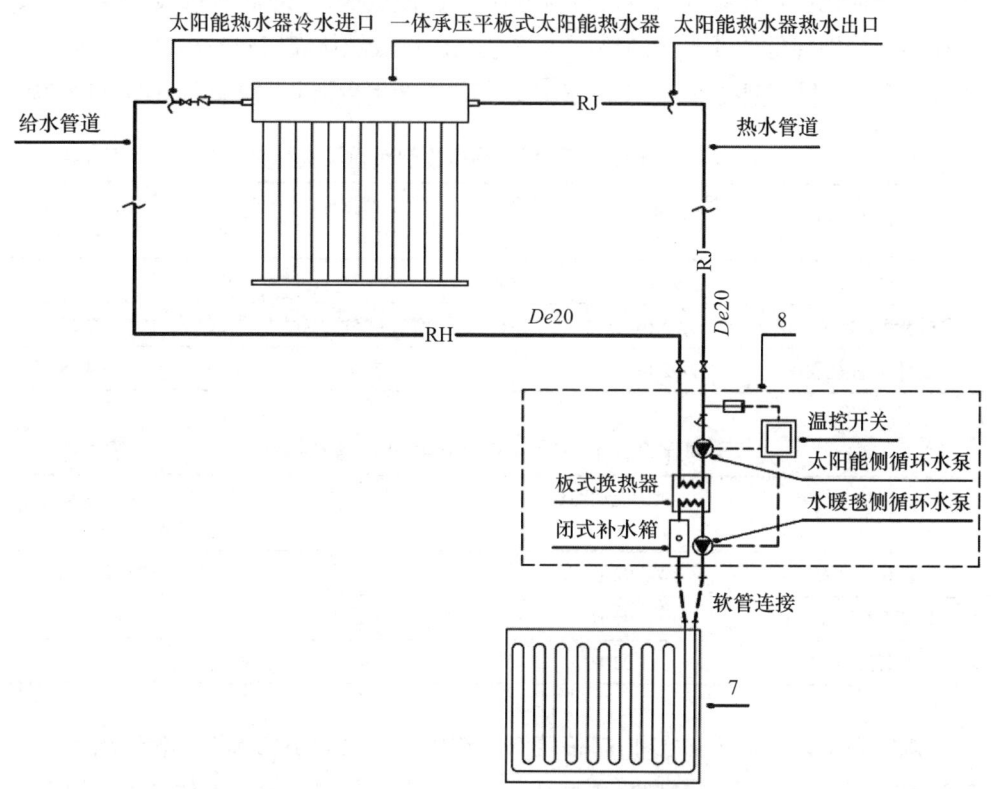

图9-14　太阳能水暖毯局部供暖系统原理图

注：图中数字7、8对应表9-3中的编号。

9.2.5　绿色性能分析

以A户型为分析对象，采用BECH2022软件作为建筑冷热负荷和全年供暖空调负荷计算工具，建立A户型模型并进行计算分析。白村位于咸阳市礼泉县，距离西安市60余千米，气候条件与西安基本相同，模拟地点、室外气象参数、室外空气计算参数参照西安地区设置。全年室外气象参数依据《中国建筑用标准气象数据库》设定。

设定了三种围护结构计算参数，分别是依据白村传统农房、白村新型社区（一期）和白村低能耗农房建设标准的围护结构节能做法，代表白村不同发展阶段的建筑节能技术应用程度。白村传统农房节能技术最为薄弱，白村新型社区（一期）未进行外墙保温，白村低能耗农房围护结构参数达到《农村居住建筑节能设计标准》GB/T 50824—2013 的要求。测算时主要考虑常住人房间使用供暖空调，其余房间不使用供暖空调。

围护结构执行不同建设标准、常住人房间使用供暖空调工况下，A 户型冷热负荷及指标见表 9-4，供暖耗热量及指标见表 9-5。在白村低能耗农房建设标准下，其热负荷指标比白村传统农房、白村新型社区（一期）分别降低约 60% 和 46%，冷负荷指标分别降低约 56% 和 35%。A 户型在白村低能耗农房建设标准下，与白村传统农房、白村新型社区（一期）相比，其供暖费用指标分别降低约 64% 和 47%。

不同建设标准下的 A 户型冷热负荷及指标 表 9-4

建筑类型	供暖空调面积（m²）	热负荷（W）	热负荷指标（W/m²）	冷负荷（W）	冷负荷指标（W/m²）
白村传统农房	92.16	17809	193.23	7308	79.29
白村新型社区（一期）	92.16	13319	144.51	4920	53.38
白村低能耗农房	92.16	7164	77.73	3187	34.58

不同建设标准下的 A 户型供暖耗热量及指标 表 9-5

建筑类型	供暖空调面积（m²）	全年供暖耗热量（kWh）	供暖耗热量指标 [kWh/(m²·a)]
白村传统农房	92.16	17951	194.78
白村新型社区（一期）	92.16	12221	132.60
白村低能耗农房	92.16	6640	69.87

供暖系统设置如下：① 白村传统农房的供暖系统为小型煤炉，煤炉热效率按 70% 计，燃料为烟煤；② 白村新型社区（一期）的供暖系统为天然气壁挂炉＋地面辐射供暖系统，天然气壁挂炉热效率按 90% 计；③ 白村低能耗农房的常住人房间（一层老人卧室、起居室）供暖系统为地源热泵系统，其制热工况 COP 为 4.11，由于管路输送距离短且风机盘管能耗小，忽略输配和末端能耗。烟煤价格按照 1000 元/t、天然气价格按照 2.18 元/m³、电价按照 0.50 元/kWh 计算。

围护结构执行不同建设标准、常住人房间使用供暖空调工况下，供暖费用见表 9-6。

不同建设标准下的 A 户型供暖费用 表 9-6

建筑类型	供暖空调面积（m²）	供暖能耗	供暖费用（元）	年供暖费用指标（元/m²）
白村传统农房	92.16	用煤量 3151kg	3151	34
白村新型社区（一期）	92.16	用气量 1460m³	3182	35
白村低能耗农房	92.16	用电量 1616kWh	808	9

根据《建筑碳排放计算标准》GB/T 51366—2019 附录 A 中主要能源碳排放因子以及查阅最新的全国电网平均碳排放因子，可知农村冬季煤炉供暖常用的烟煤的碳排放因子为 $1.9307kgCO_2/kg$，天然气碳排放因子为 $1.9763kgCO_2/m^3$，电网碳排放因子取 $0.5703kgCO_2/kWh$。白村传统农房的生活热水采用煤炉为热源，白村新型社区（一期）的生活热水以天然气热水器为热源，白村低能耗农房的生活热水以太阳能热水系统为主热源，并以燃气热水器为辅助热源。

汇总 A 户型的供暖、生活热水、生活照明碳排放量，如表 9-7 所示。A 户型总建筑面积为 $252m^2$，可知，白村低能耗农房的 A 户型碳排放指标约为 $6kgCO_2/m^2$，约比白村传统农房低 79%，约比白村新型社区（一期）低 57%。

不同建设标准下的 A 户型碳排放 表 9-7

建筑类型	供暖系统碳排放量（$kgCO_2$）	生活热水碳排放量（$kgCO_2$）	生活照明碳排放量（$kgCO_2$）	合计（$kgCO_2$）	碳排放指标（$kgCO_2/m^2$）
白村传统农房	6083	536	367	6986	28
白村新型社区（一期）	2885	266	367	3518	14
白村低能耗农房	921	133	367	1421	6

9.3 日照市褚家坡村绿色民宿设计案例

9.3.1 项目概况

褚家坡村位于日照市莒县碁山镇东北部，既有农房约 200 户，农村常住人口约 500 人。随着乡村振兴战略的实施，以及"户户通"工程和"美丽乡村"建设工作的开展，原来闭塞的小村庄现已大变样。2020 年，由村党支部牵头创办了初心公社生态旅游专业合作社，采取"村集体控股＋社员参股"的方式，以发展精品民宿为核心，以种植、销售绿色无公害小米，深加工米粉、米酒、米醋等高附加值产品为辅助，精心打造"初心公社"项目。现已建成精品民宿 10 余套，并完成党史馆建设、村内石板道路铺设等工程。

褚家坡村前区综合提升设计，以推进乡村旅游集聚区（村）建设、展现齐鲁村居特色风貌、促进乡村民宿产业高质量发展为愿景，落实"适用、经济、绿色、美观"的建设方针，着重体现绿色低碳理念，建设美丽村居民宿。村前区的总建筑面积 $1211.20m^2$，其中，溪园建筑面积 $372.00m^2$，杏园建筑面积 $395.70m^2$，石舍建筑面积 $443.50m^2$，基底面积 $1054.20m^2$，主要功能包括民宿、餐厅、文创店和书店等。

该项目节能设计达到《农村居住建筑节能设计标准》GB/T 50824—2013 的要

求，民宿配套的餐厅、文创店和书店等小型公共建筑节能设计达到《建筑节能与可再生能源利用通用规范》GB 55015—2021 的要求。此外，还采取了常住人房间内围护结构保温强化、可调节遮阳、绿化遮阳、集热蓄热式太阳房、自然通风优化等被动技术措施，采用了太阳能光伏、小型地源热泵系统、低环境温度空气源热泵热风机、生物质能清洁燃烧炉等可再生能源利用措施，采用了节水器具、节能照明灯具、室外太阳能照明等绿色低碳技术措施。在既有建筑改造方面，参考了山东省工程建设技术导则《山东省农村既有居住建筑围护结构节能改造技术导则（试行）》JD 14-046—2019 的做法。

9.3.2 规划与建筑设计

1. 规划设计

在乡村振兴背景下，延续乡土建筑的地域文脉，在保护古村落原生环境的同时，合理利用褚家坡村的地理环境与气候，规划设计民宿和小型公共服务建筑。选取褚家坡村前区一处景观视野好，以废弃民居聚落为主的地块，如图 9-15 所示。利用原有较为完整的居住空间进行改造，新空间以原址风貌为基础，充分利用传统民居的石砌老墙作为改建建筑围护结构的一部分，延续当地建筑的地域特色，补充现代化村民生活和游客服务的功能需求，实现过去与现代的有效衔接和传承。

图 9-15 褚家坡村场地分析

2. 建筑设计

褚家坡村前区综合提升设计引入若干民宿，带入餐厅、咖啡馆、书店、文创店、美术馆等共享空间。挖掘当地特色，形成一个小规模的旅行度假目的地。建筑设计最大限度地保护了原始地形，利用原有居住空间、废弃的石砌墙进行改造提升，继承传统乡居顺应自然的营建智慧和经验，将绿色低碳节能技术、低成本生态技术有机结合起来，改善居住环境品质的同时，减少对环境与资源的破坏，达到节能、生态低碳的综合效应（图9-16）。

（a）

（b）

图9-16　建筑效果图
（a）日间；（b）夜间

3. 结构设计

主体结构采用框架结构，平面布置灵活，功能可调整，竖向承重结构采用钢筋混凝土，防水耐腐，坚固耐用，提高抗震性能。对原有墙体进行加固，采用填充加固材料处理裂缝，砌体转角处及内外墙交接处设钢筋混凝土构造柱，与承重结构有可靠拉结措施，并设置钢筋混凝土圈梁，同时加固砌体地基基础。

9.3.3　建筑节能设计

图9-17为该项目的建筑节能技术路径，图9-18为该项目的建筑节能技术措施应用位置示意图。节能技术路径及措施应用设计充分借鉴了前期的研究成果，依

次通过建筑本体节能、可再生能源利用与多能互补、能源高效利用等环节设计，从需求侧、能源侧和用能侧全方位实现节能降碳。

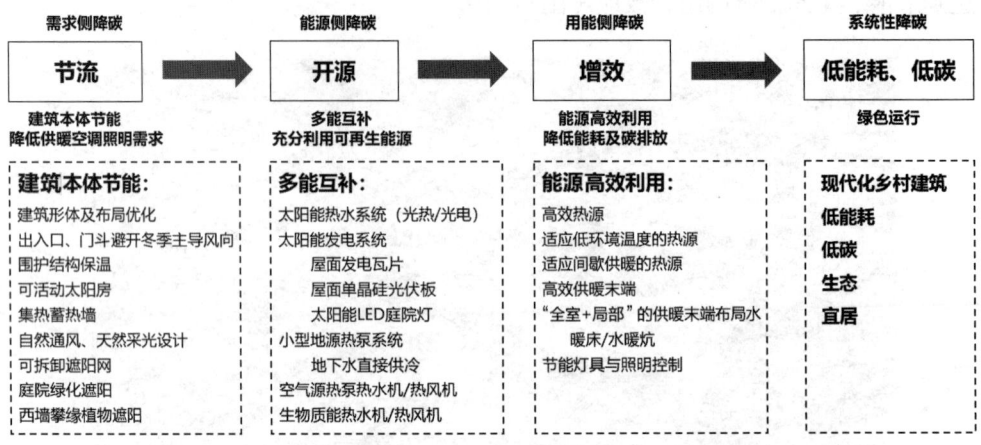

图 9-17　褚家坡村建筑节能技术路径

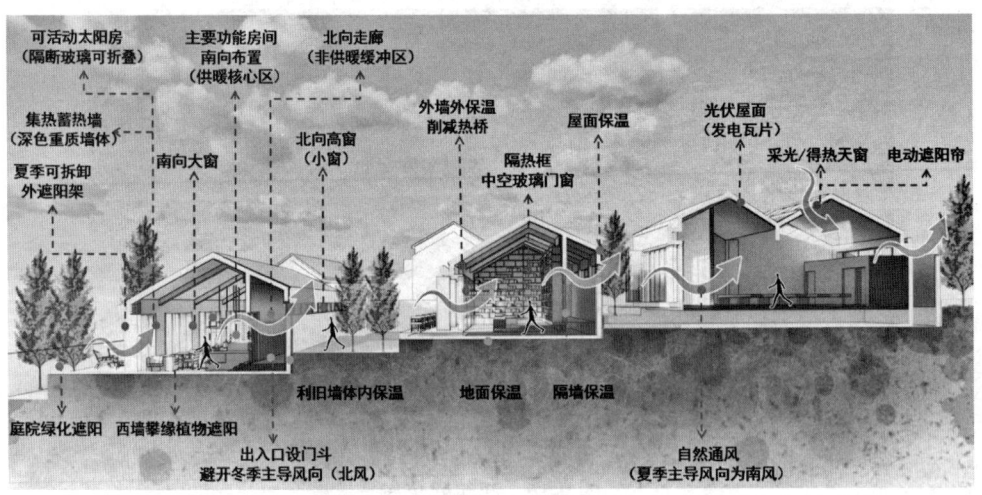

图 9-18　褚家坡村建筑节能技术措施应用位置示意图

在建筑本体节能方面，建筑节能与建筑设计同步进行，充分挖掘各专业节能技术应用潜力，从被动节能和减少环境影响等多方面进行优化，采用了建筑形体布局优化，门斗、出入口避开冬季主导风向，围护结构保温，可活动太阳房，集热蓄热墙，天然采光与自然通风等措施。在可再生能源利用方面，采用了太阳能热水系统、太阳能发电系统、小型地源热泵系统、空气源热泵系统、生物质能设备等。在能源高效利用方面，选用高效供暖热源和供暖末端，采用"全室＋局部"的供暖末端布局方式，采用节能灯具与照明控制等措施。

1. 建筑形体及布局优化设计

在民宿设计时，卧室和起居室等主要功能房间的外窗以南向布置为主，具备良好的采光、通风条件。针对民宿配套的小型公共建筑空间设计进行了物理优化。

由图 9-19 可以看到，当仅设计主要功能房间或主要功能房间以外围护结构为主时，在不供暖工况下，主要功能房间的冬季室内最低温度可降低至 1.62℃；在主要功能房间的北向增加非供暖的走廊缓冲区，冬季室内最低温度可提升至 3.50℃，再增加西向卫生间，主要功能房间的冬季室内最低温度可提升至 4.32℃，再增加南向阳光间后，主要功能房间的冬季室内最低温度可提升至 7.22℃。通过建筑形体布局优化设计能够有效加强主要功能房间保温，减少散热，提升室内自然温度，在夜间不开启供暖系统时，提升室内最低温度，防止用水设备及管材冻伤。

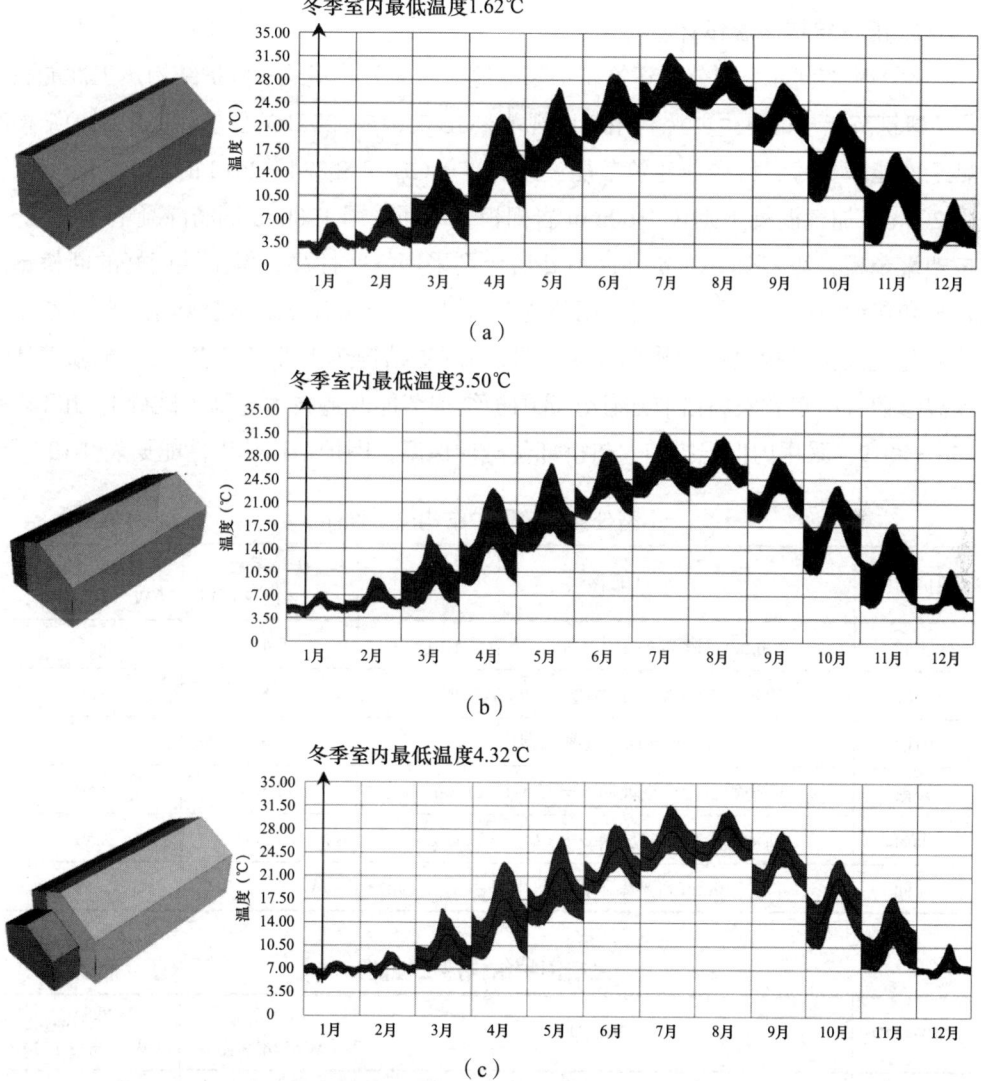

图 9-19　建筑形体及布局优化后全年室内温度变化
（a）仅主要功能房间；（b）增加北向走廊缓冲区；（c）增加北向走廊缓冲区＋西向卫生间缓冲区

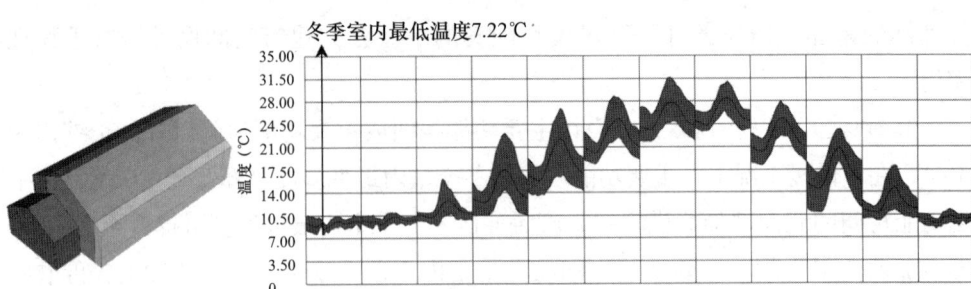

冬季室内最低温度7.22℃

（d）

图9-19　建筑形体及布局优化后全年室内温度变化（续）

（d）增加北向走廊缓冲区＋西向卫生间缓冲区＋南向阳光间

2. 围护结构保温设计

餐厅和文创等小型公共建筑属于寒冷地区乙类公共建筑，围护结构热工性能满足《建筑节能与可再生能源利用通用规范》GB 55015—2021的要求，民宿围护结构热工性能满足《农村居住建筑节能设计标准》GB/T 50824—2013的要求。外墙采用200mm加气混凝土砌块＋60mm岩棉板，屋面采用120mm钢筋混凝土＋60mm挤塑聚苯板，小型公共建筑和民宿外窗分别采用气密性高、保温性能好的断桥铝合金和塑钢中空玻璃窗，外门采用节能保温门，地面采用50mm挤塑聚苯板。小型公共建筑围护结构热工性能见表9-8，民宿围护结构热工性能见表9-9。翻新墙体保温参照《山东省农村既有居住建筑围护结构节能改造技术导则（试行）》JD14-046—2019，采用内保温措施，热桥部位延伸保温，围护结构热工性能见表9-10。

小型公共建筑围护结构热工性能　　　　　表9-8

围护结构	工程做法	传热系数 [W/(m²·K)]	标准限值 [W/(m²·K)]
屋面	120mm钢筋混凝土＋60mm挤塑聚苯板	0.46	0.55
外墙	200mm加气混凝土砌块＋60mm岩棉板	0.55	0.60
内墙	200mm加气混凝土砌块	1.01	—
外窗	断桥铝合金中空玻璃6＋12A＋6Low-E	2.30	2.50
天窗	断桥铝合金中空玻璃6＋12A＋6Low-E	2.30	2.50
地面	50mm挤塑聚苯板，热阻R＝1.51（m²·K)/W		

民宿围护结构热工性能　　　　　表9-9

围护结构	工程做法	传热系数 [W/(m²·K)]	标准限值 [W/(m²·K)]
屋面	120mm钢筋混凝土＋60mm挤塑聚苯板	0.46	0.50
外墙	200mm加气混凝土砌块＋60mm岩棉板	0.55	0.65

续表

围护结构	工程做法	传热系数 [W/(m²·K)]	标准限值 [W/(m²·K)]
内墙	200mm 加气混凝土砌块	1.01	—
外窗	断桥铝合金中空玻璃 6＋12A＋6Low-E	2.30	2.50
天窗	断桥铝合金中空玻璃 6＋12A＋6Low-E	2.30	2.50
地面	50mm 挤塑聚苯板，热阻 $R = 1.51$（m²·K）/W	—

翻新墙体的热工性能 表 9-10

围护结构	工程做法	传热系数 [W/(m²·K)]	标准限值 [W/(m²·K)]
利旧墙体	300mm 石砌＋15mmSTP 真空绝热板	0.54	0.65
	300mm 石砌＋50mm 硬泡聚氨酯复合板	0.52	0.65

3. 天然采光与自然通风

民宿卧室和起居室南向布置，南向外窗采用大窗，建筑外部无遮挡，采光条件良好，室内主要功能空间至少 60% 的面积区域采光照度不低于 300lx 的小时数平均不少于 8h/d。南向外窗均设有遮光窗帘或窗纱，能够有效避免眩光。

优化建筑空间和平面布局，改善自然通风效果。民宿南北通透，窗户具有较大的可开启面积，通风开口面积与房间地板面积比例达到 5% 以上，在日照地区的夏季主导风向（南风）和平均风速条件下，室内风速适宜，自然通风效果良好。经测算，主要功能房间平均自然通风换气次数不小于 $2h^{-1}$ 的面积比例达到 70% 以上。民宿的自然通风模拟云图如图 9-20 所示。

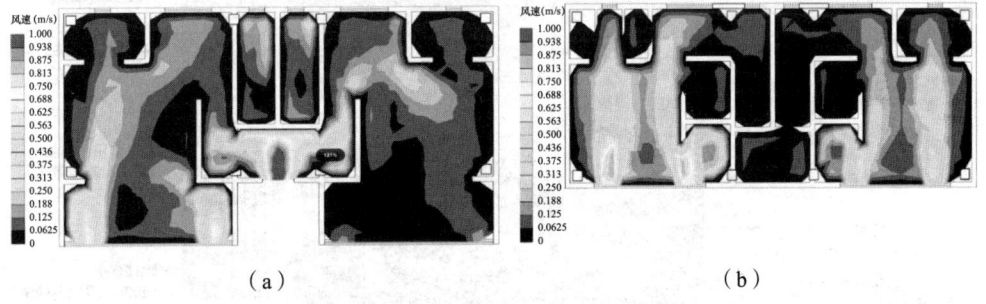

（a） （b）

图 9-20 民宿的自然通风模拟云图
（a）一层；（b）二层

4. 被动式太阳房设计

该项目采用了直接受益式和附加阳光间式太阳房，并在太阳房内采用了深色重质混凝土墙体，地板保温层以上采用至少 50mm 厚的卵石混凝土层，用来集热蓄热，延长太阳能使用时间，强化冬季夜间散热。被动式太阳房采用了保温窗帘，冬季夜间可加强外窗保温，同时也采用了较大面积的可开启部位或可直接进行折叠而完全开启，防止夏季或过渡季自然通风不畅而聚集热量。

结合供暖需求选择适宜的集热方式，以白天使用为主的房间，宜采用直接受益式或附加阳光间式，如进行会客接待的空间；以夜间使用为主的房间，宜采用具有较大蓄热能力的集热蓄热式，如卧室。采用直接受益式太阳房时，太阳房玻璃为卧室或起居室的外窗，太阳房在居住建筑主体以内，其立面设计与传热系数则应受到居住建筑节能设计指标的约束；采用附加阳光间式、集热蓄热式太阳房时，则相当于利用居住建筑主体之外的空间进行被动得热，其立面设计与传热系数则不应受到居住建筑节能设计指标的约束（图9-21、图9-22）。

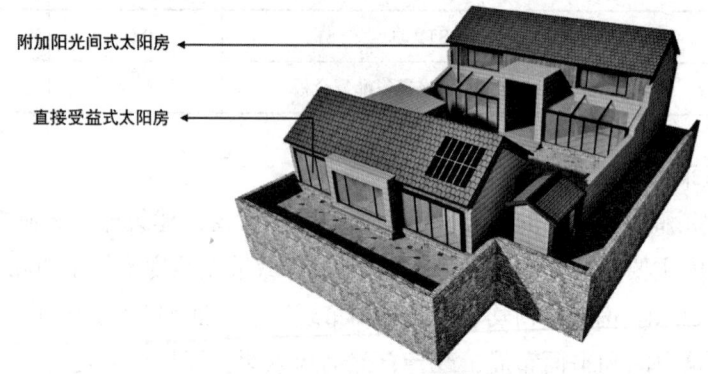

图 9-21 被动式太阳房设计

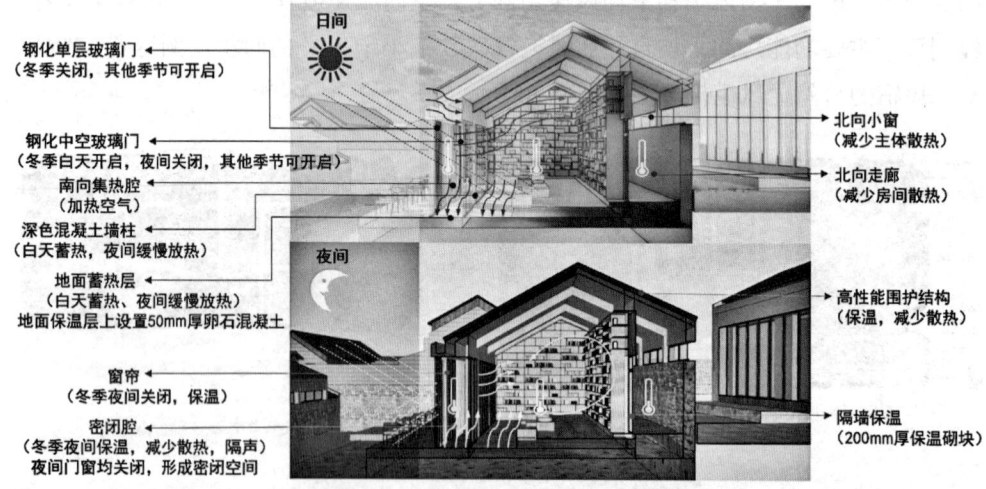

图 9-22 被动式太阳房应用示意图

5. 太阳能光伏发电系统

褚家坡村具有丰富的坡地资源，可布置光伏板，同时南北朝向的民宿坡屋面也具备良好的光伏安装条件。屋面光伏发电系统可以采用光伏与建筑一体化技术，如发电瓦片，兼具发电和屋面功能，也可以在屋面单独安装单晶硅光伏板。对于坡地光伏发电系统，则按照小型光伏电站形式，采用固定角度和朝向的单晶硅光伏板。农村居住建筑庭院也可以采用独立系统的 LED 光伏灯。太阳能光伏发电系统如图 9-23 所示。

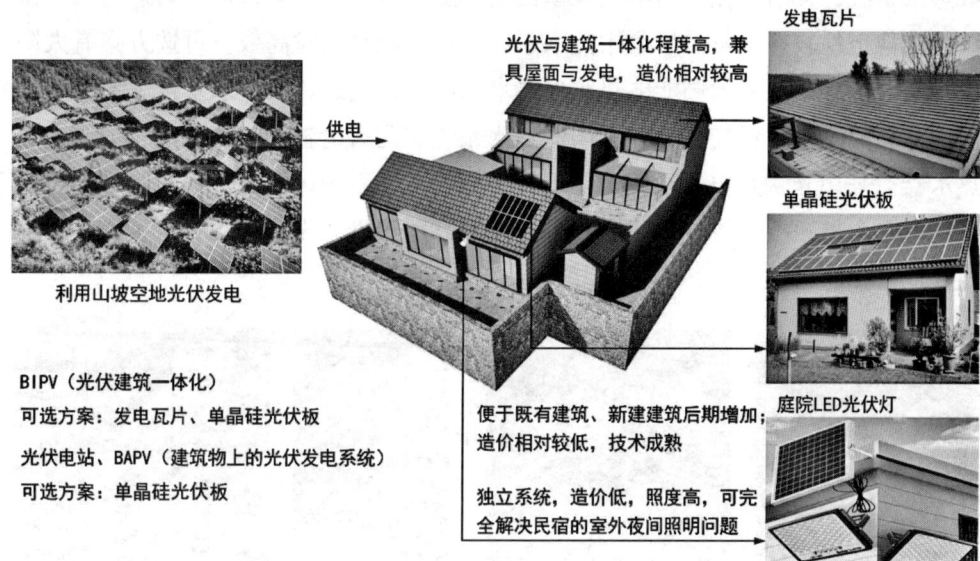

图 9-23　太阳能光伏发电系统

　　进一步的，还可以采用直流电热水器和直流热泵等直流用电、电热储能设备和充电车位，集成应用太阳能光伏发电系统、储能系统、直流用电系统和柔性用电控制系统，探索建设"光储直柔"新型乡村民宿能源系统，不断向零碳乡村建筑迈进。"光储直柔"用能系统示意如图 9-24 所示。

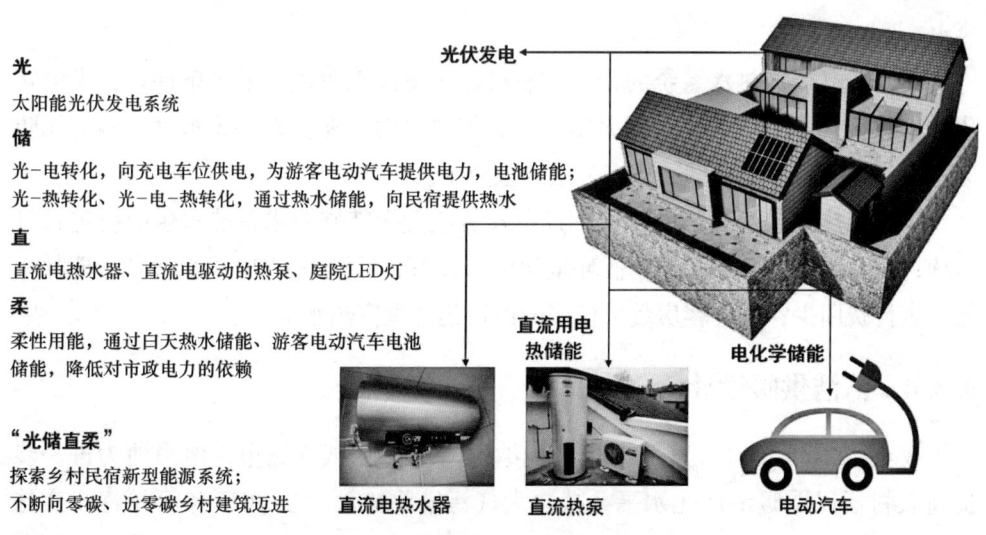

图 9-24　"光储直柔"用能系统示意

6. 生活热水系统

民宿为游客提供短期居住功能，普遍具有长时间的生活热水需求，目前褚家坡村有以家庭为主的小规模民宿，也有专门为游客服务而建设的中大规模民宿，其客房数量较多。对于小规模民宿，缺乏专业管理，客流也不够稳定，适合采用分散热水系统，灵活简便；而中大规模民宿一般配备专业管理人员，其运营的可持续性和稳定性较好，可采用集中热水系统，供应热水及时高效。可选方案有太阳能集热器热水系统、太阳能电热水器热水系统、空气源热泵热水系统（图9-25），当地均有相关设备供应条件。太阳能热水系统应配有电辅助加热功能；太阳能电热水器需采用光伏发电驱动，对于不具备光伏发电系统设置条件的民宿，也可仅采用电热水器；空气源热泵热水器则选用低环境温度型设备，防止冬天室外环境温度低而影响运行。

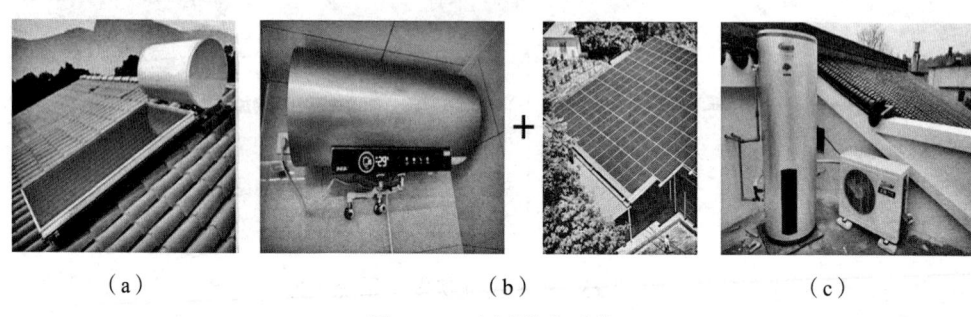

（a） （b） （c）

图 9-25 生活热水系统

（a）太阳能集热器；（b）太阳能电热水器；（c）空气源热泵热水器

太阳能集热器热水系统的特点：农村建筑屋面无遮挡，采光条件好；光热转化效率较高，系统较为复杂；无太阳时，需市政电力或空气源热泵补充；存在室外水管，冬季防冻压力大；需要具备一定运维能力；可分散也可集中供应热水。

太阳能电热器热水系统的特点：农村建筑屋面无遮挡，采光条件好；光电转化效率较低，但系统简洁；无太阳时，需市政电力补充；室外无水管，冬季无防冻压力；运行管理要求低；适宜分散供应热水。

空气源热泵热水系统的特点：设备安装位置无特殊要求；热水供应稳定且可持续，但系统较为复杂；选用低环境温度型设备，低温下 COP 仍然较高，能耗较低、运行费用少；适宜客房数量较多的民宿集中供应热水。

9.3.4 清洁供暖设计

截至 2024 年 9 月，日照市尚未被纳入清洁供暖试点城市，但当地为进一步提高农村居民取暖清洁化水平，减少大气污染物排放，从 2018 年开始逐步实施清洁供暖，坚持"宜气则气、宜电则电、宜热则热"的原则，全面进村入户摸底调查，尊重当地群众意愿，制定了《日照市农村地区清洁取暖改造工作程序（试行）》。

2023年11月，山东省发布《山东省人民政府关于加快推进地热能开发利用的指导意见》，要求建设鲁南地热能清洁供暖示范区，以枣庄、济宁、泰安、日照、临沂、菏泽等地为重点，围绕乡村振兴战略和农村用能需求，建设一批地热能清洁供暖样板社区和村镇，打造清洁低碳、普惠民生的地热能清洁供暖示范区。总体而言，北方地区农村清洁供暖势在必行，该项目严格按照国家及当地要求进行清洁供暖。

1. 供暖空调需求

根据《民用建筑热工设计规范》GB 50176—2016，日照市为寒冷A区，供暖度日数为2361℃·d，空调度日数为39℃·d，当地以供暖为主，兼顾夏季空调与自然通风。而褚家坡村位于山区，夏季凉爽，因此一般情况下优先满足供暖需求即可，但为提高旅游接待的舒适度，可考虑夏季空调设置，如分体空调或具有供冷功能的热泵系统。

民宿配套的小型公共建筑供暖时间相对稳定，且由于其面积比民宿大，再加上人员进出等因素，其热负荷比民宿高，但为非连续供暖，以白天供暖为主；民宿为全室供暖，但供暖需求不稳定，一般也为非连续供暖，而民宿的主人卧室供暖需求相对稳定。

2. 配套小型公共建筑

为游客提供服务的小型公共建筑供暖负荷相对较高，且运营人员一般是具备空调使用和管理维护能力的年轻人，可采用水系统供暖，可选的方案有小型地源热泵系统、空气源热泵系统和生物质能系统，末端采用立式明装风机盘管，低位送风，优先提升室内人体活动区温度（图9-26）。

方案1：小型地源热泵系统　　方案2：空气源热泵系统　　方案3：生物质能系统　　供暖末端：立式明装风机盘管

图 9-26　民宿配套的小型公共建筑清洁供暖方案

小型地源热泵系统的特点：清洁供暖兼夏季空调；当地土地资源丰富，浅层地热能利用施工技术难度低，可采用竖井等形式；打井间距大，用能小，可忽略冬夏热平衡问题；制热 COP 高，运行能耗低、运行费用少。

空气源热泵系统的特点：清洁供暖兼夏季空调；造价比地源热泵系统低；热风供暖响应及时，升温速度快；可选用低环境温度型设备，在寒冷地区室外温度低的工况下 COP 仍然较高，能耗较低、运行费用少。

生物质能系统的特点：清洁供暖但不能制冷，夏季还需设分体空调；设备造价低，耗材成本也较低，但需具备固体成型颗粒供给条件。褚家坡村具有丰富的农林资源，且日照当地有固体成型颗粒加工厂。

3. 民宿

民宿的规模较小，使用者主要为游客和主人。客房一般为非连续供暖，因此首先需要有较快的响应速度，能够快速提升室内温度，其次需要操作简便，因此适宜采用低环境温度空气源热泵热风机。而民宿的主人卧室，冬季大部分时间都需要供暖，因此可以采用需要每天加料的生物质能热风机，也可采用电力驱动的低温辐射电热膜供暖系统。但低温辐射电热膜供暖系统的使用应符合当地电力政策要求，且应优先考虑由光伏驱动，该供暖形式在当地已有使用（图 9-27）。

生物质能热风机　　　　　空气源热泵热风机　　　　　光伏驱动的低温辐射电热膜

图 9-27　民宿主人卧室的清洁供暖方案

空气源热泵热风机的特点：清洁供暖兼夏季空调；造价低；供暖响应及时，升温速度快；选用低环境温度型设备，低温下 COP 仍然较高，能耗低、运行费用少。

生物质能热风机的特点：清洁供暖；民宿的主人卧室夏季采用自然通风或风扇即可，客房需配备分体空调；设备造价低，耗材成本低，但需具备固体成型颗粒供给条件。

光伏驱动的低温辐射电热膜的特点：清洁供暖；民宿的主人卧室夏季采用自然通风或风扇即可，客房需配备分体空调；太阳能不充分时，需要市政电力补充；供暖面积小时，可实现低碳或零碳供暖；光伏造价较高，但运行费用低。

4. 局部供暖

北方地区冬季寒冷，农村普遍有睡火炕的传统，火炕也是当地民宿的体验亮点。但清洁供暖将替代传统火炕供暖形式，通过太阳能水暖床、水暖炕（图 9-28），可实现同样的局部供暖效果，延续农村传统习惯。同时，根据《寒冷地区农村居住建筑节能设计标准》T/CECA 20039—2023 的要求，局部供暖时可降低房间的供暖温度。通过"全室＋局部"的供暖末端布局方式，既节能又不降低民宿的热舒适性。

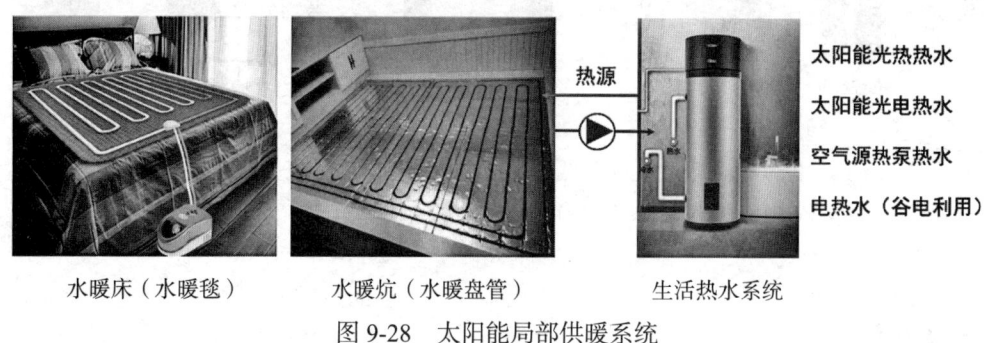

水暖床（水暖毯）　　　水暖炕（水暖盘管）　　　生活热水系统

图 9-28　太阳能局部供暖系统

9.3.5　绿色性能分析

褚家坡村传统农房未采取建筑节能措施，围护结构热工性能差，且当地未实施清洁供暖，村民普遍使用散煤供暖和提供生活热水。现代化绿色低碳民宿采用空气源热泵热风机供暖，采用太阳能热水器提供生活热水，采用 LED 节能灯具，达到了《农村居住建筑节能设计标准》GB/T 50824—2013 的要求。

选择典型传统农房和民宿分别构建物理模型，按实际围护结构做法设定传热系数，选择日照市为模拟测算地点。实施农村建筑节能与清洁供暖后（图 9-29），相比于当地传统农房，现代化绿色低碳民宿热负荷降低 68%，冷负荷降低 48%，供暖能耗降低 62%，空调能耗降低 54%。综合考虑供暖空调、生活热水与照明能耗，经测算，民宿的碳排放强度降低约 60%，能够实现绿色低碳运行（图 9-30）。

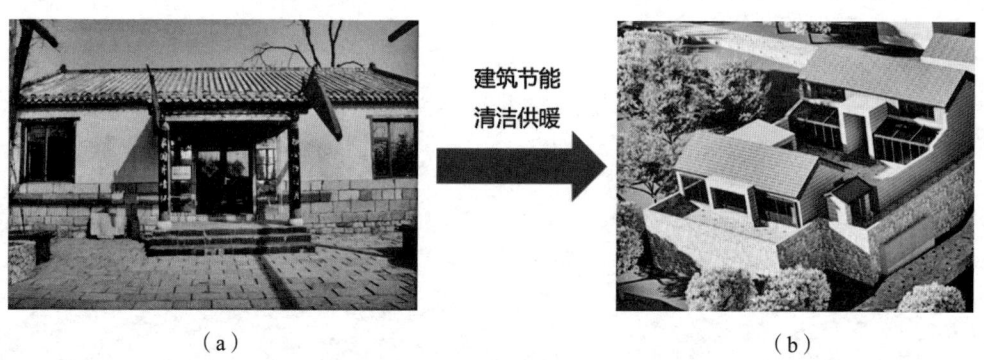

建筑节能
清洁供暖

（a）　　　　　　　　　　　　　　　　　（b）

图 9-29　传统农房向绿色低碳农房的转变
（a）褚家坡村传统农房；（b）现代化绿色低碳民宿

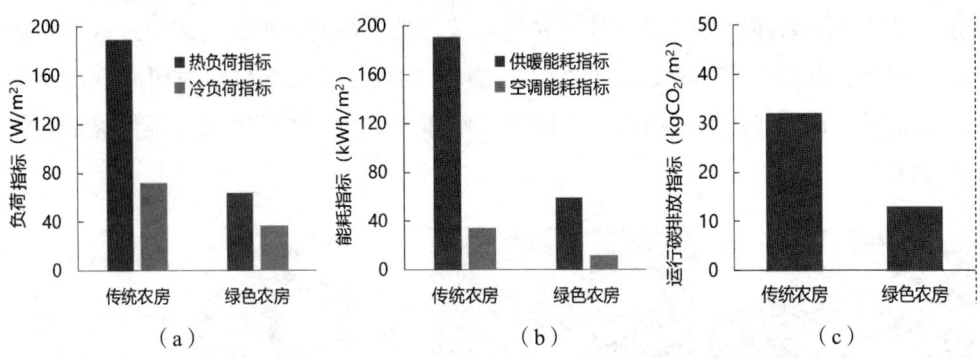

图 9-30 现代化绿色低碳民宿与传统农房的绿色性能比较
（a）负荷指标对比；（b）能耗指标对比；（c）运行碳排放指标对比

9.4 总结

本章总结了前期研究成果，梳理了寒冷地区农村建筑节能与清洁能源利用技术清单，通过咸阳市白村低能耗农房和日照市褚家坡村绿色民宿的典型设计案例，示范了寒冷地区农村居住建筑节能与清洁供暖技术方案。主要结论有：

（1）结合工程实践，给出了寒冷地区农村居住建筑外窗选型及热工性能表、被动式建筑节能技术清单、清洁能源利用技术清单和资源节约利用技术清单，供设计建造人员、开展相关技术研究的学者参考。

（2）白村低能耗农房与白村传统农房、白村新型社区（一期）相比，其热负荷指标分别降低约 60% 和 46%，冷负荷指标分别降低约 56% 和 35%，供暖耗热量指标分别降低约 64% 和 47%，碳排放指标分别降低约 79% 和 57%。

（3）褚家坡村绿色民宿，与当地现状不节能建筑相比，热负荷指标降低约 68%，冷负荷指标降低约 48%，供暖能耗指标降低约 62%，空调能耗指标降低约 54%，碳排放指标降低约 60%，能够实现绿色低碳运行。

附 录

附录 1 国家层面农村建筑节能与清洁供暖政策

发布时间	发布部门	政策文件名称	相关内容
2017 年 12 月	国家发展改革委等十部门	《北方地区冬季清洁取暖规划（2017—2021 年）》	**建筑节能**：推进现有农村住房建筑节能改造，不断完善政策和监管措施，提高北方地区农村建筑节能水平。 **清洁取暖**：农村地区是北方地区清洁取暖的最大短板，是散烧煤消费的主力地区，必须加大力度，提升农村地区清洁取暖水平。农村取暖具有用户分散、建筑独立、经济承受能力弱等特点，应因地制宜，将农村炊事、养殖、大棚用能与清洁取暖相结合，充分利用生物质、沼气、太阳能、罐装天然气、电等多种清洁能源供暖。对于偏远山区等暂时不能通过清洁供暖替代散烧煤供暖的，要重点利用"洁净型煤＋环保炉具""生物质成型燃料＋专用炉具"等模式替代散烧煤供暖。 **资金支持**：对于"2＋26"城市的农村地区，要享受与城市地区同等的财政补贴政策，探索农村清洁取暖补贴机制，保障大气污染传输通道散烧煤治理工作顺利完成
2018 年 9 月	中共中央、国务院	《乡村振兴战略规划（2018—2022 年）》	**建筑节能**：推广农村绿色节能建筑和农用节能技术、产品。 **清洁取暖**：优化农村能源供给结构，大力发展太阳能、浅层地热能、生物质能等，因地制宜开发利用水能和风能。完善农村能源基础设施网络，加快新一轮农村电网升级改造，推动供气设施向农村延伸。加快推进生物质热电联产、生物质供热、规模化生物质天然气和规模化大型沼气等燃料清洁化工程。推进农村能源消费升级，大幅提高电能在农村能源消费中的占比，加快实施北方农村地区冬季清洁取暖，积极稳妥推进散煤替代。 **资金支持**：加大政府投资对农业绿色生产、可持续发展、农村人居环境、基本公共服务等重点领域和薄弱环节支持力度，充分发挥投资对优化供给结构的关键性作用
2019 年 5 月	住房和城乡建设部办公厅	《住房和城乡建设部办公厅关于开展农村住房建设试点工作的通知》	**建筑节能**：结合当地的气候条件、传统习俗等因素，综合考虑农房建筑结构安全和农户经济承受能力等方面，因地制宜推广农房现代建造方式。应用绿色节能的新技术、新产品、新工艺，探索装配式建筑、被动式太阳房等建筑应用技术，注重绿色节能技术设施与农房的一体化设计；加强对传统建造方式的传承和创新，注重采用乡土材料、乡土工艺。 **资金支持**：各地要因地制宜制定试点工作要求和验收标准，组织专家对宜居型示范农房进行验收。验收合格的，有条件的地方应以奖代补给予一定的资金支持，住房城乡建设部将协商财政部门争取采取以奖代补方式给予资金支持

发布时间	发布部门	政策文件名称	相关内容
2021 年 10 月	国务院	《2030 年前碳达峰行动方案》	**建筑节能**：推进绿色农房建设，加快农房节能改造。 **清洁取暖**：持续推进农村地区清洁取暖，因地制宜选择适宜取暖方式。推广节能环保灶具。加快生物质能、太阳能等可再生能源在农业生产和农村生活中的应用。加强农村电网建设，提升农村用能电气化水平。 **资金支持**：建立健全有利于绿色低碳发展的税收政策体系，落实和完善节能节水、资源综合利用等税收优惠政策，更好发挥税收对市场主体绿色低碳发展的促进作用。完善绿色电价政策，健全居民阶梯电价制度和分时电价政策，探索建立分时电价动态调整机制
2021 年 12 月	国务院	《"十四五"节能减排综合工作方案》	**建筑节能**：推进农房节能改造和绿色农房建设。 **清洁取暖**：加快风能、太阳能、生物质能等可再生能源在农业生产和农村生活中的应用，有序推进农村清洁取暖。 **资金支持**：各级财政加大节能减排的支持力度，统筹安排相关专项资金支持节能减排重点工程建设，研究对节能目标责任评价考核结果为超额完成等级的地区给予奖励
2022 年 3 月	住房城乡建设部	《"十四五"建筑节能与绿色建筑发展规划》	**建筑节能**：落实北方地区清洁取暖要求，积极推动农房节能改造，推广适用、经济改造技术。引导居民在更换门窗、空调、壁挂炉等部品及设备时，采用高能效产品。推动农房和农村公共建筑执行有关标准，推广适宜节能技术，建成一批超低能耗农房试点示范项目，提升农村建筑能源利用效率，改善室内热舒适环境。 **清洁取暖**：在农村地区积极推广被动式太阳能房等适宜技术。推广应用地热能、空气热能、生物质能等解决建筑供暖、生活热水、炊事等用能需求。 **资金支持**：各级住房城乡建设部门要加强与发展改革、财政、税务等部门沟通，争取落实财政资金、价格、税收等方面支持政策，对既有建筑节能改造项目、建筑可再生能源应用项目、绿色农房等给予政策扶持
2022 年 5 月	中共中央办公厅、国务院办公厅	《乡村建设行动实施方案》	**建筑节能**：以持续改善农村人居环境为目标，建立乡村建设评价机制，探索县域乡村发展路径。提高农房设计和建造水平，建设满足乡村生产生活实际需要的新型农房，完善水、电、气、厕配套附属设施，加强既有农房节能改造。推广节能低碳节水用品，推动太阳能、再生水等应用，鼓励使用环保再生产品和绿色设计产品。 **清洁取暖**：发展太阳能、风能、水能、地热能、生物质能等清洁能源，在条件适宜地区探索建设多能互补的分布式低碳综合能源网络。按照先立后破、农民可承受、发展可持续的要求，稳妥有序推进北方农村地区清洁取暖，加强煤炭清洁化利用，推进散煤替代，逐步提高清洁能源取暖在农村取暖用能中的占比。 **资金支持**：加大财政、金融支持力度，完善绿色金融体系，支持城乡建设绿色发展重大项目和重点任务。各地要结合实际建立相关工作机制，确保各项任务落实落地

续表

发布时间	发布部门	政策文件名称	相关内容
2022 年 6 月	住房城乡建设部、国家发展改革委	《城乡建设领域碳达峰实施方案》	**建筑节能**：提升农房绿色低碳设计建造水平，提高农房能效水平，到 2030 年建成一批绿色农房，鼓励建设星级绿色农房和零碳农房。按照结构安全、功能完善、节能降碳等要求，制定和完善农房建设相关标准。引导新建农房执行《农村居住建筑节能设计标准》等相关标准，完善农房节能措施，因地制宜推广太阳能暖房等可再生能源利用方式。推广使用高能效照明、灶具等设施设备。 **清洁取暖**：大力推进北方地区农村清洁取暖。在北方地区冬季清洁取暖项目中积极推进农房节能改造，提高常住房间舒适性，改造后实现整体能效提升 30% 以上。推进太阳能、地热能、空气热能、生物质能等可再生能源在乡村供暖方面的应用。大力推动农房屋顶、院落空地、农业设施加装太阳能光伏系统。推动乡村进一步提高电气化水平，鼓励供暖、热水等用能电气化。充分利用太阳能光热系统提供生活热水。 **资金支持**：强化绿色金融支持，鼓励银行业金融机构在风险可控和商业自主原则下，创新信贷产品和服务支持城乡建设领域节能降碳
2024 年 3 月	国务院办公厅	《加快推动建筑领域节能降碳工作方案》	**建筑节能**：坚持农民自愿、因地制宜、一户一策原则，推进绿色低碳农房建设，提升严寒、寒冷地区新建农房围护结构保温性能，优化夏热冬冷、夏热冬暖地区新建农房防潮、隔热、遮阳、通风性能。有序开展既有农房节能改造，对房屋墙体、门窗、屋面、地面等进行菜单式微改造。 **清洁取暖**：推动农村用能低碳转型，引导农民减少煤炭燃烧使用，鼓励因地制宜使用电力、天然气和可再生能源。 **资金支持**：加大中央资金对建筑节能降碳改造的支持力度。落实支持建筑节能、鼓励资源综合利用的税收优惠政策。鼓励银行保险机构完善绿色金融等产品和服务，支持既有建筑节能改造、建筑可再生能源应用和相关产业发展

附录 2 地方层面农村清洁供暖政策

发布地区	政策文件名称	相关内容
北京	《2018 年北京市农村地区村庄冬季清洁取暖工作方案》	**技术路线**：以"煤改电"为主，因地制宜、循序渐进推进农村地区村庄冬季清洁取暖工作。可选择使用空气源热泵、地源热泵、电加热水储能、太阳能加电辅、蓄能式电暖器等清洁能源取暖设备，改造方式可以选择单户或集中改造。 **资金支持**：对使用空气源热泵、非整村安装地源热泵取暖的，市财政按照供暖面积 100 元每平方米的标准进行补贴；对使用其他清洁能源取暖设备的，市财政按照设备采购价格的 1/3 进行补贴。对各类清洁能源取暖设备的补贴限额为每户最高 1.2 万元。住户在取暖季期间，当日 20:00 至次日 8:00 享受 0.3 元/度的低谷电价，同时市、区两级财政再各补贴 0.1 元/度，补贴用电限额为每个取暖季每户 1 万度

发布地区	政策文件名称	相关内容
北京	《北京市农村地区清洁取暖设备更新工作指导意见》	**技术路线**：严格落实大气污染防治和"双碳"目标要求，更新的设备以节能高效、使用便捷的空气源热泵和燃气壁挂炉为主，鼓励使用新技术、新装备。 **资金支持**：对清洁取暖设备运行使用满10年（燃气壁挂炉运行使用满8年）且无法正常使用和虽没有达到使用年限经认定具备报废标准的，参照家电下乡补贴的方式，由农户市场化自行购买符合要求的清洁取暖设备，按照产品销售价格的40%进行补贴。空气源热泵类产品最高补贴金额不超过0.6万元/户，其他产品最高补贴金额不超过0.36万元/户
天津	《天津市居民冬季清洁取暖工作方案》	**技术路线**：各区结合配套电力和燃气设施情况，主要确定以下改造方式：一是"煤改电"，包括采用电暖器、空气源热泵等取暖；二是"煤改气"，主要采用燃气壁挂炉取暖；三是集中供热补贴，主要针对热力管网已经覆盖区域，通过集中供热替代分散燃煤取暖；四是少量拆迁、腾迁和利用现有空调等其他方式。 **资金支持**："煤改电"，安装蓄能式电暖器的，区级最高投入4400元/户；安装空气源热泵的，区级最高投入25000元/户；安装直热式电暖器的，市级投入600元/台，区级投入600元/台，居民承担600元/台，供暖期不再执行阶梯电价，给予0.2元/kWh的补贴，每户最高补贴电量8000kWh。"煤改气"，户内取暖设施（燃气壁挂炉、散热器等）购置安装，区级最高投入6200元/户，供暖期不再执行阶梯气价，按城镇燃气居民用气价格执行，给予1.2元/m³的气价补贴，每户最高补贴气量1000m³
河北	《河北省2018年冬季清洁取暖工作方案》	**技术路线**：农村清洁取暖坚持宜气则气、宜电则电、宜光则光、宜油则油、宜煤则煤，力推电代煤（蓄热式电暖气、蓄热式电锅炉、空气源热泵和地源热泵）、稳推气代煤，积极开展"光热＋""光伏＋"等多种清洁能源互补利用方式试点示范。 **资金支持**：电代煤，对设备购置安装省级补贴每户最高不超过3700元，市县根据财力状况和不同取暖方式，分类制定当地财政补助政策。给予供暖期居民用电0.12元/kWh补贴，每户最高补贴电量1万kWh、最高补助1200元。气代煤，对设备购置安装省级补贴每户最高不超过1350元，市县根据财力状况和不同取暖方式，分类制定当地财政补助政策；给予建设村内入户管线投资补助，由省级、市级分别承担1000元/户。给予供暖用气0.8元/m³的气价补贴、每户最高补贴气量1200m³，最高补贴960元
	《石家庄市2020年农村地区冬季清洁取暖工作方案》	**技术路线**：气代煤，在"电代煤"无法覆盖的区域，实施"气代煤"清洁取暖改造；电代煤，进一步优化供暖设备技术路线和产品，优先使用能耗低、效果好、运行成本低的电供暖设备；洁净煤推广，对不具备实施清洁能源替代的分散燃煤供暖住户，全面推广使用洁净煤等清洁燃料。 **资金支持**：电代煤，按照户内设备购置安装（含户内线路改造）投资的85%给予补贴，最高补贴金额不超过7400元/户。给予供暖期内居民用电0.2元/kWh补贴，居民先交费用电，后根据用电量据实补助，每户最高补助2000元。气代煤，设备购置每户最高补贴不超过1000元，每户最高补助960元。洁净型煤，居民购买使用洁净型煤每吨补贴300元
	《邯郸市2018年农村地区清洁取暖工作实施方案》	**技术路线**：按照"宜气则气、宜电则电、宜新则新、宜煤则煤"原则，以"煤改气""煤改电""煤改新"和推广洁净型煤相结合，积极推进农村地区"太阳能光伏＋"取暖试点、地热取暖试点和石墨烯取暖试点。

续表

发布地区	政策文件名称	相关内容
河北	《邯郸市 2018 年农村地区清洁取暖工作实施方案》	**资金支持**：煤改气，对用户安装燃气壁挂炉给予每户补贴 2700 元；灶具每户补贴 200 元；燃气管网初装费执行特殊优惠价每户 2600 元，由用户承担；对用户取暖期用气采取每立方米补贴 1 元，最多补助 1200 元的价格补贴。煤改电、太阳能光伏＋试点，按户设备购置安装（含户内线路改造）投资的 85% 给予补贴，每户最高补贴不超过 7400 元，给予供暖期居民用电 0.2 元/kWh 补贴，每户最高补贴电量 1 万 kWh。煤改新，通过生物质气、沼气、轻烃燃气等多种模式实现清洁能源替代燃煤的，参照"煤改气"补贴标准给予补贴
	《廊坊市冬季清洁取暖实施方案（2018—2020 年）》	**技术路线**：宜气则气、宜电则电。结合本地实际完善补贴政策和气价、电价政策，积极推广地热等其他清洁能源互补利用试点和农村地区节能改造试点。 **资金支持**：电代煤，对设备购置安装，省级补贴每户最高不超过 3700 元。给予供暖期居民用电 0.12 元/kWh 补贴，每户最高补贴电量 1 万 kWh、最高补助 1200 元。气代煤，对设备购置安装，省级补贴每户最高不超过 2700 元；给予建设村内入户管线投资补助，由省级、市级分别承担 1000 元/户。给予供暖用气 0.8 元/m³ 的气价补贴、每户最高补贴气量 1200m³，最高补贴 960 元
	《秦皇岛市 2020 年冬季清洁取暖工作方案》	**技术路线**：坚持问题导向和目标导向，突出重点区域，注重改造成效，宜电则电、宜气则气、宜煤则煤、宜热则热，科学优选可持续的清洁取暖方式，完善市场机制，加大政策支持，让群众用得起、用得好。供暖设备必须达到国家二级能效标准和《燃气采暖热水炉》GB 25034 的 NO_x 排放 4 级要求。 **资金支持**：对电代煤、气代煤继续执行省定补贴资金政策不变，支持采取"一次投资＋2 年运行补贴"打捆使用、今后不再支付运行补贴的方式；对集中供热、"光热＋"等，结合实际制定完善本地政策，由市、县区财政部门另行制定出台
	《衡水市 2019 年农村地区冬季清洁取暖工作方案》	**技术路线**：优先发展集中供热覆盖，在现有集中供热主管网周边合理半径以内、居住人口集中的农村地区特别是农村新民居实施集中供热覆盖；稳妥有序推进气代煤，主动衔接落实气源；认真落实电代煤，重点推广新技术、新材料、低负荷、高效率的电供暖设备，在满足基本取暖需求的基础上，优先采用技术成熟、效果良好且户均新增负荷 4kW 以下的节电、节省投资的供暖方式。 **资金支持**：对运行补贴三年到期后续政策开展调研和提出建议；结合新型取暖方式推广情况，落实河北省支持政策；制定洁净型煤补贴方案，对使用洁净型煤的供暖农户给予补贴，原则上不增加或少增加农户负担；有炉具需求的县市区可依据自身情况，研究制定配套炉具补贴方案
山西	《山西省 2022 年冬季清洁取暖工作方案》	**技术路线**：有序推进"煤改电"；除列入计划、已落实气源合同和正在实施的"煤改气"项目外，严控新增农村"煤改气"；利用当地资源条件，有序发展太阳能、地热能和生物质能等多种清洁供暖方式，推动高比例可再生能源清洁取暖。 **资金支持**：根据国家政策和山西省电力市场建设实际情况，及时研究调研，尽快出台新的"煤改电"电价政策，保持政策的连续性。及时提出中央财政和省级财政补贴资金下拨意见及建议，按时拨付，确保可持续稳定运营。设立农村既有建筑节能改造专项资金

发布地区	政策文件名称	相关内容
山西	《太原市 2017 年散煤治理暨冬季清洁取暖实施方案》	**技术路线**："煤改电"供热改造可采用蓄热式电暖气或空气源热泵等方式进行。"煤改气"工程，主要采用管道气、液化天然气等多种方式作为热源入户，使用壁挂炉供暖或小型燃气锅炉供热等方式进行。 **资金支持**：煤改电，采用空气源热泵供暖的居民，设备购置费由市、区两级政府补贴93%，最高不超过每户2.7万元；采用蓄热式电暖气供暖的居民，设备购置费由市、区两级政府补贴88%，最高不超过每户1.4万元，农户不分峰谷每度电补贴 0.2 元，最高不超过 2400 元。煤改气，居民只需承担燃气工程费每户 0.19 万元和燃气取暖用改造费用。原则上每户只限补贴一台 26kW 及以下的燃气壁挂炉，不执行阶梯气价，农户用气量在 2250m³ 以内，每个供暖期（151 天）每户由市、区两级政府共 1.1 元 /m³ 的气价补贴，最高不超过 2400 元
	《大同市冬季清洁取暖三年实施方案（2021—2023 年）》	**技术路线**：有序推进"煤改电"工作，按照"优先水暖、推广地暖、蓄直并存、经济适用"的思路，充分考虑农民消费能力，采取适宜的"煤改电"供暖模式。稳步实施"煤改气"工程，坚持以气定改的原则，切实做到"先规划、先设计、后改造"。大力推进建筑节能改造与清洁取暖要同步实施，重点支持农村地区实施"煤改电""煤改气"住房节能改造。 **资金支持**：煤改气，改造补贴户均 8000 元，由市、县（区）两级政府各承担 50%，每户居民只承担 2000 元改造费用。每户给予供暖实际用气量 1 元 /m³ 的气价补贴，每个供暖期最高补贴气量 2500m³，供暖期暂不执行阶梯气价。煤改电，参照"煤改气"用户户均 1 万元投资进行改造，给予供暖期用电 0.2 元 /kWh 补贴，每户每年最高补贴电量 1.2 万 kWh，供暖期暂不执行阶梯电价
	《运城市 2021 年冬季清洁取暖工作实施方案》	**技术路线**：积极推进冬季清洁取暖"煤改电"工程，鼓励推广空气能热泵、地源热泵、热风机等高能效比、低功率的供暖设备，禁止超标电锅炉等大功率供暖设备，降低居民用电成本。稳妥推进冬季清洁取暖"煤改气"工程，按照"以气定改、先立后破"的原则，合理安排新增"煤改气"规模。在偏远山区可因地制宜推广"生物质燃料＋专用炉具"供暖。鼓励在小城镇和农村地区使用户用太阳能供暖系统。鼓励农房按照节能标准建设和改造，提升围护结构保温性能。 **资金支持**：农村"煤改电"项目，市级财政一次性改造补助 2100 元 / 户，县级财政一次性改造补助 2500 元 / 户；农村"煤改气"项目，市级财政一次性改造补助 2800 元 / 户，县级财政一次性改造补助 3500 元 / 户。既有建筑节能改造项目：市级财政一次性改造补助 45 元 /m²，县级财政一次性改造补助 90 元 /m²
	《吕梁市 2018 年清洁取暖改造工作方案》	**技术路线**：煤改电，可采用集中或单户改造，技术路线可采用目前市场上较成熟的空气源热泵、发热地板、碳晶发热板、蓄热式电暖气、电壁挂炉、电锅炉等进行。推行小区域燃气供暖锅炉和燃气供暖壁挂炉方式。 **资金支持**：居民"煤改电"用电取暖设备费用，市、县两级政府每户补贴最高不超过 2.4 万元，不足部分由用户承担。对"煤改电"供热改造后的居民用户，执行居民用电峰谷分时电价政策，每个供暖期每户补贴用电费用最高不超过 2000 元，补贴期限暂定为 3 年
	《晋城市 2020 年冬季清洁取暖改造实施方案》	**技术路线**：煤改电，推广集中式蓄热、热泵电供暖技术，优先推广热泵等非直热、高效电供暖设备，因地制宜推广使用空气源热泵供暖，鼓励利用低谷电力。按照"以气定改、先立后破"的原则推进"煤改气"工程。燃气壁挂炉能效不得低于 2 级水平。鼓励采用其他新能源、生物质集中供暖方式。参照城镇标准实施农村地区居民建筑节能改造，暂不具备条件的，要重点做好门窗部位的保温改造。

续表

发布地区	政策文件名称	相关内容
山西	《晋城市 2020 年冬季清洁取暖改造实施方案》	**资金支持**：综合考虑本地区清洁取暖实际运行、农村居民实际收入水平、财政承受能力等情况，统筹安排中央、省、市清洁取暖专项资金，精准高效使用财政资金，提高资金使用效率
山东	《山东省 2021 年清洁取暖建设工作方案》	**技术路线**：坚持"以气定改、以电定改、先立后破"，坚决杜绝"未立先破"，本着"宜气则气、宜电则电、宜可再生能源则可再生能源"的原则，充分尊重群众意愿，因地制宜、结合实际，优先选择集中供暖和地热能利用，合理确定分散式改造技术路线。鼓励农村既有居住建筑围护结构节能改造，按照《山东省农村既有居住建筑围护结构节能改造技术导则》，提高建筑能效水平。 **资金支持**：对中央财政补助之外的市，省级加大资金支持力度，按照城市类别、年度计划数量、前期完成任务情况、财政困难等系数分配补助资金。在中央和省级财政补助的基础上，各市、县（市、区）对建设资金作出统筹安排，制定完善"抬轿子"式的较长时期运行补贴政策，让群众改得成、用得了
	《济南市冬季清洁供暖气代煤电代煤工作实施方案》	**技术路线**：农村地区可选择集中或分散供热方式，选用气代煤或电代煤等清洁能源。因地制宜，宜气则气，宜电则电。推进农村既有建筑节能改造与新能源替代，选取部分农房农舍进行外围护节能保温改造科研试点。 **资金支持**：市、县区政府根据清洁供暖替代工程改造资金计划和运行成本预算情况，建立健全资金补贴等配套政策；在规划、用地、立项、施工手续办理及物资采购等方面开辟绿色通道，提高效率。各相关职能部门及项目单位要确保气代煤电代煤等清洁能源替代技术符合实际，做到切实可行，并完善可持续的运营维护方案，保障清洁供暖工作顺利推进
	《青岛市冬季清洁取暖项目实施方案（2022—2024 年）》	**技术路线**：采取适宜的清洁取暖策略，按照集中和分散相结合的原则分类推进。农村地区要坚持整镇（街道）、整片区、整村推进，选取 1~2 个连片区域同步推进农房节能改造，积极打造农村地区清洁取暖试点。配套实施燃气管网、城乡配电网等基础设施建设和城乡建筑节能改造提升，保证清洁取暖效果。 **资金支持**：电代煤初装补贴最高补贴 5000 元／户，供暖期用电按照居民阶梯电价第一档标准执行。每个供暖期最高 600 元／户进行补贴。气代煤初装补贴最高补贴 5000 元／户，每个供暖期最高 600 元／户进行补贴。农房节能改造项目，按照相关建设技术标准，经验收合格后，最高补贴 7000 元／户
	《淄博市 2021 年冬季清洁取暖实施方案》	**技术路线**：气代煤，发挥燃气壁挂炉取暖稳定、可控、便捷、效果好的优势，继续推行燃气壁挂炉取暖；电代煤，原则上对不具备集中供暖和"气代煤"实施条件的村居和不宜使用燃气的居民，实施电代煤改造；在生物质资源较为丰富的区域开展生物质取暖。 **资金支持**：利用热电联产、工业余热等供热管网向建成区外使用散煤取暖的农村地区延伸的，按照每户取暖面积 60m² 的标准进行补贴；气代煤，燃气管网建设按照每户 3000 元的标准补贴，设备以 70%（每户最高补贴 2700 元）的标准进行补贴，取暖期用气按 1 元／m³ 的标准进行补贴，每户每年最高补贴 1200 元；电代煤，设备以 85%（每户最高补贴 5700 元）的标准补贴，取暖期用电按照 0.2 元／度的标准补贴，每户最高补贴电量 6000 度；生物质取暖，炉具购置价格的 85%（每户最高补贴 3500 元）的标准补贴，取暖用生物质燃料每吨补贴 600 元，每户每年最高补贴 2 吨

发布地区	政策文件名称	相关内容
山东	德州市《关于加快推进 2020 年度清洁取暖建设工作的通知》	**技术路线**：加快推进城镇及农房建筑节能改造，优先选择群众基础好、村庄整体规划好、班子组织能力强以及实施清洁取暖的村庄进行节能改造。加快推进农村气代煤、电代煤改造，科学合理确定具体改造方式。 **资金支持**：对清洁取暖设备购买给予每户 4000 元一次性补助；每个供暖期给予每户最高 1000 元的运行补助；"气代煤"村内入户管网方面给予 3000 元/户补助。农村农房节能改造项目，市级结合上级资金及各县（市、区）任务量给予奖补，由县（市、区）统筹用于城市（县城）既有建筑及农村农房节能改造
	《菏泽市 2021 年清洁取暖建设推进实施方案》	**技术路线**：按照"宜气则气、宜电则电、以气定改、以电定改、因地制宜、多能互补、节能降耗"的原则，逐村研究确定符合地方实际和群众习惯的技术路线，每户改造房间不应少于 2 个。不具备集中供热条件，根据电网、气源情况稳步推进"煤改电""煤改气"改造。禁止使用国家、省明令禁止的空调、油汀式电暖器、电热毯、"小太阳"等单一简易取暖方式。 **资金支持**：清洁取暖每户补贴不低于 900 元，不足部分由县区自筹。县区财政对困难群众（由扶贫开发部门和民政部门认定）增加 0.5 元/m³（煤改气）、0.1 元/kWh（煤改电）的运行补贴，每户每年最高补贴 600 元
河南	《河南省电能替代工作实施方案（2016—2020 年）》	**技术路线**：推广蓄热式电锅炉、热泵、电供暖等技术。加快新一轮农村电网改造升级，结合村庄人居环境整治及新型农村社区建设，推广电供暖技术。 **资金支持**：政府确定的农村"煤改电"试点用户，开展设备一次性补助和运行补贴，具体奖励和补贴办法由各地结合实际制定
	《郑州市冬季清洁取暖试点城市实施方案（2017—2020 年）》	**技术路线**：对于农村地区，因地制宜，宜气则气，宜电则电，配套财政补贴政策，提高清洁取暖率。优先采用空气源热泵、燃气壁挂炉和电供暖等方式进行供暖。提升农村新建农房中节能农房的占比。 **资金支持**：提供供暖设备购置补贴，每户最高补贴不超过 3500 元；"气代煤"居民用户阶梯气价政策参照郑州市建成区执行，对区域内天然气网络尚未覆盖、炊事用煤改为用灌装液化气的居民，按照每户每年 12 罐 LPG（15kg 罐）、每罐 30 元的标准进行补贴；给予"气代煤"居民供暖用气 1 元/m³ 的气价补贴，每户每个供暖期补贴气量 600m³
	《鹤壁市冬季清洁取暖试点城市实施方案》	**技术路线**：农村地区因地制宜通过空气源热风机、热水机、生物质能等模式实现清洁取暖。积极推动农村既有农房节能改造，优先对乡镇政府办公建筑、卫生院、养老院、中小学等其他公益性项目和新型农村社区进行建筑节能改造。针对农村地区经济条件好的村庄，可采取集中、整体进行建筑节能改造。 **资金支持**：原则上，农户每户财政补贴支持的改造供暖面积不超过 60m²。热源侧和用户侧的改造户均付费共计约 3500 元（热源侧的改造费用约 2500 元，用户侧的改造费用约 1000 元），农村热源侧和用户侧同步改造户均成本控制在 1 万元左右，原则上不超过 1.5 万元
	《新乡市 2017—2018 年推进冬季清洁取暖实施方案》	**技术路线**：围绕生物质能综合利用，进一步加快秸秆收储运体系建设，在延津、封丘、获嘉、辉县等农业大县探索选择试点乡镇布局农作物秸秆成型燃料加工点，推广使用生物质能配套取暖炉具。在有条件的县（市）、区，积极推进太阳能、地热能等新能源和电力互补供热方式，实现多能互补、灵活供暖。 **资金支持**：依据《新乡市冬季清洁取暖专项资金管理暂行办法》，气代煤、电代煤的取暖工程项目，财政补贴总投资的 70%，居民自筹 30%，每户最高补贴不超过 3500 元，居民可按每吨低于市场价 200 元的价格购买洁净型煤，每户每人不超过 800kg，补贴时间暂定 3 年

续表

发布地区	政策文件名称	相关内容
河南	《焦作市2018—2019年推进冬季清洁取暖实施方案》	**技术路线**：着手做好"热源侧"清洁能源替代和"用户侧"建筑能效提升，将县城及城乡接合部、农村作为重点和难点，扩大县城及城乡结合部集中供热取暖面积，积极试行生物质、地源热泵和污水源热泵等可再生能源取暖，大力推进农村"电供暖、气厨炊、煤清零"。对农村新建建筑鼓励执行节能标准。 **资金支持**：依据《焦作市冬季清洁取暖财政专项资金管理暂行办法》，电供暖、气供暖居民户进行一次性设备补助，补助标准原则上不超过4500元/户，不再补助运行费用
河南	《濮阳市冬季清洁取暖实施方案（2018—2020年）》	**技术路线**：宜电则电、宜气则气，重点在市、县高污染燃料禁燃区内的非集中供暖区域推进"双替代"工作，其余地区以村（社区）为单位整体推进，禁止在不同村（社区）"插花式"零散开展工作。对于分散供暖的"双替代"家庭，根据经济可承受能力，优先选用空气源热泵热风机、碳纤维电暖器、对流式电暖器等省定目录中能效高、运行费用低的产品，切实降低居民用能成本。 **资金支持**："双替代"分散供暖居民给予一次性设备购置补贴，补贴标准为各县（区）统一采购设备价格的70%，最高不超过3500元，供暖期一档最高电量由每月180kWh上调为280kWh，供暖季一档最高气量由每月50m³上调为150m³
河南	《开封市2018年电供暖、气供暖实施方案》	**技术路线**："双替代"工作要在具备条件的地区以村庄为单位整体推进，禁止在不同村庄"插花式"零散开展工作。因此，整村推进电供暖的含义就是对各县（区）上报的实施电供暖的村庄，逐户统计居民实施电供暖的意愿，在该村居住的所有居民都可以参加电供暖设备安装。 **资金支持**：实施整村推进的分散式电供暖居民购买安装空气源热泵热风机，按照中标价格政府财政补贴70%，居民承担30%，若一户购买两台，每户（按户口本）最高补贴金额3500元，供暖期每户"一户一表"的电量每月超出80kWh的部分，电价降低0.15元/度
陕西	《陕西省冬季清洁取暖实施方案（2017—2021年）》	**技术路线**：新建和改造同步推进，新建热源全部采用清洁热源，同时积极以天然气、可再生能源等各类清洁热源改造替代传统燃煤热源。积极推进太阳能供暖和农村太阳能供暖示范项目建设。在热网覆盖不到的城乡区域，推广蓄热电锅炉、电热膜、蓄热电暖器等供暖方式。发展以被动式技术为核心的建筑节能技术体系，优先推动关中被动式低能耗建筑试点示范。推动既有建筑节能改造。 **资金支持**：积极争取中央相关资金支持，省级财政通过现有资金渠道或调整财政资金使用方向，以关中地区为重点加大对清洁取暖的支持力度，研究制定财政支持政策。具体由各地市落实资金补助方式和补助标准
陕西	《西安市清洁取暖试点城市建设工作方案》	**技术路线**：按照"煤改电"优先、"煤改气"补充、因地制宜、合理负担、惠及民生的总体方针以及整村推进、分步实施的原则，实施"煤改电""煤改气"。鼓励采用空气源热泵、电热膜、蓄热式电暖气、碳晶、石墨烯、发热电缆、燃气壁挂炉等清洁供暖设施。按照整村推进、示范带动的原则，实施建筑围护结构综合节能改造；其余农户根据实际情况实施建筑围护结构局部节能改造。 **资金支持**：煤改气，给予一次性补贴，每户最高补贴3000元，每年补贴运行费1000元。煤改电，给予一次性补贴，每户最高补贴3000元，单个供暖产品购置价低于100元的不予补贴，按照每度电0.25元一次性给予补贴，补贴金额最高不超过1000元。对购买高效清洁水暖炉具的居民，给予一次性补助300元。对不具备"煤改气""煤改电"条件，使用洁净煤替代劣质煤供暖的，每户每年补助300元

发布地区	政策文件名称	相关内容
陕西	《咸阳市冬季清洁取暖试点城市实施方案》	**技术路线**：农村地区主要采取"电取暖、气做饭、生物质等其他清洁能源补充"的路径。考虑群众意愿和可承受能力，因地制宜、循序渐进，形成多能互补、由点到面，整村、整镇、整县推进。从热源侧和用户侧两方面发力，改造与提升并举，逐步形成"清洁供、节约用、投资优、可持续"的建管模式。 **资金支持**：按照"企业为主、政府推动、居民可承受"的方针，结合2+26试点城市试点经验，财政资金重点向农村居民用户倾斜，原则上每户财政补贴5000元，居民自筹1000元；财政支持的改造供暖面积不超过60m²，60m² 以外的改造费用由用户自筹。对电力、热力、天然气等管网建设进行奖励补助。对居民用户只补贴设备初装费用，不补取暖运行费用
	《渭南市散煤治理暨"双替代"工作实施方案》	**技术路线**：以清洁能源利用为主线，以"煤改气""煤改电""煤改热"等为抓手。替代要求："煤改气"要求燃气管道及计量设备安装入户，安装壁挂炉；"煤改电"要求户用电能力达到4～6kW，完成智能电表改造，安装热风机、空调等必要的取暖设备，至少保障两个房间冬季供暖。常住农村人口在2人及以下的家庭可适当放宽至2～3kW，至少保障一个房间冬季供暖。 **资金支持**：清洁取暖给予初装费补助2000元；"煤改气"用户，对2019年、2020年供暖期天然气用量超过200元的部分进行补助，每个供暖期补贴运行费不超过800元；"煤改电"用户，对2019年、2020年供暖期用电量超过200元的部分进行补助，补助资金每年最高不超过800元。"煤改气""煤改电"均补贴1个供暖期
	《宝鸡市2019年全市农村清洁能源替代工作实施意见》	**技术路线**：以清洁能源利用为主线，以"煤改气""煤改电""煤改热"等为抓手，形成"多能"互补的农村清洁能源替代格局。清洁取暖设施：新型碳晶、石墨烯发热器件，以及碳纤维发热电缆、电热膜、燃气壁挂炉、电炕、电暖扇、热风机、电热毯、电散热器、电热板、空气源热泵、空调、生物质成型燃料炉具等。 **资金支持**：对达到替代标准要求的初装建设和设备购置补贴标准，"煤改气"每户1300元，"煤改电"每户1000元，只能选择一种替代方式享受补贴。对完成农村清洁能源替代改造，签订了《农户清洁能源替代协议书》，并实际运行的农户，每户每年补贴300元，补贴时限为3年
	《杨陵区农村既有居住建筑节能和清洁取暖改造试点工作实施方案》	**技术路线**：农村既有居住建筑节能和清洁取暖试点改造工程，主要对群众生活起居房间进行改造，整村集中实施，按照"共同缔造"的方法推进，实行定额补贴。清洁取暖每户改造3间房，建筑节能改造针对取暖改造房间实施，超出规定标准部分的费用自行承担，按照"一户一宅、一户一炉"的原则给予补贴。 **资金支持**：农村既有居住建筑节能和清洁取暖改造用户财政给予补助，每户补助资金10200元，农户自筹约3800元/户，农户自筹资金在项目开工前收取到位
	《铜川市散煤治理工作实施方案（2020—2021年）》	**技术路线**：坚持"政府主导、社会参与、尊重民意、精准治理、整村推进"的原则，形成"四宜"并举、"双改"优先、"多能"互补的散煤治理格局。煤改电：户用电能力达到4～6kW，安装必要的电取暖设施；煤改气：燃气管道及计量设备安装入户，安装必要的燃气取暖设施；洁净煤（含生物质成型燃料）：配备必要的高效环保炉具；太阳能、空气能、地热能等：安装必要的取暖设施。

续表

发布地区	政策文件名称	相关内容
陕西	《铜川市散煤治理工作实施方案（2020—2021 年）》	**资金支持**：煤改气，给予最高 2500 元燃气取暖设备补助，给予 0.5 元/m³ 供暖期天然气运行补助，最高补助 500 元；煤改电，给予最高 2500 元电取暖设备补助，给予 0.2 元/kWh 供暖期电费运行补助，最高补助 500 元；洁净型煤＋高效环保炉具、生物质＋专用炉具，炉具设备由政府集中采购、统一配发使用，洁净煤、生物质成型燃料按照每户最高 1500 元的补助标准；对实施"地热能""空气能""太阳能"等可再生能源替代的，给予最高 4000 元取暖设备补助，不给予运行补助
	《延安市冬季清洁取暖工作方案》	**技术路线**：农村地区主要采取"电（气）供暖，生物质等其他清洁能源补充"的路径。考虑群众意愿、可承受能力，因地制宜、循序渐进，以乡镇（街道）为单元整体推进，不得在各村零散式开展。从热源侧和用户侧两方面发力，改造与提升并举，逐步形成"清洁供、节约用、投资优、可持续"的建管模式。 **资金支持**："煤改气"项目，每户补助 1 万元；生物质颗粒项目，每户补助 2500 元；"煤改电"项目，对燃气管网和生物质供热均无法覆盖的区域，实施空气源热泵、空气源热泵热风机、蓄热式电锅炉、太阳能热泵、电热产品等，每户补助 4000 元
	《榆林市冬季清洁取暖工作实施方案（2021—2023 年）》	**技术路线**：遵循"宜热则热、宜气则气、宜电则电、多能互补"的原则，对农村地区开展清洁取暖及既有建筑节能改造。在充分调研的基础上，针对"煤改气""煤改电"的居民，通过户用燃气供暖壁挂炉、电取暖产品（超低温空气源热泵热风机、超低温空气源热泵热水机、太阳能＋电辅助加热等）实现清洁取暖。 **资金支持**："煤改气"项目，每户给予设备购置一次性最高补助 5000 元。"煤改电"项目，购置超低温空气源热泵热风机，每户给予一次性最高补助 8000 元；购置超低温空气源热泵热水机，每户给予一次性最高补助 12000 元；购置太阳能＋电辅助加热设备，每户给予一次性最高补助 10000 元

附录 3　寒冷地区农村居住建筑节能设计气候区划

城市	气候区划区	城市	气候区划区
北京			
北京	寒冷 B 区		
天津			
天津	寒冷 B 区		
河北			
石家庄	寒冷 B 区	唐山	寒冷 A 区
乐亭	寒冷 A 区	青龙	寒冷 A 区
邢台	寒冷 B 区	保定	寒冷 B 区
张家口	寒冷 A 区	承德	寒冷 A 区

续表

城市	气候区划区	城市	气候区划区
怀来	寒冷 A 区		
山西			
太原	寒冷 A 区	榆社	寒冷 A 区
阳城	寒冷 A 区	运城	寒冷 B 区
介休	寒冷 A 区	原平	寒冷 A 区
离石	寒冷 A 区		
内蒙古			
临河	寒冷 A 区		
辽宁			
丹东	寒冷 A 区	大连	寒冷 A 区
锦州	寒冷 A 区	营口	寒冷 A 区
朝阳	寒冷 A 区		
江苏			
赣榆	寒冷 A 区	徐州	寒冷 B 区
射阳	寒冷 B 区		
安徽			
亳州	寒冷 B 区		
山东			
济南	寒冷 B 区	青岛	寒冷 A 区
沂源	寒冷 A 区	长岛	寒冷 A 区
龙口	寒冷 A 区	海阳	寒冷 A 区
潍坊	寒冷 A 区	兖州	寒冷 B 区
日照	寒冷 A 区	德州	寒冷 B 区
莘县	寒冷 A 区	惠民	寒冷 B 区
定陶	寒冷 B 区		
河南			
郑州	寒冷 B 区	孟津	寒冷 A 区
安阳	寒冷 B 区	西华	寒冷 B 区
湖北			
房县	寒冷 A 区		

续表

城市	气候区划区	城市	气候区划区
四川			
马尔康	寒冷A区	九龙	寒冷A区
道孚	寒冷A区	巴塘	寒冷A区
贵州			
毕节	寒冷A区	威宁	寒冷A区
云南			
昭通	寒冷A区		
西藏			
拉萨	寒冷A区	昌都	寒冷A区
林芝	寒冷A区		
陕西			
西安	寒冷B区	宝鸡	寒冷A区
延安	寒冷B区	榆林	寒冷A区
甘肃			
兰州	寒冷A区	天水	寒冷A区
民勤	寒冷A区	敦煌	寒冷A区
平凉	寒冷A区		
宁夏			
银川	寒冷A区	盐池	寒冷A区
中宁	寒冷A区		
新疆			
吐鲁番	寒冷B区	哈密	寒冷B区
若羌	寒冷B区	库尔勒	寒冷B区
莎车	寒冷A区	库车	寒冷A区
和田	寒冷A区	喀什	寒冷A区
伊宁	寒冷A区	巴楚	寒冷A区
阿拉尔	寒冷A区	皮山	寒冷A区

附录4 农村建筑节能与清洁供暖相关标准规范

序号	标准名称	地区/气候区	主要内容
1	《严寒和寒冷地区农村住房节能技术导则（试行）》	严寒地区和寒冷地区	寒冷地区节能指标（K）：屋面 0.50W/（m²·K），外墙 0.60W/（m²·K），户门 2.70W/（m²·K），外窗 2.70W/（m²·K）。 室内设计参数：冬季节能设计温度 14～18℃
2	《陕西省农村建筑节能技术导则》	陕西省/寒冷地区和夏热冬冷地区	一区（榆林）（K）：外墙 0.85W/（m²·K），屋面 0.60W/（m²·K），门窗 3.0W/（m²·K）； 二区（延安）（K）：外墙 1.10W/（m²·K），屋面 0.60W/（m²·K），门窗 4.0W/（m²·K）； 三区（关中）（K）：外墙 1.10W/（m²·K），屋面 0.70W/（m²·K），门窗 4.0W/（m²·K）
3	《农村单体居住建筑节能设计标准》CECS 332—2012	全国/各气候区	寒冷地区节能指标（K）：坡屋顶吊顶 0.65W/（m²·K），平屋顶 0.55W/（m²·K），南向外墙 0.55W/（m²·K），其他外墙 0.40W/（m²·K），外窗 2.80W/（m²·K），外门 3.00W/（m²·K）。 室内设计参数：冬季节能设计温度 14℃，设计换气次数 0.5h⁻¹
4	《农村居住建筑节能设计标准》GB/T 50824—2013	全国/各气候区	节能率：寒冷地区农房节能率 50%。 寒冷地区节能指标（K）：外墙 0.65W/（m²·K），屋面 0.50W/（m²·K），南向外窗 2.80W/（m²·K），其他外窗 2.50W/（m²·K），外门 2.50W/（m²·K）。 室内设计参数：冬季节能设计温度 14℃，设计换气次数 0.5h⁻¹
5	《农村住宅节能设计标准》DB 64/1068—2015	宁夏/寒冷地区	寒冷地区节能指标（K）：屋面 0.5W/（m²·K），外墙 0.85W/（m²·K），外窗 3.5W/（m²·K），户门 2.7W/（m²·K）；外窗气密性 4 级
6	《农村居住建筑节能技术标准》DB13（J）/T 174—2014	河北/严寒和寒冷地区	节能率：寒冷地区农房节能率 50%。 寒冷地区节能指标（K）：外墙 0.65W/（m²·K），屋面 0.50W/（m²·K），外窗 2.50W/（m²·K），外门 2.50W/（m²·K）；周边地面保温层热阻 1.1W/（m·K）；外窗气密性 6 级。 室内设计参数：冬季节能设计温度 14℃，设计换气次数 0.5h⁻¹
7	《农村住宅设计标准》DB13（J）/T 8328—2019	河北/严寒和寒冷地区	节能率：农村住宅设计满足 65% 节能标准要求。 寒冷地区节能指标（K）：外墙 0.45W/（m²·K），屋面 0.35W/（m²·K），外门窗 1.8～2.5W/（m²·K）；周边地面保温层热阻 0.83W/（m·K）；门窗气密性 6 级。 室内设计参数：冬季节能设计温度 18℃，设计换气次数 0.5h⁻¹
8	《河北省村庄建筑导则》	河北/严寒和寒冷地区	寒冷地区节能指标及做法：外窗传热系数 2.5W/（m²·K），外门窗气密性 6 级；屋顶保温厚度：EPS 板 115mm、XPS 板 80mm；外墙保温厚度：EPS 板 85mm、XPS 板 60mm

续表

序号	标准名称	地区/气候区	主要内容
9	《河北省绿色农房建设与节能改造技术指南》	河北/严寒和寒冷地区	寒冷地区节能指标：门窗的气密性6级；外墙保温材料厚度：EPS板60mm、XPS板50mm；屋顶保温材料厚度：EPS板90mm、XPS板60mm；保温吊顶EPS厚度：80mm
10	《河北省农村住房建筑设计构造》	河北/严寒和寒冷地区	寒冷地区节能指标(K)：外墙0.65W/(m²·K)，屋面0.50W/(m²·K)，外窗2.50W/(m²·K)，外门2.50W/(m²·K)
11	《村镇建筑清洁供暖技术规程》T/CECS 614—2019	全国/各气候区	围护结构节能指标：建筑围护结构的热工与节能设计符合所在气候区国家和地方建筑节能设计标准和实施细则规定。 室内设计参数：冬季节能设计温度16℃
12	《农村低能耗居住建筑节能设计标准》DB13(J)/T 8374—2020	河北/严寒和寒冷地区	节能率：能耗水平比2014年版河北地方标准降低60%以上（节能率80%）。 寒冷地区节能指标(K)：外墙0.25W/(m²·K)，屋面0.20W/(m²·K)，外窗1.50W/(m²·K)，外门2.00W/(m²·K)，地面保温材料热阻1.60m²·K/W，外窗气密性7级。 室内设计参数：冬季节能设计温度18℃，设计换气次数0.5h⁻¹
13	《超低能耗农宅技术规程》T/CECS 739—2020	全国/各气候区	节能率：能耗水平比2013年版标准降低50%以上（节能率75%）。寒冷地区：能耗综合值65kWh/(m²·a)，供暖年耗热量26kWh/(m²·a)，供冷年耗热量25kWh/(m²·a)。建筑换气次数0.6h⁻¹。 寒冷地区节能指标(K)：外墙0.30W/(m²·K)，屋面0.30W/(m²·K)，地面0.45W/(m²·K)，楼板0.30～0.55W/(m²·K)，隔墙1.20～1.55W/(m²·K)，外窗1.20W/(m²·K)，外门1.80W/(m²·K)，太阳得热系数：冬季0.45，夏季0.30；外窗气密性8级；外门、供暖与非供暖空间户门气密性6级。 室内设计参数：冬季主要功能房间室内设计温度18℃
14	《严寒和寒冷地区农村居住建筑节能改造技术规程》T/CECS 741—2020	全国/严寒和寒冷地区	节能率：节能改造后农村居住建筑耗热量指标下降30%。 室内设计参数：冬季节能设计温度16℃，设计换气次数0.5h⁻¹
15	《农村宅基地自建住房技术指南（标准）》DBJ04/T 416—2020	山西/严寒和寒冷地区	寒冷地区节能指标：外门窗气密性6级
16	《山东省农村既有居住建筑围护结构节能改造技术导则（试行）》JD14-046—2019	山东/寒冷地区	节能率：重点提升卧室、起居室等主要居住空间的舒适度，改造后能效提升30%以上。 寒冷地区节能指标：外窗2.8W/(m²·K)，外窗气密性4级

序号	标准名称	地区／气候区	主要内容
17	《村镇清洁供暖技术规范》NB/T 10772—2021	全国／各气候区	围护结构节能指标：节能设计符合《农村居住建筑节能设计标准》GB/T 50824—2013 要求。室内设计参数：主要房间温度宜采用 14～20℃，次要房间根据需要可适当降低温度。供暖室内其他设计参数还应符合《民用建筑供暖通风与空气调节设计规范》GB 50736—2012
18	《河南省农村住房建设技术标准》DBJ41/T 252—2021	河南／寒冷地区和夏热冬冷地区	寒冷地区节能指标（K）：外墙 0.65W/（m²·K），屋面 0.50W/（m²·K），南向外窗 2.80W/（m²·K），其他方向外窗 2.50W/（m²·K），外门 2.50W/（m²·K）
19	《绿色农房建设技术标准》DB37/T 5173—2021	山东／寒冷地区	寒冷地区节能指标（K）：外墙 0.60W/（m²·K），外窗 2.50W/（m²·K），外门 3.00W/（m²·K），屋面 0.50W/（m²·K），分隔供暖与非供暖空间的隔墙 1.5W/（m²·K）；门窗气密性 4 级。室内设计参数：冬季室内设计温度 14～18℃，设计换气次数 0.5h⁻¹
20	《农村居住建筑节能设计标准》XJJ/T 091—2018	新疆／严寒和寒冷地区	寒冷地区节能指标（K）：外墙 0.65W/（m²·K），屋面 0.50W/（m²·K），南向外窗 2.50W/（m²·K），其他向外窗 2.20W/（m²·K），外门 2.50W/（m²·K）。室内设计参数：冬季室内设计温度 14～16℃，设计换气次数 0.5h⁻¹
21	《农村居住建筑节能设计标准》GB/T 50824（局部修订征求意见稿）	全国／各气候区	节能率：与《农村居住建筑节能设计标准》GB/T 50824—2013 相比节能率 30%。寒冷地区节能指标（K）：外墙 0.45W/（m²·K），屋面 0.30W/（m²·K），外窗 2.50W/（m²·K），外门 2.50W/（m²·K）。室内设计参数：冬季节能设计温度 18℃，设计换气次数 0.5h⁻¹
22	《寒冷地区农村居住建筑节能设计标准》T/CECA 20039—2023	寒冷地区	节能率：与《农村居住建筑节能设计标准》GB/T 50824—2013 相比再节能 40% 以上，碳排放强度降低 40% 以上。寒冷地区节能指标（K）：外墙 0.45W/（m²·K），屋面 0.30W/（m²·K），外窗 2.20W/（m²·K），外门 2.00W/（m²·K）；运行温差大于 5℃的隔墙和楼板 1.00W/（m²·K）。室内设计参数：冬季节能设计温度 18℃，设计换气次数 0.5h⁻¹
23	《农村超低能耗居住建筑技术标准》（征求意见稿）	陕西／寒冷地区和夏热冬冷地区	节能率：与《农村居住建筑节能设计标准》GB/T 50824—2013 相比再节能 50% 以上，碳排放强度降低 50% 以上。寒冷地区节能指标（K）：外墙 0.35W/（m²·K），屋面 0.25W/（m²·K），外窗 2.00W/（m²·K），外门 2.00W/（m²·K）；运行温差大于 5℃的隔墙和楼板 1.00W/（m²·K）。室内设计参数：冬季节能设计温度 18℃，设计换气次数 0.5h⁻¹

附录 5　外窗选型及热工性能

农村居住建筑的外窗和门的透明部分应优先选用具有门窗能效标识或符合节能认证要求的产品或构件，优先选用气密性好的平开窗，尽量不采用推拉窗。外窗安装应采取有效的防水措施，避免墙体材料及保温材料受潮。

根据《农村居住建筑节能设计标准》GB/T 50824—2013、《寒冷地区农村居住建筑节能设计标准》T/CECA 20039—2023 等标准中外窗传热系数限值，寒冷地区农村居住建筑的外窗和门的透明部分选型及其热工性能参数可按照下表选取，优先选择传热系数较小和太阳得热系数较大的玻璃配置。当采用其他类型的外窗和门的透明部分时，应按照产品提供的资料选取。

常用外窗热工性能

序号	窗框型材	玻璃配置及传热系数〔W/(m²·K)〕		外窗传热系数 K 及太阳得热系数 $SHGC$	
		玻璃配置	传热系数	K〔W/(m²·K)〕	$SHGC$
1	断桥铝合金（25%）	5＋12A＋5	2.70	2.78	0.55
2		5＋9A＋5Low-E	2.10	2.33	0.39
3		5＋12A＋5Low-E	1.90	2.18	0.40
4		6＋9A＋6 双银 Low-E	1.89	2.17	0.31
5		6＋12A＋6Low-E	1.83	2.12	0.36
6		6＋12A＋6 双银 Low-E	1.69	2.02	0.31
7		6＋12Ar＋6Low-E	1.58	1.94	0.36
8		6＋9Ar＋6 双银 Low-E	1.54	1.91	0.31
9		6＋12Ar＋6 双银 Low-E	1.43	1.82	0.30
10	塑钢（30%）	5＋9A＋5	2.80	2.77	0.51
11		5＋12A＋5	2.70	2.70	0.51
12		5＋9A＋5Low-E	2.10	2.28	0.37
13		5＋12A＋5Low-E	1.90	2.14	0.38
14		6＋9A＋6 双银 Low-E	1.89	2.13	0.29
15		6＋12A＋6Low-E	1.83	2.09	0.34
16		6＋12A＋6 双银 Low-E	1.69	1.99	0.29
17		6＋12Ar＋6Low-E	1.58	1.92	0.34

续表

序号	窗框型材	玻璃配置及传热系数［W/（m²·K）］		外窗传热系数 K 及太阳得热系数 SHGC	
		玻璃配置	传热系数	K［W/（m²·K）］	SHGC
18	塑钢（30%）	6＋9Ar＋6 双银 Low-E	1.54	1.89	0.29
19		6＋12Ar＋6 双银 Low-E	1.43	1.81	0.28

注：1. 符号和数字的意义：A—空气，Ar—氩气，Low-E—低辐射膜；中间字母前的数字为中空层厚度，两侧数字为玻璃厚度，单位为 mm。

2. 外窗传热随窗框窗洞面积比的变化而不同，本表断桥铝合金的窗框窗洞面积比按 25% 计算，塑钢的窗框窗洞面积比按 30% 计算；实际工程中若窗框窗洞面积比发生变化，应根据实际情况考虑。

3. 外窗太阳得热系数 ＝ 玻璃太阳得热系数 ×（1 － 窗框窗洞面积比）；

4. 低辐射玻璃的太阳得热系数因低辐射膜本身的性质及在中空玻璃内的不同位置而发生很大变化，寒冷地区农村居住建筑主要能耗为供暖能耗，宜采用太阳得热系数较大的产品，本表中太阳得热系数均按照高透光玻璃产品给出。

5. 断桥铝合金窗框型材传热系数为 3.0W/（m²·K），多腔塑钢窗框型材传热系数为 2.7W/（m²·K）。

6. 工程设计时一般还应考虑窗框和窗玻璃（或其他镶嵌板）之间的线性传热系数对整体窗户传热系数的影响。

附录6　被动式建筑节能技术清单

序号	名称	简介	标准、图集	备注
1	墙体节能技术			
1.1	结构保温板（SIPs）	结构保温板（SIPs）是一种"三明治式"的夹心复合板材，通常由两片定向结构板材粘在保温芯材上组成。SIPs 通常可作为承重外墙板、承重内墙板、楼板、屋面板等承重构件，将 SIPs 与混凝土或钢结构基础结合，采用面板钉链接等节点方法，可形成装配式建筑结构，具有低碳环保、保温节能、轻质高强、设计柔性、施工速度快等优点	《建筑结构保温复合板应用技术规程》DBJ61/T 158《建筑结构保温复合板构造图集》陕 2019TJ 045	高度 10m 以下的 3 层及 3 层以下农房
1.2	蒸压加气混凝土砌块	以硅质材料和钙质材料为主要原料，掺加发气剂和其他调节材料，通过配料浇筑、发气静停、切割、蒸压养护等工艺制成的多孔轻质混凝土砌块制品	《蒸压加气混凝土砌块》GB/T 11968《蒸压加气混凝土制品应用技术标准》JGJ/T 17《蒸压加气混凝土砌块、板材构造》13J104	做承重墙时，高度 9m 以下的 3 层及 3 层以下农房；供暖房间隔墙
1.3	自保温砌块墙体	机械填充芯材，具有较好保温性能的砌块和专用砂浆砌筑并配套热桥保温构造和接缝处理构造组成的墙体自保温系统。主要有匀质自保温砌块和复合自保温砌块。其中，复合自保温砌块是通过在骨料中加入轻质骨料和（或）在实心混凝土块孔洞中填充保温材料等工艺生产，其所砌筑的墙体具有保温功能	《自保温混凝土复合砌块》JG/T 407《自保温混凝土复合砌块墙体应用技术规程》JGJ/T 323《复合保温砖和复合保温砌块》GB/T 29060	

续表

序号	名称	简介	标准、图集	备注
1.4	EPS板薄抹灰外墙外保温系统	由EPS板、胶黏剂、抹面层、玻璃纤维网布及饰面材料等组成，系统还包括必要时采用的锚栓、护角、托架等配件以及防火构造措施。主体墙可采用烧结多孔砖、烧结空心砖	《模塑聚苯板薄抹灰外墙外保温系统材料》GB/T 29906 《建筑用混凝土复合聚苯板外墙外保温材料》JG/T 228 《外墙外保温工程技术标准》JGJ 144	适用于外墙不易受撞击、受破坏的农村建筑
1.5	硬泡聚氨酯复合板薄抹灰外墙外保温系统	由硬泡聚氨酯复合板、胶黏剂、抹面层、玻璃纤维网布及饰面材料等组成，系统还包括必要时采用的锚栓、护角、托架等配件以及防火构造措施	《硬泡聚氨酯板薄抹灰外墙外保温系统材料》JG/T 420 《外墙外保温工程技术标准》JGJ 144	
1.6	无机保温砂浆	以膨胀珍珠岩、膨胀玻化微珠、闭孔珍珠岩等无机非金属矿物轻集料为保温材料，以水泥或其他胶凝材料为主要胶结料，并掺和其他功能性添加剂制成	《建筑保温砂浆》GB/T 20473 《膨胀玻化微珠保温隔热砂浆》GB/T 26000 《无机轻集料砂浆保温系统技术标准》JGJ/T 253	供暖房间隔墙保温
2	屋面及楼面节能技术			
2.1	屋面隔热保温技术	包括屋顶保温技术、屋面架空通风技术、屋顶绿化技术、屋面热反射型涂料技术、屋面遮阳技术的单一或综合利用，降低屋顶热辐射，提高室内舒适度，降低空调能耗	《屋面工程技术规范》GB 50345 《坡屋面工程技术规范》GB 50693	
2.2	坡屋面通风技术	在坡屋顶设置架空通风层，使其上层表面遮挡阳光辐射，同时利用风压和热压作用把架空层中的热空气带走，使通过屋面板传入室内的热量大为减少，从而达到隔热降温的目的，是绿色建筑中常用的一种适宜技术。坡屋顶通风采用的方式一般有檐口通风、天窗通风、山墙通风等	《坡屋面工程技术规范》GB 50693 《坡屋面建筑构造（一）图集》09J202-1	
2.3	超细无机纤维喷涂保温技术	将超细无机纤维与配套的胶黏剂经过专用纤维喷涂设备喷涂于建筑基体表面，经自然干燥后形成具有一定强度和厚度的无接缝、整体稳定密闭的喷涂层	《矿物棉喷涂绝热层》GB/T 26746 《矿物纤维喷涂保温、吸声构造》11CJ30	屋面及供暖房间楼板保温
2.4	泡沫混凝土屋面	泡沫混凝土又称为发泡水泥、轻质混凝土等，是一种利废、环保、节能、低廉且具有不燃性的新型建筑节能材料	《泡沫混凝土》JG/T 266 《泡沫混凝土应用技术规程》JGJ/T 341 《屋面保温隔热用泡沫混凝土》JC/T 2125	
2.5	XPS板屋面／地面／楼面保温技术	XPS保温板的全称为挤塑聚苯乙烯泡沫塑料保温板，是以聚苯乙烯树脂为主要原材料加工制作而成的硬质泡沫塑料板，为闭孔蜂窝结构，具有导热系数低、保温隔热性能好、强度高、防水防潮、质轻、耐腐蚀等优点。屋面、地面、楼面的保温层上面应设置细石混凝土防护层	《屋面工程技术规范》GB 50345 《绝热用挤塑聚苯乙烯泡沫塑料（XPS）》GB/T 10801.2	屋面及供暖房间楼板保温

序号	名称	简介	标准、图集	备注
2.6	玻璃棉板楼板保温隔声技术	玻璃棉是将玻璃熔融后进行纤维化，通过添加胶黏剂固化加工而成的玻璃棉制品，玻璃棉纤维直径取决于离心法挤出技术。玻璃棉板是玻璃棉的深加工产品，它所用的原料是玻璃棉板半成品，经磨光、喷胶、贴纸、加工等工序制成。楼板保温需采用经过覆膜处理的玻璃棉保温板。楼面的保温层上面应设置细石混凝土防护层	《建筑绝热用玻璃棉制品》GB/T 17795	供暖房间楼板保温
2.7	EPS 板楼板保温隔声技术	EPS 板是可发性聚苯乙烯板的简称，是可发性聚苯乙烯珠粒经加热预发泡后在模具中加热成型而制得的具有闭孔结构的聚苯乙烯泡沫塑料板材。包括模塑聚苯乙烯泡沫塑料板和石墨聚苯乙烯泡沫塑料板。其具有保温性能优良、成本低廉以及抗压强度高等特点，在楼面保温中得到了广泛应用。楼面的保温层上面应设置细石混凝土防护层	《绝热用模塑聚苯乙烯泡沫塑料（EPS）》GB/T 10801.1	供暖房间楼板保温
3		门窗节能技术		
3.1	节能门窗	节能门窗是为了增大采光通风面积或表现现代建筑的性格特征的一种门窗。可通过提高材料的光学性能、热工性能和密封性能，改善门窗的构造来达到预期效果。在优化设计后，符合建筑保温隔热、气密性、通风采光等建筑节能要求的门窗。在节能门窗中，系统门窗和通过节能标识的门窗是两种具有典型代表意义的节能门窗	《建筑用节能门窗　第 1 部分：铝木复合门窗》GB/T 29734.1《建筑用节能门窗　第 2 部分：铝塑复合门窗》GB/T 29734.2《建筑用节能门窗　第 3 部分：钢塑复合门窗》GB/T 29734.3《建筑节能门窗》16J607	
3.2	高性能保温隔热铝合金外窗系统	该系统包括 60/65/70 系列，采用多腔隔热条铝合金型材、套接式等压胶条和遇水膨胀复合密封胶条等技术，具有高抗风压性能和优异的保温隔热性能	《铝合金门窗》GB/T 8478	
3.3	Low-E 中空玻璃	Low-E 玻璃又称低辐射玻璃，是在玻璃表面镀上多层金属或其他化合物组成的膜系产品。其镀膜层具有对可见光高透过及对中远红外线高反射的特性，使其与普通玻璃及传统的建筑用镀膜玻璃相比，具有优异的隔热效果和良好的透光性	《中空玻璃》GB/T 11944《中空玻璃隔热保温性能评价方法及分级》GB/T 39749	
3.4	固定外遮阳技术	固定外遮阳是指设置在建筑外表面，且不能通过调节角度或形状改变遮光状态的建筑遮阳设施。外遮阳形式一般分为四种：水平式、垂直式、综合式、挡板式。水平式外遮阳能够有效遮挡高度角较大的、从窗户上方照射下来的阳光，适用于接近南向的窗口；垂直式外遮阳能有效挡住高度角较小、从窗户侧面照射过来的阳光，适用于东北向、西北向及北向的窗户；综合式外遮阳对遮挡高	《建筑遮阳工程技术规范》JGJ 237《建筑遮阳通用技术要求》JG/T 274《建筑外遮阳（一）》14J506-1	适用于寒冷 B 区

续表

序号	名称	简介	标准、图集	备注
3.4	固定外遮阳技术	度角中等、从窗前斜射下来的阳光比较有效，适用于东南向或西南向的窗口；挡板式外遮阳能够有效遮挡高度角比较低、正射窗口的阳光，适用于东、西向附近的窗户	《建筑遮阳工程技术规范》JGJ 237《建筑遮阳通用技术要求》JG/T 274《建筑外遮阳（一）》14J506-1	适用于寒冷 B 区
3.5	活动外遮阳技术	活动外遮阳是指设置在建筑外表面，可以通过调节角度或形状改变遮光状态的建筑遮阳设施，主要有遮阳卷帘、活动百叶遮阳、遮阳篷、遮阳纱幕等形式。遮阳卷帘适用于各个朝向的窗户，当卷帘完全放下时，能够遮挡所有的太阳辐射；活动百叶遮阳既可以升降，也可以调节角度，在遮阳和采光、通风之间达到了平衡；遮阳篷是采用卷取方式使软性材质的帘布向下倾斜与小平面夹角在 0°～15° 范围内伸展、收回的遮阳装置	《建筑遮阳工程技术规范》JGJ 237《建筑遮阳通用技术要求》JG/T 274《建筑用遮阳天篷帘》JG/T 252《建筑用曲臂遮阳篷》JG/T 253《建筑用遮阳软卷帘》JG/T 254	适用于寒冷 B 区
4		其他被动式节能技术		
4.1	被动式太阳房	不需要专门的供暖系统部件，通过建筑的朝向布局及建筑材料与构造等的设计，使建筑在冬季充分获得太阳辐射热，维持一定室内温度的建筑。农村居住建筑一般为 1 层或者 2 层的单体建筑，普遍具备太阳房的设置条件，且周边基本无遮挡，接受太阳辐射的条件良好，普遍适宜建设被动式太阳房。被动式太阳房可分为直接受益式、集热蓄热墙式、附加阳光间式	《被动式太阳能建筑技术规范》JGJ/T 267《农村居住建筑节能设计标准》GB/T 50824《被动式太阳房热工技术条件和测试方法》GB/T 15405	
4.2	绿化遮阳技术	农村建筑层高低，普遍有庭院，且有种植的习惯，十分适宜绿化遮阳。可分为垂直绿化遮阳、院落绿化遮阳。垂直绿化遮阳推荐采用爬山虎或藤类蔬菜，形成立体空间绿化；院落绿化遮阳可在院落搭设用于植物生长的木架或者铁架，用于种植绿植，在夏季形成院落和建筑遮阳，创造一个能够休憩的室外场所，同时也改善了院落的景观布局	参考重庆市《民用建筑立体绿化应用技术标准》DBJ50/T—313	
4.3	自然通风设计	自然通风是指利用建筑物内外空气的密度差引起的热压或室外大气运动引起的风压来引进室外新鲜空气达到通风换气作用的一种通风方式。不消耗机械动力，同时，在适宜的条件下能获得巨大的通风换气量，是一种经济的通风方式。在建筑设计时应注意自然通风效果的分析，必要时可结合 CFD 气流组织模拟分析。此外，还可以采用太阳能烟囱等强化自然通风技术	《农村居住建筑节能设计标准》GB/T 50824	

续表

序号	名称	简介	标准、图集	备注
4.4	天然采光设计	通过建筑设计充分利用天然光源，创造一个经济合理、可行有效、品质优良的光环境。建筑布局应有利于冬季采光、防风，从采光与日照的角度综合考虑，结合遮阳需求，合理确定庭院规划设计。必要时结合天然采光模拟分析	《建筑采光设计标准》GB 50033《农村居住建筑节能设计标准》GB/T 50824	

附录7　清洁能源利用技术清单

序号	名称	简介	标准、图集	备注
1	燃气炉供暖系统	在农村地区可应用的热源设备主要是以天然气或液化石油气为能源的燃气锅炉；具备沼气或生物天然气等清洁燃气供给条件的家庭，也可以使用相应的燃气热水锅炉作为热源。供暖末端推荐使用散热器	《家用燃气快速热水器》GB 6932《农村管道天然气工程技术导则》《家用燃气快速热水器和燃气采暖热水炉能效限定值及能效等级》GB 20665《家用燃气燃烧器具安装及验收规程》CJJ 12	在具备燃气供给条件的地区合理使用
2	地源热泵系统	以土壤（地下水、地表水等）作为冬季热源和夏季冷源，通过热泵机组向建筑物提供热量和冷量，并可同时制备生活热水的新型空调系统。冬季时地下土壤或水体温度可达10～20℃，明显比环境空气温度高，热泵能效高，拓展了热泵系统的供暖适用范围；夏季时地下土壤或水体温度依然在 20℃左右，温度比环境空气温度低，冷却效果明显优于风冷式热泵，制冷能效比提升明显。供暖末端推荐使用风机盘管，兼顾夏季空调制冷	《地源热泵系统工程技术规范》GB 50366《热泵和冷水机组能效限定值及能效等级》GB 19577《农村小型地源热泵供暖供冷工程技术规程》CECS 313	应进行工程场地状况调查和地热资源勘察，确定实施地源热泵系统的可行性和经济性
3	空气源热泵热水供暖系统	空气源热泵热水供暖系统采用电动机驱动，利用工质汽化冷凝压缩循环，将空气中的热量转移到被加热的水中并输送至用户。室内末端可独立控制，符合农房分室分间歇供暖原则。低环境温度空气源热泵热水机组及管道系统应采取防冻措施，其供暖末端推荐使用风机盘管，兼顾夏季空调	《热泵和冷水机组能效限定值及能效等级》GB 19577《空气源热泵供暖工程技术规程》T/CECS 564	考虑冬季防冻问题
4	空气源热泵热风供暖系统	空气源热泵热风机的外观与传统的分体空调相似，由室内机和室外机组成，以热泵的原理制热，具有出色的低温制热性能，即使在 −25℃的低温环境下，也能持续稳定地提供恒定热能，同时保持较高的制热效率。室内末端及送风设计按供暖模式进行优化，解决因气流组织不佳导致的"头热脚凉"等热舒适问题，还兼顾夏季空调制冷	《热泵和冷水机组能效限定值及能效等级》GB 19577《低环境温度空气源热泵热风机安装验收规范》NB/T 10417	

续表

序号	名称	简介	标准、图集	备注
5	电加热供暖系统	一种是以低温辐射电热膜、发热电缆和碳晶板等电热材料为发热体，铺设在各种地板、瓷砖、大理石等地面材料下，再配上智能温控器系统，使其形成隐蔽式的地面辐射供暖系统，部分产品也可以铺设在墙面和顶棚，或者铺设在炕面等局部供暖区域，实现局部供暖。另一种是采用电加热锅炉向末端输送热水或热风	《低温辐射电热膜供暖系统应用技术规程》JGJ 319 《民用建筑电气设计标准》GB 51348 《农村住宅电气工程技术规范》DL/T 5717	适用于电力供应充足，或可再生能源供电的农村地区；应符合当地政策要求
6	电加热固体蓄热供暖	利用夜间谷电时段将固体蓄热体加热到一定的温度（小于800℃），同时满足谷电时段建筑物的供暖负荷，在平电时段和峰电时段靠被加热的蓄热体余热来供暖的一种供暖方式，包括蓄热热水锅炉和蓄热热风锅炉	《蓄热型电加热装置》GB/T 39288	适用于电力供应充足的农村地区；应符合当地政策要求
7	生物质清洁燃烧供暖系统	生物质材料在农村地区来源广，制作成生物质燃料，是对农林废弃物的综合利用，也减少了秸秆焚烧的污染。生物质清洁燃烧供暖系统宜应用于生物质资源丰富、生物质燃料收储运便利的地区。燃料采用生物质成型燃料，燃具采用生物质成型燃料锅炉	《清洁供暖炉具技术条件》NB/T 34006 《生物质固体成型燃料技术条件》NY/T 1878	生物质资源丰富的地区
8	太阳能热水局部供暖系统	在继承并发扬传统火炕供暖优点的基础上，将辐射供暖与火炕相结合，利用太阳能热水供暖系统加热炕体表面的辐射末端，实现局部供暖。由太阳能集热器、循环水泵、太阳能炕辐射末端组成	《太阳能供热采暖工程技术标准》GB 50495 《民用建筑太阳能热水系统应用技术标准》GB 50364 《太阳热水系统设计、安装及工程验收技术规范》GB/T 18713	
9	太阳能光伏发电技术	利用半导体界面的光生伏特效应将光能直接转变为电能。这种技术的关键元件是太阳能电池。太阳能电池经过串联后进行封装保护，可形成大面积的太阳能电池组件，再配合功率控制器等部件，就形成了太阳能光伏发电系统	《建筑光伏系统应用技术标准》GB/T 51368 《光伏建筑一体化系统运行与维护规范》JGJ/T 264	
10	太阳能光热热水系统	将太阳能转换成热能以加热水，包括太阳能集热器、贮热水箱、连接管路、支架、控制系统和必要时配合使用的辅助能源。该系统不仅节约能源，而且环保、安全，并具备很好的经济性	《民用建筑太阳能热水系统应用技术标准》GB 50364 《太阳热水系统设计、安装及工程验收技术规范》GB/T 18713 《民用建筑太阳能热水系统评价标准》GB/T 50604	
11	太阳能光伏热水系统	核心部件为太阳能光伏电热水器，是储水式电热水器与太阳能电池组件的有机结合。太阳能电池组件吸收光能产生直流电，自适应匹配实时电压，最大限度利用太阳能，无逆变损耗，直接对储水箱进行直流电加热。太阳能电池组件和热水器之间仅需电缆连接，	《储水式电热水器》GB/T 20289 《储水式电热水器能效限定值及能效等级》GB 21519	

序号	名称	简介	标准、图集	备注
11	太阳能光伏热水系统	因此热水器的安装位置具有较大的选择空间，可安装在浴室、厨房等室内，不必担心冬天管道或设备被冻伤的问题	《储水式电热水器》GB/T 20289《储水式电热水器能效限定值及能效等级》GB 21519	
12	太阳能热风供暖系统	将太阳能转换为空气热能，再将空气热能传递到室内实现供暖，主要由太阳能空气集热装置、风机和管道等组成。其中，太阳能空气集热装置是整个系统的核心，实现了太阳能到热能的转换。太阳能资源较丰富地区的新建农房可采用该系统，结合建筑立面或屋面一体化设计，实现太阳能利用与建筑屋面一体化	《太阳能空气集热器技术条件》GB/T 26976	辅助供暖
13	太阳能与其他能源复合热水系统	太阳能与其他能源，如空气能、空调冷凝热等复合提供生活热水，可提高太阳能的利用率，提高生活热水系统的可靠性，降低生活热水系统化石能源消耗等	《家用空气源热泵辅助型太阳能热水系统技术条件》GB/T 23889《空气源热泵辅助的太阳能热水系统（储水箱容积大于 0.6m³）技术规范》GB/T 26973	考虑冬季防冻问题
14	"光储直柔"技术	"光储直柔"包含光伏、储能、直流配电网、柔性用电的四大部分。建筑中的储能设施有多种形式，以电池储能和热储能为主。直流电与交流电相比具有形式简单、易于控制、传输效率高等特点。柔性用电是指能够主动改变建筑从市政电网取电功率的能力。"柔"是最终的目的，使建筑用电由刚性负载转变为柔性负载，而"光""储""直"是实现"柔"这一最终目标的必要条件	《建筑光储直柔系统变换器通用技术要求》T/CABEE 063	
15	利用太阳能／谷电的热水蓄能	太阳能热水器通过蓄热水箱能把光热／光电转换成热水。水蓄热的主要设备为蓄热水箱，热源可以为太阳能集热器、太阳能光伏电热水器或者谷电加热器等，以太阳能和谷电为热源。蓄热水箱芯层的保温介质可以采用厚 50mm 以上的聚氨酯发泡、聚苯乙烯、PEF 等，内层可用质量较好的不锈钢板和镀锌板等	《家用太阳能热水系统储水箱技术要求》GB/T 28746《常压蓄热水箱》05R401-3	
16	利用太阳能／谷电的相变蓄热	相变蓄热是一种以相变储能材料为基础的新蓄能技术。由于具有温度恒定和蓄热密度大的优点；蓄热技术是提高能源利用效率和保护环境的重要技术，可用于解决热能供给与需求失配的矛盾，在太阳能利用、电力"移峰填谷"等领域具有广泛的应用前景。主要的相变材料有氟化物、硫酸盐、硝酸盐以及石蜡等	《相变蓄热供暖工程技术标准》T/CABEE 033《无内置热源相变蓄热装置》T/CECS 10023《蓄热型电加热装置》GB/T 39288	
17	地道风降温系统	利用人工或者已存在的地道的冷却空气，通过机械送风系统或者诱导式通风系统送至地面上建筑物，达到降低室内空气温度的目的。该系统相当于一台空气—土壤热交换器，利用土壤层储存的天然冷源降低建筑物的冷负荷，改善室内热环境	《地道风建筑降温技术规程》CECS 340	

续表

序号	名称	简介	标准、图集	备注
18	太阳能路灯	太阳能路灯是采用晶体硅太阳能电池供电，免维护阀控式密封蓄电池（胶体电池）储存电能，超高亮LED灯具作为光源，并由智能化充放电控制器控制，用于代替传统电力照明的路灯。无需敷设线缆、无需交流供电、不产生电费；采用直流供电、光敏控制；具有稳定性好、寿命长、发光效率高、安装维护简便、安全性能高、节能环保、经济实用等优点	《LED路灯》CJ/T 420 《太阳能智慧多功能灯杆设计规范》T/CALI 0811 《锂电池供电的LED太阳能路灯技术规范》T/CSA 039	乡村道路、农村建筑及庭院照明

附录8 资源节约利用技术清单

序号	名称	简介	标准、图集	备注
1	节水器具	农村建筑给水排水系统应采用节能型设备及节水器具，禁止使用已被淘汰的用水设备及器具。节水器具有：节能型水嘴（水龙头）、节水型坐便器、节水型小便器、节水型淋浴器等。使用节水型器具，提高节水器具配置比率，是生活节水的重要技术保障	《水嘴水效限定值及水效等级》GB 25501 《坐便器水效限定值及水效等级》GB 25502 《小便器水效限定值及水效等级》GB 28377 《淋浴器水效限定值及水效等级》GB 28378 《蹲便器水效限定值及水效等级》GB 30717	全装修农村建筑宜选用2级以上水效节水器具
2	雨水回收利用技术	雨水回收利用是指通过设置雨水收集贮存和处理设施，对雨水进行收集、处理，回用，作绿化灌溉、道路浇洒、冲厕等杂用水。农村地区雨水回收利用历史悠久，特别是对于水资源不充分的西北干旱和半干旱地区，雨水是唯一有潜力的水资源，应当充分利用。可以在院落内或者建筑周边修建雨水回收设施，也可以在院落设置简易的雨水收集罐，以低成本实现雨水回用	《建筑与小区雨水控制及利用工程技术规范》GB 50400	缺水农村地区宜采用
3	节能型电气产品	电气设备应选择损耗低、能效高、经济合理的节能型产品，严禁使用已被淘汰的电气产品	《家用电冰箱耗电量限定值及能效等级》GB 12021.2 《房间空气调节器能效限定值及能效等级》GB 21455 《电动洗衣机能效水效限定值及等级》GB 12021.4 《储水式电热水器能效限定值及能效等级》GB 21519	全装修农村建筑宜选用2级以上等级电器

序号	名称	简介	标准、图集	备注
4	建筑照明节能技术	选用光效高、光色好、寿命长的光源，如T5细管径荧光灯、紧凑型荧光灯、LED灯等。常用照明节能控制措施有：采用双控开关、多控开关、延时自熄开关、照度调节开关等	《普通照明用荧光灯能效限定值及能效等级》GB 19044 《室内照明用LED产品能效限定值及能效等级》GB 30255 《普通照明用LED平板灯能效限定值及能效等级》GB 38450	
5	生活垃圾资源化利用技术	生活垃圾资源化利用是指采取各种管理及工艺措施，从生活垃圾中回收有用的物质和能源，使之成为可利用资源。具体措施有加强固体废物资源的管理，如制定关于生活垃圾资源化的政策，建立废物交换和回收机构等；采取生活垃圾资源化的措施，如生活垃圾中有大量的有机物，经过分选和加工处理后，利用微生物的降解制取沼气和肥料等	《生活垃圾处理技术指南》 《农村生活垃圾收运和处理技术标准》GB/T 51435	
6	农村厕所粪污无害化处理与资源化利用	农村厕所粪污治理是推进农村厕所革命的关键，重点是解决粪污无害化处理问题，在此基础上积极推进资源化利用。农业农村部、国家卫生健康委、生态环境部组织制定了《农村厕所粪污无害化处理与资源化利用指南》，遴选了9种农村厕所粪污无害化处理及资源化利用典型模式	《农村三格式户厕建设技术规范》GB/T 38836 《农村三格式户厕运行维护规范》GB/T 38837 《农村集中下水道收集户厕建设技术规范》GB/T 38838	
7	改性生土砌块	一种生土建筑材料改性方法，解决了传统生土建筑材料强度低、脆性大、耐水性差等问题。采用化学改性剂来改善生土材料性能，再使用物理压制成型技术制成改性生土砌块，对生土材料性能的改善效果显著，尤其是针对生土资源辽阔的地区，可以大量应用地方性生土材料，不仅取材方便、经济实用，而且整体性强、热工性能优越，并且操作简便，更重要的是符合绿色建筑的要求，应用前景广阔	《砌体结构设计规范》GB 50003 《农村民宅抗震构造详图（生土结构房屋）》08SG618-3